大庆油田火山岩气藏开发技术与实践

庞彦明　王永卓　郭洪岩　等编著

石油工业出版社

内 容 提 要

本书从火山岩气藏精细描述、火山岩气藏渗流规律分析、火山岩气藏动态描述、火山岩气藏合理开发优化设计等五个方面总结了大庆油田火山岩气藏开发配套技术。

本书可供从事火山岩气藏勘探开发的管理人员、科研人员、现场技术人员及高等院校相关专业的师生参考阅读。

图书在版编目（CIP）数据

大庆油田火山岩气藏开发技术与实践 / 庞彦明等编著 . —北京：石油工业出版社，2022.3
ISBN 978-7-5183-5571-6

Ⅰ . ①大… Ⅱ . ①庞… Ⅲ . ①火山岩－岩性油气藏－气田开发－大庆 Ⅳ . ① TE37

中国版本图书馆 CIP 数据核字（2022）第 162040 号

出版发行：石油工业出版社
（北京安定门外安华里 2 区 1 号楼　100011）
网　　址：www.petropub.com
编辑部：（010）64523710
图书营销中心：（010）64523633
经　　销：全国新华书店
印　　刷：北京晨旭印刷厂

2022 年 3 月第 1 版　2022 年 3 月第 1 次印刷
787×1092 毫米　开本：1/16　印张：18.75
字数：470 千字

定价：98.00 元
（如出现印装质量问题，我社图书营销中心负责调换）

《大庆油田火山岩气藏开发技术与实践》
编写组

组　　长：庞彦明

副组长：王永卓　　郭洪岩

成　　员：舒　萍　高　翔　高　涛　曹宝军

邱红枫　纪学雁　徐庆龙　毕晓明

唐亚会　于海生　徐　岩　李　伟

王海燕　谭显春　曲立才

前　言

松辽盆地北部徐深 1 区块徐深 1 井火山岩储层获得高产工业气流，拉开了徐深气田勘探开发的序幕。徐深气田火山岩气藏经过十几年的开发实践，已经形成了火山岩气藏精细描述、有效开发配套技术系列。理论不断创新，认识持续深化，效果逐年变好，探索出了独具特色的火山岩气藏开发的"徐深模式"，为大庆油田"稳油增气"战略目标的实现作出了贡献。

全书共分五章。第一章是对国内外火山岩气藏的大量调研资料进行系统总结，内容涵盖了国内外火山岩气藏的分布、气藏参数、产量情况，大庆油田火山岩气藏勘探开发历程、储层岩性岩相、气藏类型等地质概况以及气藏开发中反映出的问题。第二章以火山岩储层为主要研究对象，内容涵盖了火山岩岩性特征、物性特征、成岩机理、储集空间特征、孔隙结构特征、岩相特征、成藏模式、成藏阶段划分以及孔隙裂缝演化特征的精细描述，火山岩成岩机理的厘清、构造精细解释、火山体的分级刻画、裂缝的综合预测与有效储层的分类预测、精细构造模型建立、储层应力模型建立等多项内容，通过综合研究，较系统地反映了近年来火山岩储层精细描述的成果和进展。第三章内容涵盖了火山岩气藏的渗流机理与开发规律，通过研究火山岩气藏单相及气水两相渗流规律，搞清了火山岩气藏滑脱效应等非线性渗流机理，研究了气体在压差作用下裂缝与基质不同组合方式及裂缝和基质各自供排气渗流规律；建立了考虑火山岩气藏非线性渗流机理的产能模型，评价了启动压力梯度、滑脱效应等对气井产能的影响规律。第四章以火山岩气藏动态描述为主线，基于前面章节地质静态认识，以气井的产量和压力等动态资料为基础，应用现代试井、现代生产动态以及多种气藏工程方法研究了井控区域特征。通过多年的开发实践，在储渗结构、驱动类型、井控动态储量、指标预测等方面取得了多个认识。第五章内容涵盖了火山岩气藏合理开发优化设计及实践，通过火山岩气藏精细描述和动态特征研究，确定井网形式及合理井距，形成方案优化设计技术，在方案实施评价后进一步开展气藏地质再认识和储层连通关系评价，形成火山岩气藏开发潜力评价方案，落实扩边潜力和井网内部潜力。在此基础上明确开发调整技术界限，形成火山岩气藏开发调整方法，开发综合调整主要包括外扩部署、井网加密、老井侧钻、补孔压裂或重复压裂、出水井综合治理。

本书第一章由邱红枫、徐庆龙、李伟、文瑞霞、马秀明、曲立才编写；第二章由庞彦明、高翔、纪学雁、于海生、屈洋、陈曦、尹华铭、钟安宁、佟劼、梁树义、赵永强编写；第三章由王永卓、舒萍、曹宝军、唐亚会、毕晓明、何云俊、张晔编写；第四章由郭洪岩、毕晓明、唐亚会、谭显春、刘刚、孙伟石、王报花编写；第五章由高涛、徐岩、王海燕、门清萍、钟琳、王树霞、王晓蔷、顾超、鲁健编写。审定人：郭洪岩、高涛、曹宝军、邱红枫、纪学雁。

本书系统总结了大庆油田徐深气田火山岩气藏的开发思路、方法及技术等，为国内外火山岩气藏开发提供了一本内涵丰富的阅读材料，希望此书对国内外类似气藏的开发起到一定的借鉴作用。火山岩气藏仍然有很多方面需要深入研究，特别是中基性火山岩气藏储层及裂缝预测、产能预测、经济有效开发技术等方面的难题，还需要进一步攻关。后续将在火山岩气藏精细描述上继续精雕细刻，在有效开发技术上不断精益求精，持续丰富"徐深模式"的内涵，在破解世界级难题的道路上奋力前行。

鉴于编者水平有限，书中难免有不足之处，恳请读者批评指正。

编者

2021 年 11 月

目　录

第一章 火山岩气藏开发概况

本章分国内外火山岩气藏概况、大庆油田火山岩气藏开发概况、火山岩气藏开发中反映出的问题三部分内容，系统介绍了火山岩气藏开发概况，其目的是了解国内外火山岩气藏的分布、气藏参数、产量情况，大庆油田火山岩气藏勘探开发历程，火山岩储层岩相、岩性、储层分布、气藏类型等地质概况，以及气藏开发中反映出的包括渗流特征复杂、气井产能差异大、动态储量差异大、生产压差大、压力及产能递减快等问题。

第一节 国内外火山岩气藏概况

一、国内火山岩气藏的分布

中国火山岩气藏天然气资源丰富，拥有目前世界上规模最大的火山岩气藏，主要分布在大庆徐家围子断陷、吉林长岭断陷、新疆陆梁隆起等区域，初步统计，其有利勘探面积达 20000km^2 以上，天然气资源量超过 $3×10^{12}m^3$。

火山岩气藏作为一种特殊的气藏类型，已逐渐成为重要的勘探目标和油气储量的增长点。2002 年以来，中国在松辽盆地北部（大庆）、南部（吉林），准噶尔盆地（新疆）、辽河坳陷东部凹陷和四川盆地，先后发现了大量火山岩气藏（表 1-1-1）。

表 1-1-1 中国主要气田火山岩分布

油田	地层	火山岩分布情况及特征	典型火山岩气藏实例
大庆油田	早白垩世	下白垩统喷发岩，具有基性、中性、酸性的序列特征	徐深气田
吉林油田	早白垩世	以花岗岩和新生界玄武岩最发育，具有先喷发后侵入，从基性到酸性再到碱性的演化规律	长岭气田
新疆油田	石炭纪到三叠纪	石炭系主要在盆地边缘发育基性岩，二叠系从基性到酸性的陆相喷发岩，三叠系分布大量基性和碱性岩	克拉美丽气田
辽河油田	古新世—始新世	辽河坳陷新生界主要发育块状玄武岩，气孔玄武岩和玄武质角砾岩三大类基性火山岩	辽河坳陷东部凹陷深层火山岩气藏
四川油田	二叠纪	发育厚层优质孔隙性储层，储层岩石类型主要为角砾熔岩、含凝灰角砾熔岩	四川盆地二叠系火山碎屑岩气藏（永探 1 井）

二、国外火山岩气藏的分布

国外多个含油气盆地中也广泛分布着火山岩，19 世纪末就有对火山岩类油气藏的报道。通过检索发现，日本、印度尼西亚、加纳、苏联等地均有火山岩气藏（表 1-1-2）。

表 1-1-2 国外主要火山岩气藏

国家	气藏名称		发现时间	气藏参数						相对密度	单井日产气量（10⁴m³）	面积（km²）
				层位	岩类	深度（m）	厚度（m）	孔隙度（%）	渗透率（mD）			
日本	富士川		1964年	新近系	安山集块岩	2180~2310	57	15~18		0.648	8.9	2
	吉井—东柏崎		1968年	新近系	斜长流纹熔岩凝灰角砾岩	2310~2720	111	9~32	150		50	28
	片贝		1960年	新近系	安山集块岩	750~1200	139	17~25	1		50	2
	南长岗		1978年	新近系	流纹角砾岩		几百	10~20	1~20		20	
印度尼西亚	贾蒂巴朗		1969年	古近系	安山岩、凝灰角砾岩	2000	15~60	6~10	受裂缝控制			30
苏联	乌克兰	外喀尔巴阡	1982年	新近系	流纹—英安凝灰岩	1980	300~500	6~13	0.01~3	0.7307（气）	13.75	
加纳	博森泰气田		1982年	第四系	落块角砾岩	500	125	15~21				15

相对而言，日本发现的火山岩油气藏数量较多，且大都集中在东北方向日本海沿岸的新潟、山形、北海道、秋田等地，在这些地区覆盖着较厚的古近—新近系沉积物，形成了西南—东北分布的油气聚集区。日本自1908年起即在火山岩中采油，油区均分布在绿色凝灰岩地区北部的秋田盆地。1929年，日本在绿色凝灰岩区到长岗以北采出少量天然气，当时被认为是异常情况。

1958年，日本据地震资料发现了见附油田，因其具有极好的储量和产油能力，绿色凝灰岩就变成了重要的勘探目标之一。20世纪60年代初期在长岗县附近的安山岩储层中发现了几个气田，60年代末期在柏崎东面背斜核部发现了吉井—东柏崎气田。1978年，在绿色凝灰岩中发现了"南长岗—片贝"的构造气田，储集层主要为流纹岩，实测气柱800m以上，储量比吉井—东柏崎气田还要大，是日本目前发现的最大气田。

日本火山岩储层为喷发在由古近纪基岩组成的深海底上的中新世流纹岩。流纹岩分为熔岩、枕状角砾岩和玻璃质碎屑岩。前面两种具原生和次生孔隙空间，孔隙度10%~30%，渗透率1~150mD。在同时出现的隆起和地垒构造中也已发现了大型油、气聚集伴随着同时期的或上覆的生油岩。这种火山岩中储层的特征是有效厚度大、生产能力高、储量大，并且有些油气柱大于800m。储集的原始孔隙空间来源于岩浆喷发时在海底的急剧冷却、破碎剥落、角砾岩化和结晶作用。次生孔隙由热液作用伴随着后来的火山活动和构造运动而产生。大裂缝发育在熔岩或枕状角砾岩中，而大洞穴常出现在玻璃碎屑岩相、熔岩相和枕状角砾岩相之中。如在吉井—东柏崎气田和见附油田的火山岩储层中常见到大型孔隙，而在南长岗气田则常见到中小型孔隙，其总孔隙度和以上各油气田相近，微裂缝对渗透率起重要作用。

日本火山岩储层中具有以下孔隙类型及特征：（1）多孔型，是在熔岩和枕状角砾岩相中原生的；（2）晶间型，出现在熔岩和枕状角砾岩相，属原生孔隙，它由球粒状聚集体封闭起来而形成；（3）似浮石结构型，主要存在于玻璃质碎屑岩和枕状角砾岩相中，属次生孔隙，有时为后来的压应力所变形；（4）珍珠结构型，在玻璃质碎屑岩和枕状角砾岩的珍珠结构内部发育有此类孔隙，它是由于热溶液的溶蚀而形成的次生孔隙；（5）晶内型，多出现在熔岩和枕状角砾岩相，由斜长石斑晶中的解理和颗粒裂缝受到局部溶蚀后而形成，为次生孔隙，较少见，对储层影响不大；（6）微晶间型，这是一类由熔岩和枕状角砾岩相基质中的斜长石柱晶的微晶间玻璃受溶蚀后而形成的次生孔隙，孔隙极小，相互相通，在电镜照片（10μm）中可观察到，但总孔隙空间对孔隙度有很大影响。

上述孔隙类型构成了日本火山岩油气中的潜在储层。如吉井—东柏崎各气田孔隙度、渗透率则分别为 7%~32% 和 150mD。东柏崎气田有 1 口井日产气 $50×10^4m^3$，南长岗气田有 1 口井日产气 $20×10^4m^3$。在南长岗气田所取 150m 岩心中分析了 380 块样品，已获每种岩相特征，孔隙度为 10%~20%，各种岩相没有明显差异；至于渗透率，枕状角砾岩为 5~100mD，熔岩相为 1~20mD，而玻璃质碎屑岩相则普遍小于 1mD，产能很低，这是由于玻璃碎屑高度绢云母化导致孔隙度、渗透率减小。

第二节　大庆油田火山岩气藏开发概况

一、气藏勘探开发历程

大庆油田火山岩气藏勘探开发历程，可大致划分为四个阶段。

第一阶段：2002 年以前，为准备或发现阶段。在前期应用重、磁、电、地震等手段进行预探的基础上，大庆油田 2001 年在徐家围子断陷上钻探发现井 A1 井，该井于 2001 年 6 月 26 日开钻，2002 年 5 月 7 日钻至井深 4548.0m 完钻，完钻层位为火石岭组，三开钻至泉头组一段后采用油包水基钻井液近平衡钻探。

A1 井在营城组见到气测异常 10 层 276m，营城组测井解释气层 3 层 371.2m，差气层 3 层 29.2m。2002 年 10 月 19—24 日，营城组 149 号层压裂后自喷，获得日产 $19.57×10^4m^3$ 的工业气流。对营城组 150 号层压裂后及时放喷，获得日产 $53×10^4m^3$ 的工业气流。采用一点法计算无阻流量为 $118.48×10^4m^3/d$，获得高产气流。气分析 CH_4 含量 95.66%，C_2H_6 含量 1.83%，CO_2 含量 1.84%，相对密度 0.5886，属于干气。

A1 井的钻探成功是松辽盆地北部天然气勘探的重大突破，揭示了松辽盆地深层天然气勘探的良好前景，标志着徐深气田营城组火山岩气藏的发现。

第二阶段：2003—2005 年，为展开勘探、加快评价及探明储量提交的交互阶段。布置了大量的三维地震勘探，甩开部署了多口针对火山岩储层的探评井，全面开展了取心、测试、测井、试气、试采等研究工作，提交了火山岩气藏第一个 $1000×10^8m^3$ 探明储量。

兴城开发区营城组气藏发现后，通过 2003 年兴城开发区三维资料的解释结果，于

2003 年 6 月向兴城构造带（中部火山岩带）的南部 9.28km 甩开部署了 A2 井，同年 9 月在 A1 井西南部 3.4km 的构造二台阶上，针对西侧火山岩发育带部署钻探了徐深 6 井。

A2 井对营城组一段火山岩 5 层先后 8 次施工测试（4 次压裂），获得日产 2.3×10⁴m³ 的低产气流。

A6 井对营城组一段火山岩储层压后求产，日产气 10.07×10⁴m³，日产水 124.8m³；对营城组四段砾岩储层压后测试，获得日产 52×10⁴m³ 的高产气流。

2004 年 6 月以后为加快评价阶段，首先，在兴城开发区北部向南部构造低部位甩开部署了 A4 井、A5 井两口井，主要目的在于探索兴城开发区的天然气分布规律。

发现气藏以后，为了搞清火山岩储层的气藏特点和产能情况，在兴城北部 A1 区块设计了 5 口开发控制井。首先运行的 A1-1 井火山岩储层压裂后获得日产 44.65×10⁴m³ 的高产工业气流。

在取得上述勘探成果后，加快了对兴城构造带的勘探步伐。2003 年冬—2004 年初在丰乐地区展开了三维地震勘探，满 112 次覆盖面积 325.81 km²。经过精细研究和准备，以营城组火山岩和砾岩为目标，相继甩开部署了 C3 井、C7 井、B8 井、C9 井 4 口预探井，并加大评价力度，同时部署了 A201 井、A401 井、A502 井、A601 井、A602 井 5 口评价井。

加快部署的探井相继完钻，C3 井、B8 井、C9 井在火山岩获得工业气流，C7 井、A601 井火山岩和砾岩均获得工业气流。其余部署在构造低部位的评价井 A602 井、A201 井、A401 井、A502 井等，则均获得低产气流，或以产水为主。

2005 年初，根据加快探井的钻探显示情况，及时部署了 5 口评价井——C301 井、A603 井、C901 井、C902 井、B801 井。其中 A603 井对火山岩井段 3514.0~3521.0m 进行了压裂试气，用 12mm 油嘴 73.03mm 挡板三相分离器测气，日产气 37.46×10⁸m³，油压 18.14MPa，套压 8.7MPa。

经过前期勘探和评价工作，于 2005 年 12 月在 A1 区块、B8 区块、C9 区块和 D2-1 区块提交天然气探明储量 1000×10⁸m³。

第三阶段：2006—2013 年，为加快评价、前期开发、第二个 1000×10⁸m³ 探明储量提交，气田初步开发方案编制与实施阶段。投入大量实物工作量加大勘探及前期评价工作，与此同时，火山岩气藏开发工作及时介入。大庆油田于 2004 年开发早期介入，2006 年全面完成了第一个 1000×10⁸m³ 储量的前期评价、兴城 A1 区块和升平开发区 D2-1 区块气藏初步开发方案的编制。

A1 区块推荐方案设计气井 38 口（老井 12 口、新井 26 口），并已全部实施，其中 3 口方案直井改水平井实施，采气速度 2.55%，设计产能 7.9×10⁸m³。2010 年方案实施完毕，产能达到设计指标，但未能实现稳产；采气速度为 2.0%，低于设计指标；压力降幅高于设计指标，年递减率达 5.35%。

为进一步扩大勘探成果，整体评价徐家围子断陷的储量规模，揭示火山岩气藏的成藏规律，选定了徐家围子断陷东部的徐东斜坡带和北部的安达次洼作为有利勘探方向，优选有利圈闭展开预探。勘探工作取得了丰硕的成果，在徐东和安达地区相继取得突破，形成了规模储量区。于 2007 年底在 F1 区块、E21 区块、C9 区块、E28 区块新增天然气探明地质储量近 1200×10⁸m³。

在徐深气田勘探取得突破的同时，为了落实储层展布、连通情况及天然气分布规律，开发部门及时介入，依据气藏描述的认识，在 B8 区块、C9 区块部署实施了 6 口开发控制井——B8-1 井、C9-1 井、C9-2 井、C9-3 井、C9-4 井、C9-5 井，全部获工业气流。在 E21 等区块针对第二个 $1000\times10^8m^3$ 天然气探明地质储量，先后部署了 6 口开发控制井（E21-1 井、E21-2 井、E21-3 井、E21-4 井、E21-5 井、E14-1 井），其中 E14-1 井获工业气流，其他 5 口开发控制井获得低产气流，见到了不同程度的含气显示。

为了厘清 B8、C9、E21 等区块火山岩储层的产能及其变化规律，进行了系统试气和试采评价工作。为了加快徐深气田 B8 区块、C9 区块、E21 区块等区块开发节奏，按时完成产能、基建指标，深入研究徐深气田 B8 区块、C9 区块、E21 区块等区块深层火山岩气藏地质特征和产能规模，于 2009 年 12 月完成了 B8 区块、C9 区块、E21 等区块初步开发方案编制，动用地质储量约 $300\times10^8m^3$，设计总井数 29 口，年产能 $6.43\times10^8m^3$，B8 区块是徐深气田第一个整体采用水平井 + 直井联合开发的区块，总体产能达到方案设计水平，长期效果有待观察。

第四阶段：2013 年至目前，为气藏精细描述、调整挖潜阶段。

徐深气田主力区块 A1 区块投入开发以来，气井以中低产为主，产能逐年递减，稳产难度大；针对该区块开发过程中出现的问题，2013 年从整体评价入手，开展地震老资料重新精细处理解释及地质再认识，通过火山体精细刻画及精细构造解释，发现原探明含气面积外发育气层。针对新发现外扩潜力，2014 年，采用"整体部署、滚动评价、分布实施"的原则，编制了第一批扩边方案《A1 区块营一段火山岩滚动扩边方案》和《A1 区块营四段砾岩滚动扩边方案》，其中设计总井数 7 口，产能 $2.67\times10^8m^3$。第一批扩边井全部获得工业气流，实测地层压力等于或接近原始地层压力，证实外扩潜力可靠性。2015 年在第一批扩边井实施评价的基础上，编制了《A1 区块营一段火山岩滚动扩边方案补充井位设计》，其中设计总井数 7 口，产能 $1.42\times10^8m^3$，其中针对北部新增储量区部署的 A6-313 井钻遇火山岩有效储层 61.5m，气测显示最大值达 43%，初步证实该区具有较好的含气性和物性。针对北部新增储量区 2017 年编制第三批扩边井方案《A1 区块北部新增储量区井位设计》，部署 5 口井，产能 $1.25\times10^8m^3$。截至 2020 年 12 月，A1 区块共部署扩边 19 口，全部实施并投产，平均单井日产量为 $9\times10^4m^3$，新建产能 $5.64\times10^8m^3$。2017—2019 年在 A6-303 井区营城组一段火山岩气藏外扩区和 A605 营城组四段砂砾岩气藏外扩区共提交探明地质储量 $61\times10^8m^3$。Z 区块和昌德气田也取得较好开发效果。

火山岩气藏已成为中国石油天然气勘探的重点领域之一，该类气藏勘探开发前景广阔、意义重大。截至 2020 年底，火山岩探明储量约 $2400\times10^8m^3$（烃类），动用储量约 $1500\times10^8m^3$，动用率 64.5%，投产井数 120 口（水平井 34 口），年底累计建成产能 $35.4\times10^8m^3$，年产气 $17.61\times10^8m^3$，累计产气 $152.91\times10^8m^3$，采出程度 9.8%，未动用储量集中在中基性火山岩气藏。

二、气藏地质概况

徐家围子断陷为松辽盆地北部深层规模较大的断陷，南北向长 95km，东西向中部最宽处有 60km，面积 $5350km^2$。徐家围子断陷是由徐家围子西部（徐西断裂、早期控陷）和中部（徐中断裂、后期走滑）两条断层控制的箕状断陷，总体上呈"两凹夹一隆、东西分带、南北分块"的基本构造格局，两条深大断裂一起控制了徐家围子断陷的形成、发展和消亡；西侧为古中央隆起带，断陷期地层向东侧徐中断裂处逐渐加厚，东部为缓坡，断陷期地层向东逐层超覆。

松辽盆地北部深层指泉头组二段及以下地层，自下而上主要为基底、火石岭组、沙河子组、营城组和登娄库组及泉头组一段、泉头组二段。基底为泥板岩、千枚岩等变质岩和花岗岩等侵入岩。火石岭组形成于断陷盆地初期，底部为一套碎屑岩，中上部发育火山岩及喷发间歇期间的滨浅湖相沉积。

徐家围子沙河子组普遍表现为西边厚，东边薄。在湖相的背景下，形成了陡坡以扇三角洲沉积为主、缓坡以辫状河三角洲沉积为主、凹陷中心为滨浅湖的总体沉积特征。沙河子组形成于断陷盆地发育的鼎盛时期，密集段较为发育，主要形成断陷期烃源岩和局部盖层。

徐家围子营城组沉积期内基底断裂活动频繁，火山活动强烈，在断陷内发育了大范围分布的火山喷发岩。在徐家围子断陷内，营城组分为四段：营城组一段地层主要为酸性火山岩，局部发育有中、基性岩等；营城组二段地层在断陷内发育较薄，范围较小，为湖相暗色泥岩和滨浅湖相沉积，局部发育砂砾岩沉积。营城组三段火山岩岩性复杂，基性、中性、酸性火山岩均发育；营城组四段主要为砾岩和砂泥岩沉积，纵向上可分为上下两套，下部粒度细，上部粒度粗，主要发育砾岩和粗砂岩，也是徐家围子断陷有利储层之一。

火山岩气藏属于复杂特殊类型的气藏。与其他常规气藏相比，火山岩气藏地质条件更加复杂，岩性复杂、种类多，岩性、岩相变化快，识别与描述难度大。研究统计表明，火山岩气藏岩性主要包括流纹岩、玄武岩、安山岩、英安岩和流纹质熔结凝灰岩等。其中，徐深气田南部 A1 区块等区块主要发育酸性流纹岩，而北部 F1 区块等区块除发育酸性流纹岩外，下部存在玄武岩、安山岩和英安岩等中基性火山岩类。

1. 火山岩储层岩相、岩性类型

通过岩心描述和野外露头观测，建立了松辽盆地北部火山岩喷发模式，火山岩相可分为火山通道相、爆发相、喷溢相、侵出相和火山沉积相 5 种。每一种火山岩相可以进一步划分为 3 种亚相，共 15 种亚相。火山岩体相互叠置，岩相横向变化快，有利相带延伸范围有限，近火山口相延伸范围小。

徐深气田北部的中基性岩：G3 区块营城组三段 II 气层组发育的主要岩相为溢流相，爆发相次之；溢流相普遍发育于研究区，爆发相发育于火山口处的局部地区，物性分析和试气结果表明：有利的储层岩相主要为溢流相的上部亚相和爆发相的热碎屑流亚相。

徐深气田南部的酸性岩：A1 区块营城组一段 I 气层组岩相以爆发相为主，占80.1%，其次为溢流相；营城组一段 II 气层组以爆发相岩性为主，占 85.3%。其爆发相形成于火山作用的早期和后期，可分为三个亚相：空落亚相、热基浪亚相、热碎屑流亚相。

徐深气田火山岩经历了多旋回多期次喷发，岩性变化频繁，火山岩岩石类型有火山熔岩和火山碎屑岩两大类。火山熔岩主要岩石类型有球粒流纹岩、流纹岩、（粗面）英安岩、粗面岩、粗安岩、玄武粗安岩，酸性岩、中酸性岩、中性岩、中基性岩均有分布。火山碎屑岩主要有流纹质熔结凝灰岩、流纹质（晶屑）凝灰岩、流纹质角砾凝灰岩、流纹质火山角砾岩、集块岩。火山熔岩中的球粒流纹岩、气孔流纹岩，以及火山碎屑岩中的熔结凝灰岩、晶屑凝灰岩为有利的储层岩性。

徐深气田北部的中基性岩：G3 区块钻井取心描述和测井岩性识别表明，营城组三段 II 气层组主要发育玄武岩（占 47.5%）、粗面岩（占 18.6%）、安山岩（占 15.8%）和凝灰岩（占 12.6%）。

徐深气田南部的酸性岩：A1 区块钻井取心描述和测井岩性识别表明，营城组一段 I 气层组主要发育晶屑凝灰岩（占 21.17%）和熔结角砾岩（占 21.06%）；营城组一段 II 气层组主要发育晶屑凝灰岩（占 26.83%）、火山角砾岩（占 25.39%）和熔结凝灰岩（占 21.36%）；营城组一段 III 气层组不发育。

2. 火山岩储层分布

受火山喷发期次和火山相带控制，火山岩气藏有效气层分布不连续，储层相互之间基本不连通，构成纵横向上的孤立储渗体；纵向上多套气层叠置，气水关系复杂。通过野外露头观察、密井网解剖、长井段取心、水平井段分析等证实，火山岩储层纵向和横向的非均质性极强。徐深气田 A1 井区 500m 井距密井网解剖表明，火山储层岩相变化快，岩相横向延伸距离在 200~800m，纵向在 6~60m。

火山岩储层类型的平面分布预测显示，徐深气田火山岩储层总体以低产储层为主，较高产的储层仅在局部少量发育，不同区块间储层平面分布连续性差；储层横向连续性差、变化快，火山岩储层物性纵向变化快，有利储层仅在部分井段发育。

火山岩气藏储层物性一般较差，通常孔隙度小于 10%，渗透率小于 1mD，主要为低渗透和特低渗透储层。

徐深气田北部的中基性岩：统计 G3 区块 2 口井 54 块气层样品全岩分析孔隙度为 2.8%~6.7%，平均 3.92%；水平渗透率为 0.004~0.538mD，平均 0.184mD；垂向渗透率为 0.001~0.258mD，平均 0.071mD。统计结果表明：G3 井区火山岩气藏属于中低孔隙度、低渗透率储层。

徐深气田南部的酸性岩：A1 区块营城组一段岩心样品物性统计表明，孔隙度介于 2%~4% 的样品占样品总数的 27%，介于 4%~6% 的占 33.3%，介于 6%~10% 的占 33.1%；渗透率主要介于 0.01~0.1mD，占样品总数 62.7%，渗透率大于 1.0mD 的样品占样品总数 4.6%。研究和统计结果表明，松辽盆地火山岩储层的物性变化大，非均质性强，属中孔隙度、特低渗透率储层。

3. 气藏特征

总体上营城组火山岩气藏气水关系相当复杂。平面上气水系统的分布主要受火山岩体控制，不同的火山岩体相互之间不连通，属于不同的气水系统；而纵向上，在同一个火山岩体内，又发育多个气水系统。处于构造高部位、物性好、裂缝发育的储层则富气高产；在构造相对较低部位由于受岩性、断层、物性等因素影响，在局部也可形成气层。

徐深气田北部的中基性岩：G3 区块为多期火山喷发形成的多个火山岩体，相互之间基本不连通，存在多个不同的气水系统。气藏受"构造—岩性"双重控制，气水关系复杂，气水界面不统一，整体表现为上气下水，工业气流层主要分布于火山岩顶部，属于构造—岩性气藏（图 1-2-1）。

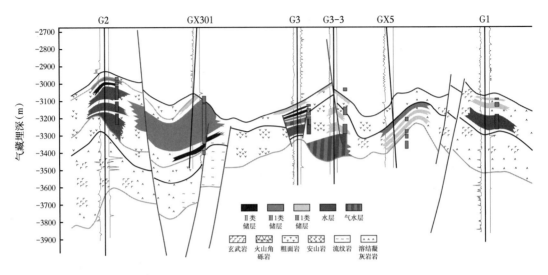

图 1-2-1　G2—GX301—G3—G3-3—GX5—G1 井气藏剖面图

　　徐深气田南部的酸性岩：综合 A1 区块测井和试气结果来看，A1 区块气水系统比较复杂，没有统一的气水界面，纵向上单井的气水界面深浅不一，气水面差异显著，多数井气水界面深度在 3600~3690m，只有 A5 井气水界面位置较低，为 3755m，整体上气水界面深度由北向南逐渐变深。平面上，不同井区具有不同的气水界面特征。

第三节　火山岩气藏开发特征

　　火山岩气藏开发中主要呈现出渗流特征复杂、气井产能差异大、动态储量差异大、生产压差大、压力及产能递减快、部分井产地层水等特征。

一、火山岩气藏渗流特征复杂

　　火山岩孔隙结构复杂，喉道细小，孔隙易被喉道控制，喉道大小决定储层的渗透性，储集空间可以分为孔隙型、裂缝型等多种类型，不同孔隙类型岩样的储集空间、气水渗流特征差异明显。火山岩残余水饱和度较高，气水渗流显著特征是裂缝型岩样两相渗流区间小，但在高含水饱和度下，气相仍具备一定的渗流能力，表明裂缝具有较好的导流能力；孔隙型岩样两相渗流区间较大，在残余水饱和度下，气相相对渗透率较高，储渗物性较好。随含水饱和度的增加，两种类型的岩样气相相相对渗透率下降均比较快。

　　第三章通过渗流实验研究了火山岩气藏单相及气水两相渗流规律，研究了气体在压差作用下裂缝与基质不同组合方式及裂缝和基质各自供排气渗流规律，建立了考虑火山岩气藏非线性渗流机理的产能模型。

二、井间产能差异大

　　由于火山岩气藏储层物性较差，多数情况下气井产能较低，需要经过压裂改造才能获得较高工业气流。如 2006 年徐深气田 13 口工业气流井中，除 D2-1 区块 4 口井外，其余

9 口井中有 8 口井进行了压裂改造，且气井产能平面分布变化快，相邻井间无可对比性。徐深气田某一个区块内气井无阻流量变化范围（3.0~120）×10⁴m³，且在距一口射孔后即获工业气流井周围 0.9~1.2km 的其他井，必须经过压裂改造才能达到工业产量。

对于裂缝比较发育的火山岩气藏，气井无需改造也可获得很高的工业产量，吉林长岭凹陷 1 号构造、日本南长冈气田南部的火山岩气藏就属此类型。长深 1 井裸眼中途测试即获 46×10⁴m³/d 的高产气流，射孔完井后以 25×10⁴m³/d 生产，井口油套压力保持稳定；南长冈气田南部气井最高配产达到了 50×10⁴m³/d。

复杂的地质条件及气井投产方式的不同，决定了气井初期短时测试产能具有较强的时效性，这表现出了两种截然相反的特征：对于通过压裂改造措施获取工业气流的井，虽然气井投产初期的测试无阻流量很大，但投产后常表现出较快速度的下降，且与压裂措施规模大小之间并无必然的联系；而对于射孔后即获工业气流的井，投产初期测试估算的气井产能，常常会低于生产一段时间后的产能，其原因在于此类气井钻完井过程中地层（裂缝）伤害比较严重，经过持续生产的清井作用后，伤害得以部分解除。

大庆徐深气田火山岩气井的普遍认识是，气井的初期产能主要受到储层物性的控制，储层非均质性强导致气井间产能差异大；压裂井虽然初期产能较高，但下降也较快。

三、气井井控动态储量差异大

从目前徐深气田试采情况看，火山岩气井动态特征比较复杂，稳产条件变化较大。统计 A1 区块 23 口井试采初期估算的井控动态储量，变化范围在（0.1~12.0）×10⁸m³，平均值 2.25×10⁸m³，且低于此平均值的占了 73.9%，反映出多数井的井控储量小，单井供气范围有限。但由于气井试采初期供气区域主要为相对高渗透区（裂缝系统），低渗透区（基质系统）的贡献率较低，因此，随着地层压力的下降，在低渗透区完全参与供气后，井控储量会有不同程度的增加。

以储层储渗结构为基础，按照动态储量的变化特点把火山岩气藏井控动态储量分为"低渗透—致密增长型"与"高渗透稳定型"两种类型。低渗透—致密增长型：即低渗透—致密孔渗连续发育储层内，气井动态储量逐步增加。高渗透稳定型：井控区域内高孔渗连续发育为主，动态储量基本稳定。

徐深气田气井生产动态总体上有四种类型：I 类井，稳产能力最强，采气指数基本稳定，预计 10.0×10⁴m³/d 以上的产量稳产期一般超过 10 年；II 类井，稳产能力略差，生产中采气指数略有下降，10.0×10⁴m³/d 的产量一般可以稳产 8~10 年；III 类井，稳产能力较差，生产中采气指数下降较快，一般 5.0×10⁴m³/d 的产量可以稳产 4~6 年；IV 类井，稳产能力最弱，一般 5.0×10⁴m³/d 的产量稳产 1 年左右。

四、部分井产出地层水

火山岩气藏气水关系复杂，构造宏观上控制着气水的分布，局部多为上气下水，边底水普遍发育。徐深气田 A1 区块等区块及克拉美丽气田滴西 14 区块等区块均有部分气井产出地层水，主要是直井，同时部分水平井也都不同程度的见水。气井出水情况复杂多样，产水量、产气量、井口油压、套压、生产压差各不相同。初步分析认为，气井出水主要受采气速度过快、裂缝水窜等因素影响，给气田合理高效开发带来很大困难。水对气井的影响主要体现在两个方面：一是增大生产压差，二是降低气井产能。通过出水井出水前后，初期和目前生产压差变化的对比，发现出水井产水前后生产压差增加2~10MPa，未出水井仅比初期增加0.2~1.2MPa；气井产水对气井产能的影响可以通过比较出水井和未出水井的无阻流量变化来解释：出水井的无阻流量下降了30%~80%，未出水井的无阻流量下降了6%~18%。

徐深气田火山岩气藏经过十几年的开发实践，针对火山岩储层致密、成因复杂等问题，以成岩机理为研究基础，建立了气层层序系列、岩性识别、储层类别等标准，攻关火山岩体刻画、裂缝预测、分类储层预测等技术，搞清了气藏有效储层展布规律，形成了火山岩气藏精细描述技术系列。从产能评价及动态描述入手，攻关火山岩气藏的渗流规律评价、开发方案编制、开发调整等技术，形成了火山岩气藏有效开发技术系列，理论不断创新，认识持续深化，效果逐年变好，探索出了独具特色的火山岩气藏开发的"徐深模式"，为大庆油田"稳油增气"战略目标的实现做出了贡献。

第二章　火山岩气藏精细描述

通过对火山岩岩性特征、物性特征、成岩机理、储集空间特征、孔隙结构特征、岩相特征、成藏模式、成藏阶段划分以及孔隙裂缝演化特征的精细描述，厘清火山岩的成岩机理。在精细地质研究基础上，依托逆时偏移精细处理技术以及构造精细解释技术，实现火山体的分级刻画，弄清火山体的展布特征。进一步综合测井与地震技术，实现裂缝的综合预测与有效储层的分类预测。充分有效利用钻井、测井、地震等资料，精细刻画断层和地层的空间组合和配置关系，精细表征微幅度构造特征与断层分布特征，建立精细构造模型，并在构造模型框架内进一步精细模拟储层及其内部属性参数的发育和分布特征，建立起储层的属性模型，并进一步建立起储层的应力模型。

第一节　火山岩成岩机理

一、岩性岩相特征

根据徐深气田岩心的岩石化学分析数据做出全碱—二氧化硅图（TAS 图）（图 2-1-1）。从图 2-1-1 中可看出，本区营城组一段以酸性火山岩为主，岩石类型包括流纹岩、流纹质晶屑凝灰岩、熔结凝灰岩、火山角砾岩等；营城组三段以中基性火山岩为主，岩石类型有玄武岩、安山质火山角砾岩、粗面岩、安山岩等。

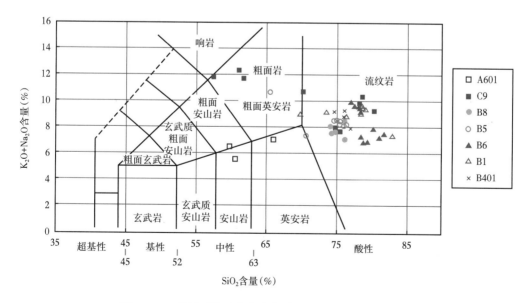

图 2-1-1　兴城开发区火山岩全碱—二氧化硅图（TAS 图）

由于钻井取心有限，为更好地认识火山岩岩性、岩相特征，通过建立营城组岩性、岩相、储层地质剖面，在宏观和微观尺度上研究火山岩岩性、岩相、孔缝发育规律，刻画营城组火山岩旋回特征，建立营城组火山岩标本系列和图片系列，开展火山岩岩性、岩相等描述。再结合单井岩心分析，具体描述徐深气田的岩性、岩相特征。

1. 野外露头岩性、岩相特征

1）五台山大屯东采石场

五台大屯东山采石场的野外剖面：中基性岩火山机构火山口—近火山口岩性岩相组合序列，可观察到玄武安山岩—紫色玄武质集块熔岩—玄武质隐爆角砾岩以及珍珠岩—英安岩—英安质沉凝灰岩系列。

（1）玄武安山岩。

玄武安山岩出露于五台大屯东山（图2-1-2），岩石呈现紫红色，具有流纹构造〔图2-1-3（a）〕和隐爆角砾结构〔图2-1-3（b）与图2-1-3（d）〕，斑状结构，斑晶主要为斜长石、暗化的黑云母、角闪石等，基质交织结构〔图2-1-3（c）〕和隐晶质结构。此外岩石的后期节理构造特别发育，有的节理缝中充填有绿色隐晶质岩汁。

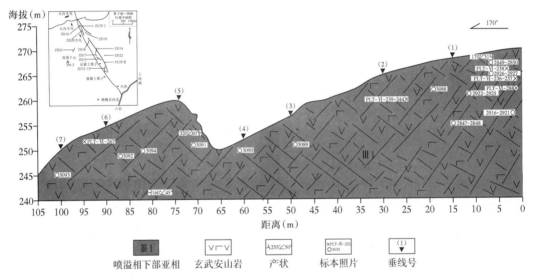

图 2-1-2　上河湾地区五台大屯东山营城组三段玄武安山岩岩性岩相图

（2）紫色玄武质集块熔岩—玄武质隐爆角砾岩。

灰绿色的玄武质集块熔岩—玄武质隐爆角砾岩分布于五台大屯东山采石场的东北部。玄武质集块熔岩具有典型堆砌结构特征，碎屑岩块支撑，没有分选、没有磨圆，被绿色隐晶质岩汁胶结〔图2-1-4（a）与图2-1-4（b）〕，是火山通道相的典型构造标志，指示该火山岩相属于火山通道相火山颈亚相特征。岩块的主要成分为气孔玄武岩，气孔、杏仁构造发育，气孔呈椭圆状〔图2-1-4（c）〕，平均粒径为0.5cm，杏仁体由方解石、沸石、红色岩汁等充填。岩石中还发育很多树枝状的陡倾节理，将岩石切割。在节理密集处岩石蚀变比较强烈。在裂隙中充填有灰绿色的岩汁，可能是火山喷发后期发生隐伏爆炸，将火山通道周围岩石炸裂后，流体灌入而形成的〔图2-1-4（d）〕。

（a）具流纹构造的玄武安山岩　　　　　　　（b）玄武安山质隐爆角砾岩

（c）玄武安山岩交织结构，（单偏光，d=6mm）　　（d）玄武安山岩隐爆角砾结构，（单偏光，d=12mm）

图 2-1-3　五台大屯东山营城组三段玄武安山岩（玄武安山质隐爆角砾岩）岩貌特征图

（a）玄武质集块熔岩，具有堆砌结构岩，块为含气孔玄武岩　　（b）玄武质集块熔岩，具有堆砌结构岩块为气孔杏仁玄武岩

（c）气孔杏仁玄武岩　　　　　　　　（d）陡倾节理发育玄武岩

图 2-1-4　上河湾地区五台大屯东山营城组三段玄武质集块熔岩岩貌特征图

（3）珍珠岩—英安岩—英安质沉凝灰岩。

在五台大屯东山采石场东侧可以见到气孔玄武质集块熔岩与英安岩之间清楚的接触关系（图2-1-5），下部绿色的是气孔杏仁玄武质集块熔岩，上部灰白色的是英安岩（图2-1-6），再向上几米就是比较厚的深灰色珍珠岩，该珍珠岩呈球状风化，并发育流纹构造。显微镜下可见珍珠构造，斑晶以斜长石、黑云母为主，偶见石英，与英安岩中的斑晶矿物组合相近。

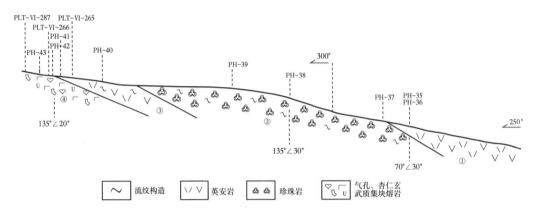

图2-1-5　五台大屯东山营城组三段气孔玄武质集块熔岩与英安岩、珍珠岩的层序关系剖面图

英安质沉凝灰岩的碎屑成分主要为凝灰级晶屑、玻屑，少量火山岩岩屑；发育细腻的水平层理构造（图2-1-7），有一定的分选和磨圆，说明搬运的距离不是很远，具有湖相沉积的特征，可能属于陆上喷发，水下保存的沉火山碎屑岩。在与水平层理垂直的方向上，发育有很多细密的破劈理。这可能是盆地形成以后，受区域应力场作用致使岩石发生张性破裂。

图2-1-6　气孔玄武质集块熔岩与英安岩
接触关系图

图2-1-7　灰白色英安质沉火山凝灰岩，发育水
平层理及密集劈理

2）九台市六台地区

九台市六台地区野外剖面：酸性流纹岩类火山机构近火山口岩性、岩相组合序列。营城组一段流纹质火山岩机构和岩性岩相组合序列，在九台市六台镇（猴石镇）一带碱厂小学东采石场出露比较齐全，碱厂小学东一号采石场层位比较低，出露的是火山机构偏下部的岩性岩相组合序列，主体岩性为石泡流纹岩，属于喷溢相的中上部亚相，同时极其发育

火山通道相的隐爆角砾岩亚相和硅化角砾岩带，甚至发育比较大型的韧脆性挤压断层带等，表明处于火山颈的根部特征。碱厂小学东二号采石场层位比较高，主体岩性为流纹构造十分发育气孔杏仁流纹岩，而且越偏上部层位，气孔密度越大、气孔个体也逐渐变大、孔隙度也将增加，流纹构造更加清晰，流纹质隐爆角砾岩不太发育，出现流纹质集块熔岩和坠石火山弹等现象；偶尔见有巨大石泡流纹岩不均匀分布于大气孔流纹岩中，而且石泡多为空心状；此外，还发育爆发相的空落亚相膨润土层，种种迹象表明偏上部层位的流纹岩类岩性组合指示具有酸性火山机构近火山口相特征，属于喷溢相的上部亚相。部分属于火山通道相的隐爆角砾岩亚相和火山颈相。

营城组一段流纹岩在六台镇一带表现为石泡发育的流纹岩，石泡构造，变形流纹构造，隐爆角砾构造以及硅化带、节理、断层十分发育，可能是火山口或近火山口根部岩性、岩相组合系列（图 2-1-8）。

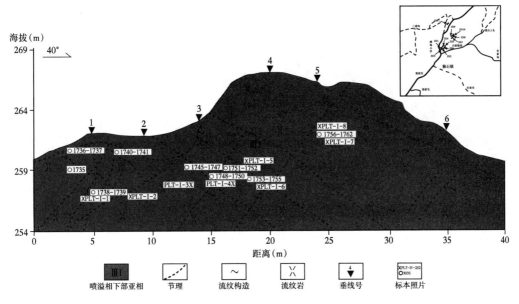

图 2-1-8　九台市六台镇碱厂小学东采石场石泡流纹岩岩性、岩相图

营城组一段流纹岩类在六台镇碱厂小学东山一号采石场一带出露比较好，主体岩性为含气孔石泡流纹岩—变形流纹构造流纹岩—流纹质隐爆角砾岩，可能是处在火山口附近的原因，流纹岩的石泡构造、变形流纹构造、隐爆角砾结构、构造裂隙、硅化充填、节理、断层等十分发育（图 2-1-9）。

（1）石泡流纹岩。

石泡流纹岩分布于六台镇碱厂小学东一号采石场，岩石呈灰白色、灰紫色，斑状结构，斑晶为石英、碱性长石，基质为隐晶质，显微镜下可见球粒结构（图 2-1-10），石泡构造发育，石泡大小在 0.5~3cm，有的可达 5~7cm，多为紫色硅质，呈椭圆或扁豆状，石泡与基质界线比较截然（图 2-1-11），也有过渡状的；石泡的分布密度不均匀（图 2-1-12），一般呈粒径小分布密度大、粒径大分布密度较小的趋势；另外石泡与基质中均有较自形的长石斑晶（图 2-1-13），这一点反映石泡与基质基本同时形成的。石泡流纹岩属于喷溢相中上部亚相。

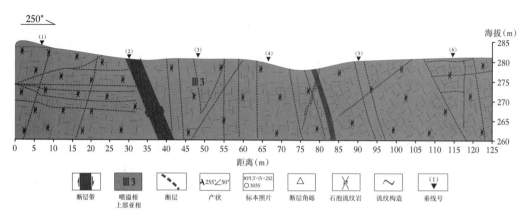

图 2-1-9　九台市六台镇碱厂小学东采石场石泡流纹岩岩性、岩相及节理断层图

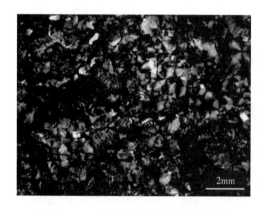

图 2-1-10　石泡流纹岩基质球粒结构
（正交偏光，$d=1.25$mm）

图 2-1-11　石泡流纹岩紫红色石泡（实心）

图 2-1-12　石泡流纹岩紫红色石泡
（多实心少空心）

图 2-1-13　石泡流纹岩石泡和基质均有长石斑晶

（2）变形流纹构造流纹岩。

变形流纹构造流纹岩主体岩性也是石泡流纹岩，只不过流纹构造极其发育。该采石场可以见到具有流纹构造的石泡流纹岩，其首先经过隐爆角砾岩化作用形成流纹质隐爆角砾岩，冷凝固结成岩之后又受到后期构造改造破坏，并硅化形成了许多构造裂缝孔隙（图2-1-14）。具有喷溢相下部亚相和部分显示火山颈相的岩石结构特征。

（3）流纹质隐爆角砾岩。

原火山熔岩仍为石泡流纹岩，多数流纹构造比较发育（图2-1-15）。岩石隐爆炸裂大致可分为两种规模：其一，隐爆作用比较弱，形成树枝状炸裂缝，裂缝中多数充填有紫色隐晶质岩汁，岩石碎块具有可复原性质，原岩结构构造特征保留完好（图2-1-16）；其二，隐爆作用比较强烈，常常形成弥散型炸裂纹，具有粉碎性破碎，碎块之间也被隐晶质岩汁胶结，岩石碎块复原性差，原岩的结构构造被严重破坏，隐爆的规模大，多呈带状或漩涡状（图2-1-17）。流纹质隐爆角砾岩属于火山通道相隐爆角砾岩亚相。

图2-1-14　流纹构造发育的石泡流纹岩
隐爆角砾岩化

图2-1-15　流纹构造发育的石泡流纹岩
形成后期构造缝

图2-1-16　石泡流纹岩隐爆角砾岩化，
树枝状岩汁充填

图2-1-17　石泡流纹岩弥散型隐爆角砾岩化

（4）硅化带、节理。

硅化带、节理主要发育在六台镇碱厂小学东一号采石场的北侧。硅化带内部的石泡流纹岩呈紫红色，因受引张应力作用，岩石发生强烈的破碎，形成形状不规则、大小不一的断层角砾（图 2-1-18），可以看到近于直立的节理面（图 2-1-19）。岩石的硅化程度从硅化带到远离硅化带逐渐变弱，硅化最强烈的部位有 50cm 宽，几乎全为硅质，呈灰绿色，致密坚硬，沿着断层呈带状产出。平行于硅化带还发育有很多与之平行的节理，走向近东西，倾角 85°，近于垂直。此外，流纹岩中还发育近水平的层理，这种层节理越接近地表越密集，这样两组近乎垂直的节理将岩石切成豆腐块状（图 2-1-19）。

图 2-1-18 石泡流纹岩硅化角砾岩带　　图 2-1-19 与石泡流纹岩硅化角砾岩带相
　　　　　　　　　　　　　　　　　　　　　　　　平行的竖直状节理

（5）气孔石泡流纹岩—膨润土—流纹质隐爆角砾岩—火山弹（坠石）组合。

在六台镇碱厂小学东第二台阶二号采石场有 4 个掌子面露头，其中掌子面 ZH7—ZH8 主要出露流纹质隐爆角砾岩、膨润土、较致密流纹岩组合系列（图 2-1-20）。其对应火山岩相下部流纹岩的喷溢相下部亚相（图 2-1-21）、上部为火山通道相隐爆角砾岩亚相的流纹质隐爆角砾岩（图 2-1-22），两者之间夹有属于爆发相空落亚相的膨润土夹层（图 2-1-23 和图 2-1-24）。

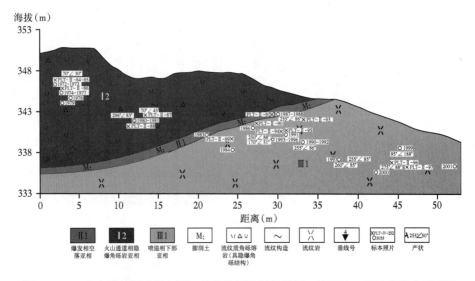

图 2-1-20 六台镇碱厂小学东第二采流纹质隐爆角砾岩、膨润土、流纹岩组合系列图

图 2-1-21　喷溢相下部亚相致密块状流纹岩

图 2-1-22　火山通道相隐爆角砾岩亚相
流纹质隐爆角砾岩

图 2-1-23　爆发相空落亚相膨润土层

图 2-1-24　爆发相空落亚相火山灰蚀变为膨润土层

　　掌子面 ZH9—ZH10 主要发育的岩石组合为气孔杏仁流纹岩—流纹质集块熔岩—流纹
质隐爆角砾岩及火山弹等（图 2-1-25 和图 2-1-26）。

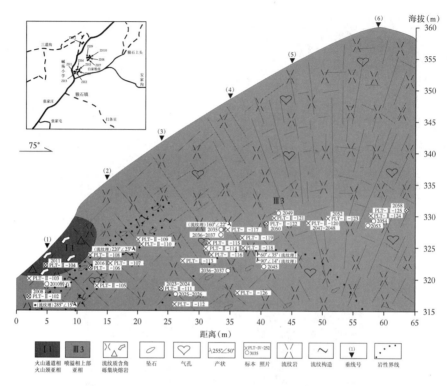

图 2-1-25　九台市六台镇碱厂小学东第二采石场气孔杏仁流纹岩、流纹质集块熔岩组合系列图

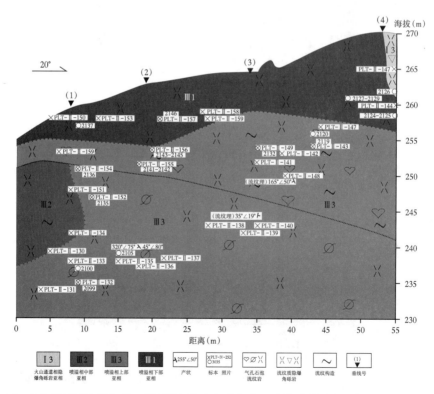

图 2-1-26　六台镇碱厂小学东第二采石场气孔杏仁流纹岩、流纹质隐爆角砾岩、石泡流纹岩组合图

　　气孔杏仁流纹岩为灰白色，流纹构造发育，岩石硅质含量可能比较高，岩石格外的坚硬、质脆、易碎，气孔密度高于杏仁（图 2-1-27），所以岩石空隙度高。此外在气孔杏仁流纹岩中可以见到较大的坠石和火山弹等岩块（图 2-1-28），反映该岩性属于喷溢相上部亚相。流纹质集块熔岩见于掌子面 ZH9-ZH10（图 2-1-29）；流纹质隐爆角砾岩见于掌子面 ZH10（图 2-1-30），主体岩性岩性属于喷溢相上部亚相，其次为火山通道相的火山颈亚相和隐爆角砾岩亚相。

图 2-1-27　气孔杏仁流纹岩

图 2-1-28　含有坠石的气孔杏仁流纹岩

图 2-1-29　流纹质集块熔岩

图 2-1-30　流纹质隐爆角砾岩

　　在六台镇北 3km 左右公路北侧掌子面可以见到非常具有标志性特征的气孔、流纹构造发育的流纹岩（图 2-1-31 与图 2-1-32）和流纹构造发育的大石泡流纹岩，大石泡具有薄皮状层圈构造（图 2-1-33 与图 2-1-34），这套岩性组合反映的火山岩相为喷溢相下部亚相。

2. 单井岩心分析岩性岩相特征

　　通过岩心观察、薄片鉴定、化学分析对岩石进行定名，以此为基础分析不同岩性在各种测井曲线或成像图上的响应特征，进而应用交会图、主成分分析等手段建立岩性识别模式，完成对非取心段的岩性识别。由于凸现不同岩性间差异的岩石学性质和电性特征明显不同，实际处理过程中，采用先分明显大类，再逐步细化的思路，建立了兴城气田碎屑岩、中基性火成岩与酸性火成岩的识别模式，能识别岩性共计 18 种，取心段岩性识别的符合率为 80.9%。

图 2-1-31　气孔、流纹构造发育的流纹岩

图 2-1-32　气孔、流纹构造发育的流纹岩

图 2-1-33　巨大石泡、流纹构造发育的流纹岩

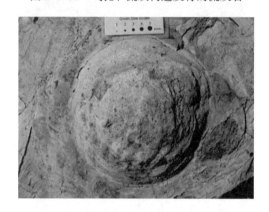

图 2-1-34　巨大石泡流纹岩的大石泡

（1）流纹岩。

流纹岩是酸性火山岩，典型溢流相产物，是含晶出物和同生角砾的熔浆在后续喷出物推动和自身重力的共同作用下，在沿着地表流动过程中，熔浆逐渐冷凝固结而形成的。如图 2-1-35 所示为 C9 井典型流纹岩的测井特征图，从中可以看出，流纹岩在常规测井曲线上主要表现为：高伽马（114~132API），高钍［（10~25）×10^{-6}］，高钾（3.4%~5.0%），中子、密度、声波和电阻率变化范围都很大。这与其所处溢流相部位有关，一般规律是：从顶部往下，物性变差。C9 井就属于发育针状气孔，但连通性极差的情况。成像测井特征与岩心显示基本一致，静态图呈深红色到黄色，颜色偏浅；可见塑性流体流动痕迹及顺流动方向排列的气孔，成层性强。

（2）流纹质晶屑凝灰岩。

酸性火山岩是兴城气田放射性最强的岩类。兴城气田晶屑凝灰岩大部分属于流纹质酸性火山岩，发育于热基浪亚相，主要由气射作用的气—固—液态多相浊流体系在重力作用下近地表呈悬移质搬运沉积而成，颗粒直径小，岩性相对较致密。如图 2-1-36 所示为 A601 井一段典型的晶屑凝灰岩电性特征图，与其他酸性火成岩相比，其晶屑凝灰岩在常规曲线上的主要特点有：中高伽马（105~120API）、中铀[（0.7~3.0）×10^{-6}]、中钍[（4.8~11.8）×10^{-6}]、中高钾（3.6%~5.8%）、中高电阻率（290~920Ω·m）、中等中子（1.7%~6.0%）、中密度（2.39~2.50g/cm^3）及中声波时差（55~65μs/ft）。FMI成像图上：静态图呈深红—黄色；可见浅黄—白色斑点。岩心上见白色的晶屑。

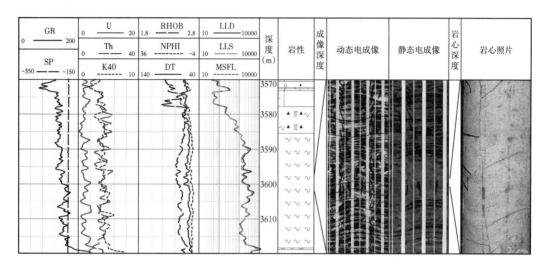

图 2-1-35　流纹岩测井特征图（C9 井）

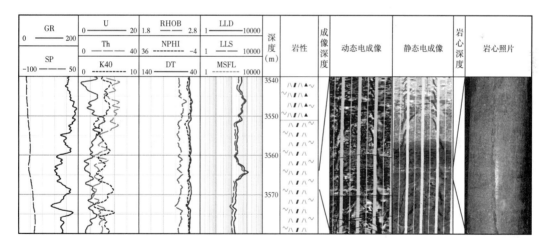

图 2-1-36　晶屑凝灰岩测井特征图（A601 井）

（3）火山角砾岩。

火山角砾岩属于典型的空落亚相，是由固态火山碎屑物在火山气射作用下在空中做自由落体运动降落到地表，经压实作用而形成，具角砾结构。如图 2-1-37 所示为 A3 井典型火山角砾岩电性特征图，火山角砾岩在常规测井图上的主要特点是：高伽马（150~190API）、高钍[（13.8~28.5）×10^{-6}]、高钾（3.8%~5.6%）、电阻率变化范围大（130~10000Ω·m）、中等中子（1.3%~4.8%）、中密度（2.47~2.60g/cm^3）及中低声波时差（53~68μs/ft）。成像图上可见清晰的高阻砾石（亮色）及低阻充填物（暗色）。

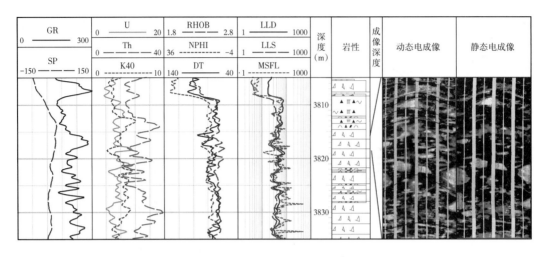

图 2-1-37　火山角砾岩测井特征图（A3 井）

（4）玄武岩。

玄武岩在兴城气田发育较少，也是主要的溢流相产物，但属于典型基性火山岩，与酸性火山岩相比，SiO_2 含量减少，铁镁含量增加，测井曲线上，放射性明显减弱。如图 2-1-38 所示为 A401 井典型玄武岩的测井特征图，从中可以看出，玄武岩在常规测井曲线上的特征是：低伽马（30~50API）、低钍 [（2.0~7.5）×10^{-6}]、低铀 [（0.5~2.7）×10^{-6}]、低钾（0.3%~2.1%）、电阻率变化大（30~1200Ω·m）、高中子（5.0%~20.0%）、高密度（2.64~2.83g/cm^3）及声波时差变化大（45~65μs/ft）。FMI 成像图上：静态图呈深红—黄色；可见明显的收缩节理缝。

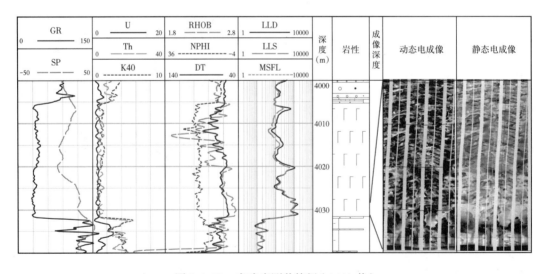

图 2-1-38　玄武岩测井特征（A401 井）

（5）安山质火山角砾岩。

安山质火山角砾岩属于典型空落亚相，为中性偏基性火山岩。如图 2-1-39 所示为 A602 井典型安山质火山角砾岩测井特征图，从中可以看出，该类岩性在常规测井曲线上的特点是：低伽马（35~60API）、低钍〔（2.8~6.4）×10⁻⁶〕、低铀〔（1.0~2.5）×10⁻⁶〕、低钾（0.8%~2.9%）、中高电阻率（90~350Ω·m）、高中子（11.0%~15.0%）、中高密度（2.57~2.73g/cm³）及中低声波时差（55~65μs/ft）。FMI成像测井图上：静态图呈深红—浅黄色；可见明显角砾。

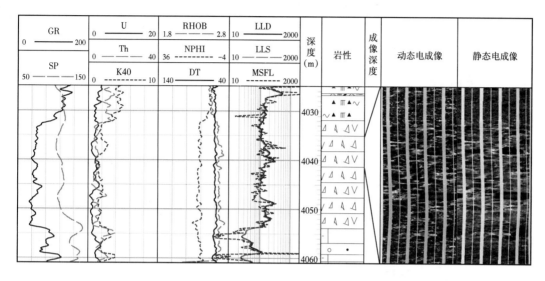

图2-1-39　安山质火山角砾岩测井特征图（A602井）

根据上述分析，以取心段岩性描述为基础，结合录井岩性进行了测井特征综合研究。表2-1-1是在对兴城气田22口井进行综合分析的基础上得到的各种岩性常规测井响应特征统计表，从中可以看出：①从基性→酸性，岩石放射性增强，碎屑岩放射性介于两者之间；②与碎屑岩和酸性火成岩相比，中基性火成岩具有高密度、高中子的特点；③在碎屑岩中，砾岩的密度和钍钾含量高于砂岩；含砂量增加，放射性减弱；④英安岩具有岩性致密、密度大、电阻率高的特点，角砾熔岩和气孔流纹岩则具有高中子、低密度、低电阻率、低放射性的特点；⑤酸性火山岩成分差异不大，主要的差异体现在岩石结构和沉积环境方面；⑥由于敏感性差异，区分不同的岩性，需要选择不同的测井曲线，因此，用常规测井曲线区分岩性，必须按先分大类，再进一步细分的"逐级分类"方式进行。

表2-1-1　兴城气田营城组各种岩性常规测井特征表

岩类	岩性	伽马	钍	铀	钾	电阻率	中子	密度	声波
酸性火山岩	晶屑凝灰岩	高偏中	中	中	高偏中	中高	中	中	中
	含角砾凝灰岩	高	中高	中	高	中	中	中	中
	熔结凝灰岩	高	高	中	高	中低	中	中低	中高
	火山角砾岩	高	高	中	高	变化	中	中	中低
	熔结角砾岩	高	高	中	高	中低	中高	中低	中高
	流纹岩	高	高	中	高	变化	中高	中低	中高
	角砾熔岩	高	高	中	高	低	高	低	高

续表

岩类	岩性	伽马	钍	铀	钾	电阻率	中子	密度	声波
英安岩（中性偏酸性）		中高	中高	中高	高	高	低	中高	低
中基性火成岩	玄武岩	低	低	低	低	变化	高	高	变化
	安山质火山角砾岩	低	低	低	低	中高	高	中高	低偏中
	安山质凝灰岩	低	低	低	低	中高	高	高	中
碎屑岩	砾岩、含砂砾岩	中高	中	中	中	中高	中	中偏高	中
	砂砾岩、砂质砾岩	中	中	中	中	中高	中	中偏高	中高
	砂岩（粗砂、细砂）	中偏低	中偏低	中	中偏低	中高	中	中偏高	中高
	粉砂岩（扩径）	高	中	中	中高	中低	中高	变化	中高
	泥岩（扩径）	高	高	高	中高	低	高	低	高

二、岩性识别模式的建立

采用两种方法建立了兴城气田岩性识别模式：交会图方法与主成分分析方法。

1. 交会图方法

从上面的研究可以看出，兴城气田岩性复杂，大部分井以酸性火成岩为主，取心段岩性也基本上以酸性火成岩为主，因此，岩性识别的交会图方法以取心井段岩心描述、薄片鉴定为主要依据，结合录井、岩屑资料，采取先分大类，再逐级细分的方法进行岩性识别，具体方法如下所述。

1）大类识别模式

由深层岩性的测井特征分析可知，兴城气田三大类岩性由于成分、沉积环境、沉积过程的差异，其物性和电性特征明显不同。中基性火山岩与酸性火山岩的主要区别在于成分，反映在测井特征上，则是放射性和密度的显著差异；碎屑岩中的角砾以火山角砾为主，其测井特征介于二者之间。如图 2-1-40 所示为中基性火成岩、碎屑岩、酸性火成岩三大类岩石的放射性、电阻率、中子、密度交会图版，从中可以看出：中基性火成岩的放射性最低，酸性火成岩最高，碎屑岩介于二者之间；同时，中基性火成岩具有高中子、高密度、电阻率变化范围大的特点。

2）中基性火成岩细分识别模式

如图 2-1-41 所示为 3 种中基性火成岩细分解释图版，岩性取自录井岩性剖面，从中可以看出：安山质凝灰岩具有低自然伽马（<30API）和低钾含量（<0.7%）的特点；用常规测井不容易区分安山质火山角砾岩与玄武岩。但是，在 3 种中基性火山岩中，安山质凝灰岩和安山质角砾岩是爆发相产物，玄武岩属于溢流相，在成像测井图上，分别具有凝灰结构、角砾结构和冷凝收缩缝结构。兴城气田安山质凝灰岩和安山质角砾岩出现较少，因此，用综合分析的方法，3 种中基性火成岩不难识别。

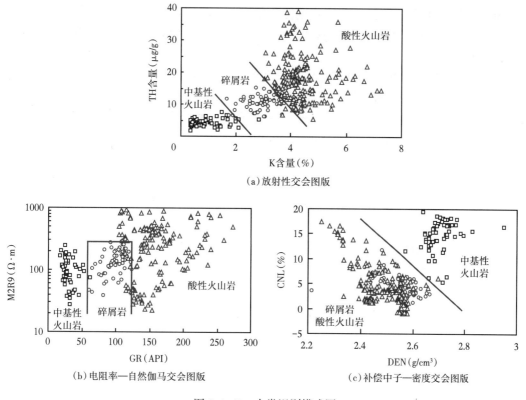

(a) 放射性交会图版

(b) 电阻率—自然伽马交会图版

(c) 补偿中子—密度交会图版

图 2-1-40 大类识别模式图

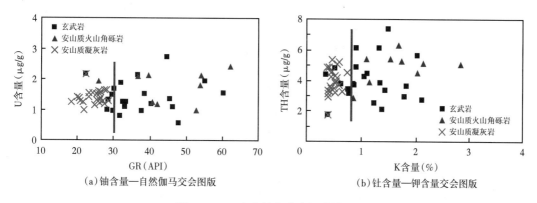

(a) 铀含量—自然伽马交会图版

(b) 钍含量—钾含量交会图版

图 2-1-41 中基性火成岩细分模式图

3）酸性火成岩细分识别模式

在兴城气田，酸性火成岩以流纹质为主，成分差别不大，岩性的差异主要体现在沉积相带的差异。几种酸性火成岩中，凝灰岩、角砾岩、流纹岩、英安岩、角砾熔岩和部分熔结角砾岩分别属于爆发相、溢流相、火山通道相及火山沉积相。岩性、岩相的差异往往导致物性和含流体性质的差异，因此，用常规测井曲线区分酸性火山岩必须考虑相带综合影响，结合测井响应机理进行。

电阻率是一个综合参数，它是地层岩性、物性、含油气性和井眼环境的综合反映，兴城气田火成岩段很少扩径。加上钻井液侵入影响，电阻率在兴城气田主要反映岩性和物性。而物性的差异往往与岩性关系密切，因此，主要的用 M2R9-GR 交会图版来进行酸性火成岩细分解释。

如图 2-1-42 所示为区分致密流纹岩、英安岩与其他酸性火成岩的交会图版，从中可以看出，英安岩岩性致密，具有高密度（2.55~2.58g/cm³）、低中子（<2.2%）、高电阻率（＞2200Ω·m）的特点；致密流纹岩有与英安岩相似的特征，但密度比英安岩小（2.40~2.46g/cm³），电阻率也略低（1500~2700WΩ·m）。

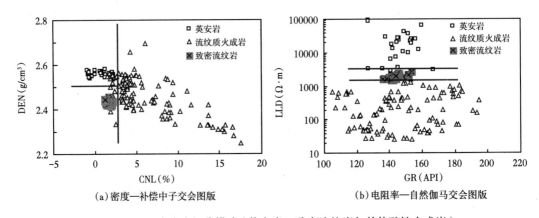

(a) 密度—补偿中子交会图版   (b) 电阻率—自然伽马交会图版

图 2-1-42 火成岩细分模式（英安岩、致密流纹岩与其他酸性火成岩）

2. 岩性特征

徐深气田以广泛发育酸性火山岩为特点，酸性岩分为酸性熔岩与酸性火山碎屑（熔）岩。其中酸性熔岩以流纹岩为主，部分井段发育珍珠岩。火山碎屑（熔）岩中流纹质凝灰/角砾岩、流纹质熔结凝灰/角砾熔岩、流纹质凝灰/角砾熔岩较发育。

1）流纹岩

徐深气田发育最为广泛的岩石类型，典型结构有斑状结构、球粒结构、霏细结构、显微嵌晶结构等，典型构造有流纹构造、气孔构造、块状构造等。对应岩相类型主要为喷溢相（下部亚相、中部亚相、上部亚相）（图 2-1-43 与图 2-1-44）。

2）火山碎屑岩和火山碎屑熔岩类

徐深气田分布较为广泛的火山碎屑岩和火山碎屑熔岩类，包括凝灰岩/凝灰角砾岩/火山角砾岩、流纹质熔结凝灰/角砾熔岩、流纹质凝灰/角砾熔岩等，在 A1-2 井、A1-4 井、A6-3 井、C9-1 井、E21-1 井等很多井段都有大套发育（图 2-1-45 至图 2-1-47）。徐深气田火山岩以酸性火山岩为主，其中酸性火山碎屑（熔岩）在本区火山岩中占有重要位置。徐深气田发育非常典型的流纹质熔结凝灰/角熔砾岩和流纹质凝灰/角砾岩，这两种岩石都是属于过渡火山岩岩石类型，准确区分凝灰/角砾岩、熔结凝灰/角砾熔岩与凝灰/角砾熔岩对正确鉴别两种火山岩对于火山岩层划分和横向对比、恢复火山活动、演化历史等具有重要意义。凝灰熔岩与熔结凝灰岩区别明显，鉴别标志清楚，典型凝灰/角砾熔岩与典型熔结凝灰熔岩在结构构造上有较大差异，这两种岩石都属于过渡火山岩岩石

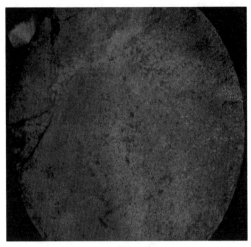

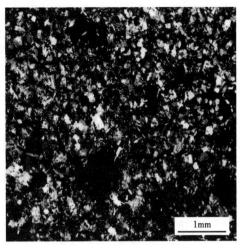

（a）岩心照片　　　　　　　　　　　（b）对应薄片显微正交光照片

　　C9-1井，3679m，灰白色含气孔流纹岩。岩石斑晶为石英、碱性长石；基质具球粒结构，球粒主要由长石、石英组成，少量它形石英充填球粒间。岩石常见气孔，气孔具定向拉长，气孔中常有石英、钠长石及少量菱铁矿充填。孔隙主要为：气孔、晶间裂缝和少量的溶孔；蚀变：基质和碱性长石斑晶遭受强烈碳酸盐化

图 2-1-43　流纹岩典型照片及描述

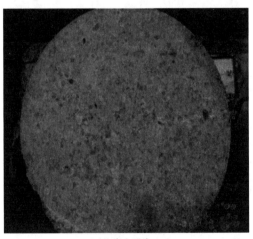

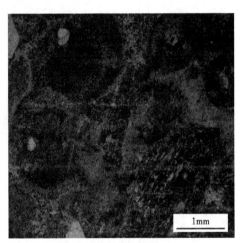

（a）岩心照片　　　　　　　　　　　（b）对应薄片显微单偏光照片

　　C9-1井，3783.0m，灰白色球粒流纹岩。岩石具球粒结构、斑状结构，斑晶为石英和碱性长石，球粒主要由长英质组成，基质中可见到重结晶现象；孔隙主要为球粒间微孔隙、晶内裂隙和溶蚀孔隙、；基质发生碳酸盐化

图 2-1-44　流纹岩典型照片及描述

类型，本区流纹质凝灰/角砾熔岩典型结构为岩屑晶屑凝灰熔岩结构，晶屑以石英、长石为主，其中长石以碱性长石为主，可见长石的黏土矿化现象，石英边部被熔蚀成浑圆状，内部发育溶蚀孔，岩石胶结物为流纹质熔浆，局部可见呈透镜状的流纹质浆屑，内部具梳状构造。流纹质熔结凝灰岩/角砾熔岩典型结构为熔结结构，其中角砾见流纹岩角砾、凝灰岩角砾、砂岩角砾，岩屑常见为流纹岩岩屑、凝灰岩岩屑，晶屑常见长石、石英，流纹质熔结凝灰/角砾熔岩中常见碎屑物质还有浆屑、玻屑。其中流纹岩角砾可见球粒结构、流纹构造、气孔构造，胶结物为火山灰。

（a）对应薄片显微单偏光照片   （b）对应薄片显微正交光照片

A1-2井，3469.0m，流纹质含角砾凝灰岩。岩石由角砾、晶屑和火山灰组成；晶屑约占50%，角砾和晶屑为棱角状，晶屑成分主要为石英（50%）、条纹长石（35%）和微斜长石（10%）；火山灰胶结，部分火山灰围绕晶屑发生重结晶。孔隙主要为晶屑内部的裂隙；长石普遍发生碳酸盐化、绢云母化、高岭土化、火山灰发生绢云母化

图 2-1-45　流纹质凝灰岩／凝灰角砾岩／角砾岩典型照片及描述

 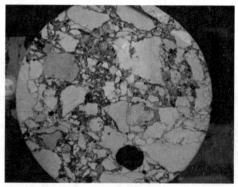

（a）岩心照片   （b）岩心照片

C9-1井，3691.0m，火山角砾岩。火山角砾岩中含有大量黄铁矿团块   E21-1井，3833.6m，火山角砾岩。灰绿色火山角砾岩，角砾变化大，可由凝灰岩变化到集块岩，局部角砾间为熔结，多数为凝灰质火山岩

（a）岩心照片   （b）岩心照片

E21-1井，3746.0m，熔结角砾岩。角砾以细晶流纹岩和斑状结构流纹岩为主，具熔结结构，浆屑拉长形成假流纹构造   E21-1井，3829.6m灰白色流纹质熔结角砾熔岩。岩石角砾主要为凝灰岩，具熔结结构

图 2-1-46　流纹质凝灰岩／凝灰角砾岩／角砾岩典型照片及描述

(a)岩心照片　　　　　　　　　　　(b)岩心照片

A6-3井，3646.2m，熔结晶屑凝灰岩中的气孔定向排列

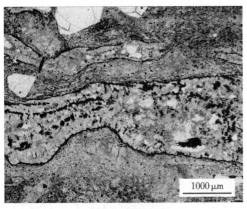

(c)对应薄片照片单偏光　　　　　　(d)对应薄片照片正交光

A6-3井，3690.0m，流纹质熔结晶屑凝灰岩。岩石由晶屑、火山灰和浆屑组成；晶屑约占15%，浆屑约占20%；浆屑主要为球粒流纹岩、晶屑棱角状，主要为石英（45%）、条纹长石（30%）和微斜长石（25%）；火山灰胶结，部分火山灰围绕晶屑和浆屑发生重结晶。孔隙主要为熔结火山灰的中的脱玻化微缝，浆屑中的熔体重结晶间缝和少量晶屑的晶内裂缝以及溶孔；长石普遍发生高岭土化

图 2-1-47　流纹质熔结凝灰／角砾岩典型照片及描述

3）沉火山角砾岩／沉凝灰岩

火山沉积岩类在研究区取心井段中出现较少，其中沉火山角砾岩火山角砾成分复杂，含外碎屑，颜色多变，为火山沉积相含外碎屑火山沉积亚相；沉凝灰岩岩心呈深灰、黑灰色和灰白色，具沉凝灰结构，主要由石英晶屑、长石晶屑和火山灰组成，见有正常沉积物。该岩性主要见于 A1-2 井、A1-4 井与 C9-1 井（图 2-1-48 与图 2-1-49）。

4）F 区块火山岩岩石类及其特征

F 区块以广泛发育中—基性火山岩为特征，包括辉绿岩、玄武岩、安山岩、粗面岩，以及少量中—基性火山碎屑岩，局部地区发育酸性火山岩。

（1）玄武岩。

玄武岩具斑状结构、无斑隐晶结构，基质以间粒结构为主，为玻基交织结构、嵌晶含长结构、交织结构，部分发育气孔构造、杏仁构造。安山岩具斑状结构、无斑隐晶结构，

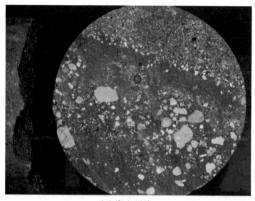 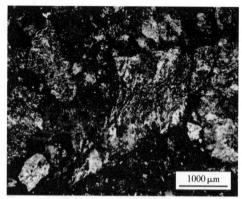

（a）岩心照片　　　　　　　　　　　　　　　（b）对应薄片显微正交光照片

　　E21-1井，3820.0m，沉火山角砾岩。岩石主要由火山灰、火山角砾组成，角砾呈棱角状，角砾大小不等，成分主要为凝灰岩、流纹岩。胶结物主要为凝灰质和铁质。菱铁矿和方解石呈不规则团块状出现。孔隙主要为角砾间裂隙、角砾内部裂缝；火山角砾和火山灰普遍发生高岭土化、绢云母化和碳酸盐化

图 2-1-48　沉火山角砾岩典型照片及描述

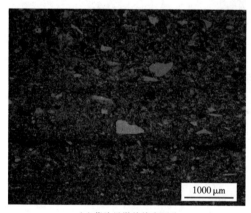 

（a）薄片显微单偏光照片　　　　　　　　　　（b）薄片显微正交光照片

　　A1-2井，3481.8m，沉凝灰岩。岩石由角砾、晶屑和火山灰组成；角砾约占10%，成分主要为球粒流纹岩、凝灰岩；晶屑约占15%，晶屑棱角状，主要为石英（40%）、条纹长石（40%）和微斜长石（20%）；火山灰胶结，可见晶屑定向排列。火山灰和晶屑发生强烈的碳酸盐化

图 2-1-49　沉凝灰岩典型照片及描述

基质以交织结构为主，可见玻晶交织结构，发育气孔构造、杏仁构造。粗面岩可见斑状结构、无斑隐晶结构，基质中碱性长石微晶定向排列构成典型的粗面结构。本区中—基性火山岩中杏仁体包括方解石、葡萄石、绿泥石、皂石、沸石等多种类型（图2-1-50）。

　　（2）玄武质粗面安山岩。

　　该岩性在 G6 井发育。安山岩是与深成的闪长岩成分相当的喷出岩，岩心为暗紫色，收缩缝较发育，近水平；镜下具显微斑状结构，斑晶成分主要为斜长石、角闪石及少量辉石，其中斜长石为中长石，常见聚片双晶；角闪石斑晶呈暗绿色长柱状或针状，常被暗化；基质为安山结构，含泥碳酸盐，呈斑点状散布在基质中交代安山岩，构造微缝常被长英质充填，含副矿物磷灰石，普遍发生伊利石化（图2-1-51）。

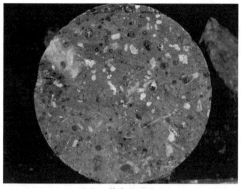

(a)G1井岩心照片

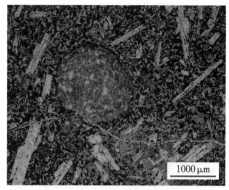

(b)G1井对应薄片显微单偏光照片

　　G1井，3507.0m，玄武岩。岩石主要由斑晶和基质组成；斑晶为斜长石，基质为微晶斜长石、磁铁矿、褐铁矿、玻璃质组成。斜长石多呈交织状，少部分呈架状，架状空间充填辉石微晶以及粒状磁铁矿。基质中可见到圆形的气孔，充填物主要为硅质和绿泥石。岩石具绿泥石化、硅化、碳酸盐化

(c)G3井岩心照片

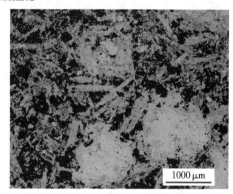

(d)G3井对应薄片显微正交光照片

G3井，3238.0m，深绿色气孔—杏仁状玄武岩

图 2-1-50　玄武岩典型照片及描述

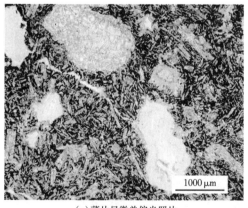

(a)薄片显微单偏光照片

(b)薄片显微正交光照片

　　G6井，3410.0m，玄武质粗面安山岩。岩石由斑晶和基质构成；斑晶为长条状的斜长石；基质中斜长石杂乱排列，可见到形状不规则的杏仁体，充填物质主要为硅质和碳酸盐，为碳酸盐和绿泥石，而仅保留辉石的板状晶形；斑状结构，基质为玻基交织结构、杏仁构造，长石斑晶发生强烈的碳酸盐化

图 2-1-51　安山岩典型照片及描述

（3）粗面安山岩。

该岩性在S102井发育；该岩石由斑晶和基质组成，斑晶主要为长条状基性斜长石，基质由微晶斜长石、磁铁矿、玻璃质组成。斜长石多呈交织状，少部分呈架状，架状空间充填辉石颗粒及粒状磁铁矿。基质中可见到拉长的气孔，气孔中充填有重结晶的硅质；呈斑状结构、气孔状构造；蚀变主要为：基质中辉石发生绿泥石化、气孔中充填的物质发生碳酸盐化和绿泥石化（图2-1-52）。

 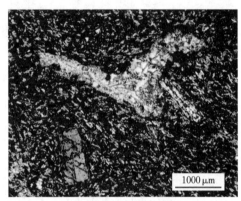

（a）薄片显微单偏光照片　　　　　　　　（b）薄片显微正交光照片

G6井，3410.0m，粗面安山岩。岩石由斑晶和基质组成，斑晶主要为长条状基性斜长石，基质由微晶斜长石、磁铁矿、玻璃质组成，斑状结构，基质为交织结构、杏仁构造；长石斑晶发生碳酸盐化、绢云母化

图2-1-52　粗面安山岩典型照片及描述

（4）玄武安山岩。

玄武安山岩主要由斑晶、基质和气孔组成；斑晶主要为基性斜长石，基质为微晶斜长石成绿泥石和碳酸盐残留体并析出不透明的铁质。基质中的暗色矿物多受绿泥石化。岩石的杏仁体发育，杏仁体为球状或者不规则状，其中充填物质主要为硅质和碳酸盐，有的杏仁体中充填物质以绿泥石化为主。长石均为斜长石，且以培长石和拉长石为主；呈微晶结构、斑状构造、杏仁构造；蚀变主要为：碳酸盐化、绿泥石化、高岭土化（图2-1-53）。

 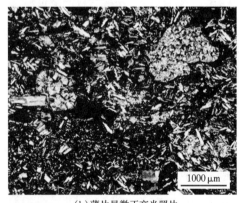

（a）薄片显微单偏光照片　　　　　　　　（b）薄片显微正交光照片

G1井，3331.0m，杏仁状玄武安山岩。岩石由斑晶和基质组成，斑晶主要为长条状基性斜长石，基质由微晶斜长石、磁铁矿、玻璃质组成。斑状结构、杏仁构造；岩石中可见碳酸盐化、绿泥石化、高岭土化

图2-1-53　玄武安山岩典型照片及描述

（5）中—基性火山角砾岩。

该岩石由晶屑、岩屑和火山灰组成；岩屑约占35%，晶屑和岩屑均为棱角状和次棱角状；晶屑主要为长石和石英；岩屑大小不一，岩屑成分主要为中—基性岩石及少量流纹岩；火山灰胶结；呈凝灰结构，碎屑结构；蚀变：绿泥石化、绢云母化、高岭土化、碳酸盐化（图2-1-54）。

（a）G1井岩心照片　　　　　　　　　　　　（b）G1井对应薄片显微单偏光照片

　　G1井，3272.0m，中—基性火山角砾岩。岩石由晶屑、岩屑和火山灰组成；岩屑约占35%，晶屑和岩屑均为棱角状和次棱角状；晶屑主要为长石和石英；岩屑大小不一，岩屑成分主要为中—基性岩石和流纹岩；火山灰胶结；凝灰结构、碎屑结构；岩石可见绿泥石化、绢云母化、碳酸盐化、高岭土化

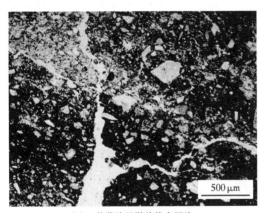
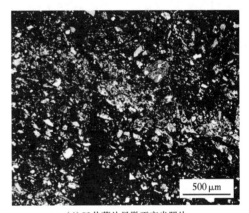

（c）S2井薄片显微单偏光照片　　　　　　　　（d）S2井薄片显微正交光照片

　　S2井，2986.5m，粗安质角砾岩。岩石由晶屑、岩屑和火山灰组成；岩屑约占35%，晶屑和岩屑均为棱角状和次棱角状；晶屑主要为长石和石英；岩屑大小不一，岩屑成分主要为中-基性岩石和流纹岩；火山灰胶结。结构构造：凝灰结构，碎屑结构；孔隙：主要为角砾间裂缝和熔孔、晶内溶孔和火山灰溶孔；蚀变：岩石发生高岭土化和碳酸盐化

图2-1-54　中基性火山角砾岩典型照片及描述

（6）粗安质晶屑凝灰岩。

岩性分布于S2井和S102井，岩石由晶屑和火山灰组成；晶屑为棱角状和次棱角状，主要为石英、碱性长石和少量斜长石；火山灰胶结。长石：长石均为负突起的碱性长石，条纹长石为正条纹，微斜长石发育格子双晶。结构构造：凝灰结构，碎屑结构；蚀变：岩石发生绢云母化、碳酸盐化和高岭土化（图2-1-55）。

|（a）薄片照片（单偏光）|（b）薄片照片（正交光）|

S2井，2987.5m，粗安质晶屑凝灰岩。岩石由晶屑和火山灰组成；晶屑为棱角状和次棱角状；晶屑主要为长石和石英；火山灰胶结。凝灰结构，碎屑结构；蚀变：岩石发生高岭土化和碳酸盐化

图 2-1-55 粗安质晶屑凝灰岩典型照片及描述

3. 成岩机理

徐深气田 F 区块火山岩的 SiO_2 含量变化范围较大（34.78%，质量分数），Na_2O 含量变化于 0.52%~7.87%（质量分数），K_2O 含量变化于 0.03%~10.01%（质量分数），在全岩的 SiO_2—（K_2O+Na_2O）图解本区火山岩分布较宽，涵盖了钙碱性和拉斑质火山岩的绝大部分。考虑到后期蚀变作用对火山岩地球化学成分的影响，特别是易活动组分的改变，在火山岩的主量元素地球化学分类时剔除了烧失量（LOI）大于 6%（质量分数）或显微镜下蚀变强烈的样品。修正后 F 区块相对新鲜火山岩的 SiO_2 含量变化于 44.00%~72.50%（质量分数），Na_2O 变化于 1.96%~7.17%（质量分数），K_2O 含量变化于 0.08%~10.01%（质量分数）。除 G8 井流纹岩外，其余样品基本上都落入碱性火山岩演化区域：玄武岩—粗面玄武岩—玄武质粗面安山岩—粗面安山岩—粗面岩区（图 2-1-56）。

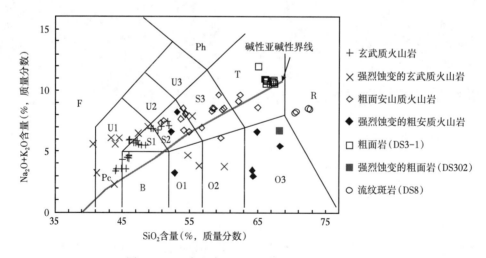

图 2-1-56 火山岩 SiO_2—（K_2O+Na_2O）硅碱图

据 Le Bas et al—1986；碱性—亚碱性岩系界线据 Irvine 和 Baragar，1971；F—似长石岩；Pc—苦橄玄武岩；B—玄武岩；O1—安山玄武岩；O2—安山岩；O3—英安岩；R—流纹岩；S1—粗面玄武岩；S2—玄武质粗面安山岩；S3—粗面安山岩；T—粗面岩；U1—碧玄岩（Ol ＞10%）、碱玄岩（Ol ＜10%）；U2—响碱玄岩；U3—碱玄质响岩；Ph-响岩

主量元素对 SiO_2 的 Hark 图解上，从基性的玄武质火山岩到中酸性的粗面岩，火山岩的 SiO_2 含量逐渐增加，TiO_2、Fe_2O_3T、MgO 和 CaO 含量逐渐降低，K_2O 含量逐渐升高，而 Al_2O_3、Na_2O 和 P_2O_5 含量呈先升后降的趋势（图 2-1-57）。TiO_2 含量在玄武岩区呈先增升后降的趋势。Ti 在地幔过程中是不相容元素，低程度部分熔融地幔岩石产物生的玄武质岩浆 Ti 含量高，Ti 含量在玄武浆中的含量变化由地幔部分熔融程度决定。因此，玄武岩区 Ti 含量高的玄武岩应相对于低 Ti 含量的玄武岩的部分熔融程度低。随后，而玄武质岩石向粗面安山质和粗面质岩浆演化过程中 TiO_2 含量的逐渐降低则主要受富 Ti 透辉石和钛铁氧化物分离结晶作用的控制。玄武岩演化向粗面安山岩和粗面岩演化过程中 Fe 含量的逐渐降低正是受钛铁氧化物分离结晶作用影响的结果。

MgO 和 CaO 含量的逐渐降低则在玄武岩向粗面安山岩演化阶段主要受透辉石分离结晶作用的影响，而在粗面安山岩向粗面岩演化过程中 MgO 和 CaO 含量的逐渐降低则主要受角闪石和斜长石他离结晶作用的控制为主。Na_2O 含量在玄武质岩浆演化过程中逐渐升高与其不易进入早期分离结晶的矿物相（如辉石、基性斜长石、角闪石和钛铁氧化物等）有关，中酸性岩浆演化过程中 Na_2O 含量的逐渐降低则与后期相对富钠斜长石的分离结晶作用使 Na_2O 离开岩浆体系有关。K_2O 含量逐渐增加是因为无论是玄武质还是粗面安山质岩浆中富钾矿物均不存在早期矿物相，因而在岩浆中富集，并最后主要以富钾碱性长石的矿物相出现。P_2O_5 含量的先升后降表明在基性岩浆演化过程中压力可能较大，钙主要进入辉石和基性斜长石，而磷则进入熔体相，在中酸性岩浆演化过程中，由于辉石和基性斜长石的析出，磷灰石开始分离结晶并造成 P_2O_5 含量的降低。

相对于较新鲜的火山岩样品，强烈蚀变的基性火山岩各主量元素存在以下变化规律：MgO 含量降低明显，表明后期蚀变过程中存在辉石的分解作用；CaO 含量在基性火山岩区降低明显而在酸性火山岩略有升高，表明基性火山岩蚀变过程中以辉石和基性斜长石的分解作用为主，而在中酸性岩的蚀变过程中这一作用不明显且存在一定的碳酸盐化作用；Na_2O 含量均有所降低，表明后期蚀变过程中钠更容易进入流体相而流失；K_2O 含量总体有所增加，表明蚀变过程不中富钾矿物相不易分解流失；Al_2O_3、TiO_2、Fe_2O_3T 和 P_2O_5 等含量没有明显变化趋势，表明这些矿物相不易蚀变（如钛铁矿和磷灰石）或分解后形成难溶矿物（高岭土、褐铁矿）相而不易流失。

1）稀土、微量元素的 ICPMS 分析

样品利用内生金属矿床成矿机制研究国家重点实验室（南京大学）Element 2 型高分辨等离子质谱仪（HR-ICPMS）进行分析，仪器型号：Element 2。厂家：Finnigan MAT。分析精度：一般低于 5%，总体低于 10%。仪器工作条件为：Extraction-2000；Cool gas 14.0L/min；Auxiliary Gas 0.8L/min；Sample Gas 1 L/min；Plasma Power 1350W；Resolution 300，4000 and 10000 M/ΔM；Run 3；Pass 6。

F 区块火山岩稀土元素含量如图 2-1-57 所示。由图 2-1-57 可见，F 区块火山岩稀土元素总量（∑REE）为 94.89~570.41μg/g，平均 260.55μg/g，δEu 为 0.02~1.24，平均 0.74。从基性的玄武质火山岩到中性的粗面安山质火山岩，样品中的稀土元素显著增加，δEu 略有降低，而从粗面安山质火山岩到偏酸性的粗面岩和流纹斑岩，样品中的稀土元素略有增

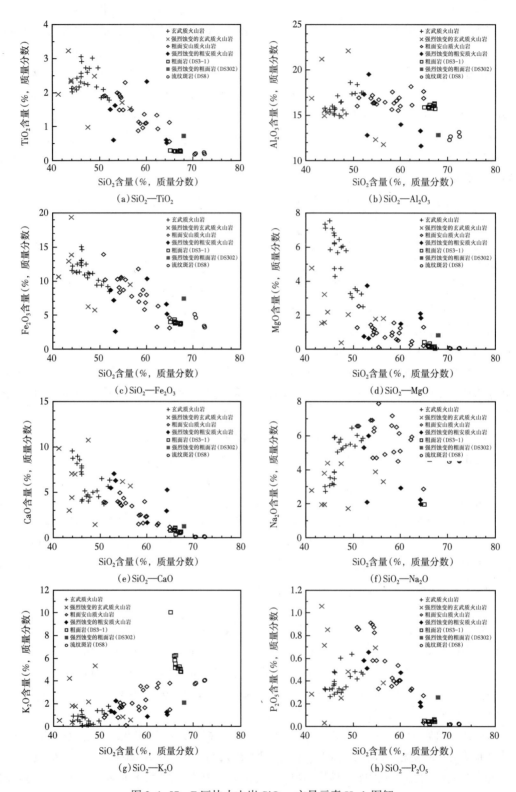

图 2-1-57　F 区块火山岩 SiO₂—主量元素 Hark 图解

加但δEu显著降低（图2-1-58与图2-1-59）。这一协变关系与主量元素反映的岩浆分异演化过程完全一致，表明从玄武质火山岩到粗面安山质火山岩的演化受辉石等矿物的分离结晶作用控制，而从粗面安山质火山岩向粗面质岩石的演化则以长石的分离结晶作用为主控制矿物相。

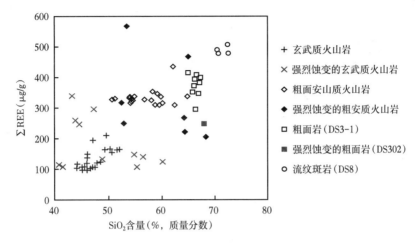

图 2-1-58　F 区块火山岩 $\sum$REE—SiO$_2$ 协变图解

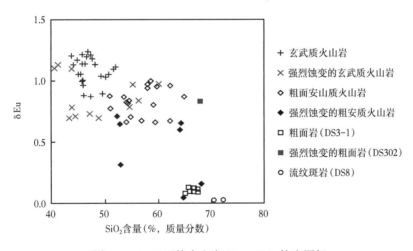

图 2-1-59　F 区块火山岩 δEu—SiO$_2$ 协变图解

相对于新鲜火山岩样品，强烈蚀变的玄武质火山岩样品中的稀土元素总量总体偏高，而强烈蚀变的粗面安山质火山岩中的稀土元素总量总体变低，表明玄武质火山岩样品的蚀变过程中以富稀土元素流体的带入为主，而安山质火山岩蚀变过程中以富稀土元素流体的带出为主。

考虑到蚀变作用对火山岩微量元素含量和分异特征的较大影响，剔除了强烈蚀变的火山岩后，将样品与球粒陨石稀土含量进行对比后形成稀土元素的球粒陨石标准化图解。总体而言，F 区块新鲜火山岩样品富集轻稀土元素（LREE）而相对亏损重稀土元素（HREE）在球粒陨石标准化图解上呈明显的右倾型分布特征（图 2-1-60）。结合岩石薄片鉴定和主量元素判别结果，将F区块火山岩样品分为玄武质火山岩、碱性和亚碱性玄武岩、粗面安山质火山岩（含玄武质粗面安山岩和粗面安山岩）、粗面岩和流纹岩五组。

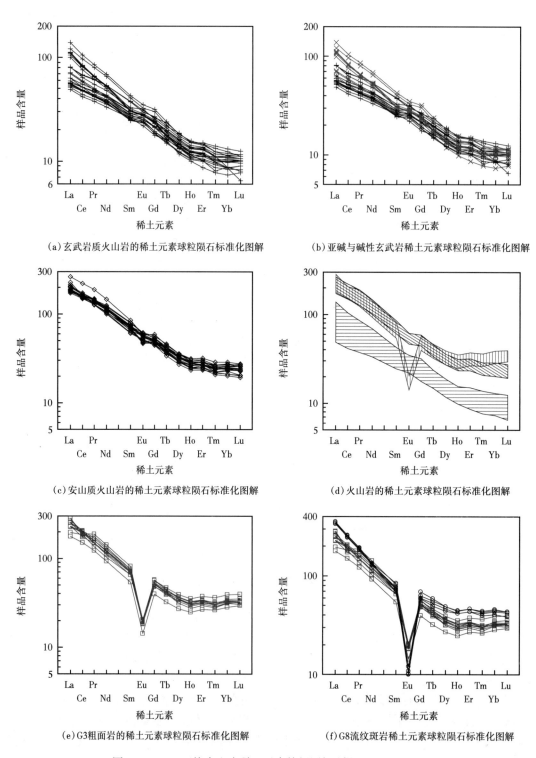

（a）玄武岩质火山岩的稀土元素球粒陨石标准化图解

（b）亚碱与碱性玄武岩稀土元素球粒陨石标准化图解

（c）安山质火山岩的稀土元素球粒陨石标准化图解

（d）火山岩的稀土元素球粒陨石标准化图解

（e）G3粗面岩的稀土元素球粒陨石标准化图解

（f）G8流纹斑岩稀土元素球粒陨石标准化图解

图2-1-60　F区块火山岩稀土元素特征图解（据Boyton，1984）

由图 2-1-60 可见，玄武质火山岩均具有较为明显的 Eu 正异常，轻重稀土分异强烈。樊祺诚和刘若新（1992）认为这是源区低氧逸度或先存 Eu 正异常的反映。这一特征至少可以说明本区玄武岩并未经历过明显的斜长石分离结晶作用，且地幔源区可能存在石榴子石残留相而无斜长石残留相，岩浆源区深度应大于 60 km（Ellam，1992；吴昌志等，2005），而碱性玄武岩的轻重稀土分异更为显著，表明碱性玄武岩的源区压力可能大于亚碱性玄武岩。

相对于玄武质火山岩，粗面安山岩火山岩稀土总量更高，但轻重稀土分异略弱，略具 Eu 负异常，总体呈现和玄武质火山岩平行的稀土元素配分型式，表明从玄武质岩浆向粗面安山质岩浆演化过程中应以辉石等矿物的分离结晶作用为主，而斜长石的分离结晶作用不显著，否则粗面安山质火山岩应以强烈的 Eu 负异常为特征。这可能是粗面安山质母岩浆房的源区压力较大（大于 40km），以致斜长石等富 Eu 矿物无法稳定存在而不能参与岩浆的分离结晶作用。

此外，粗面安山质火山岩的重稀土之间分异不明显，在球粒陨石标准化图解上表现为左陡而右缓的分布形式，因此玄武质岩浆向粗面质岩浆演化的过程应发生在下地壳底部。该部位的压力范围使石榴子石稳定存在，而斜长石不稳定，即玄武质岩浆底侵到下地壳后，由于密度总体高于下地壳岩石，而底垫（Underplating）于下地壳底下，并发生分离结晶和同化混染作用，最终分异出大量的粗面安山质岩浆。粗面安山质岩浆的密度大于下地壳麻粒岩，在一定的构造作用下更容易喷出地表，形成粗面安山质火山岩。

本区粗面岩以强烈的 Eu 负异常为特征，且重稀土元素略为上翘，表明由粗面安山质岩浆向粗面质岩浆演化的压力很低，明显小于斜长石的稳定压力。已有的相平衡实验研究认为（Eric，1985；Deng et al，1998b），粗面质岩石只能在高压环境下（＞1.5GPa）由下地壳物质部分熔融产生（造山带环境橄榄安粗岩系中的粗面质岩石），或在低压环境下（＜1.0GPa），由碱性或亚碱性玄武质岩石直接分离结晶产生（裂谷或地幔柱环境的粗面岩），后者以较大的 Eu 负异常为特征（Gill，1981）。本区粗面斑岩的轻重稀土分异强烈，因此不可能来自下地壳的部分熔融，更不属于造山带环境橄榄安粗岩系中的粗面质岩石。此外，粗面岩的稀土元素的配分形式与玄武岩极为相似，具强烈的 Eu 负异常特征，表明粗面岩形成过程中经历过强烈的斜长石分离结晶作用。

因此，本区粗面岩应是玄武质岩浆分离结晶作用的产物。从较原始的玄武岩浆的形成到粗面斑岩的最后侵入，主要经历了两个阶段的演化：第一阶段是从较原始玄武岩浆到玄武质粗面安山岩的演化，岩浆主要经历了橄榄石、辉石等的分离结晶作用；第二阶段是从玄武质粗面安山岩到粗面岩的演化，岩浆主要经历了钾长石、斜长石的分离结晶作用，同时伴有少量单斜辉石、磷灰石、钛铁矿、磁铁矿和黑云母等的分离结晶作用，有少量下地壳物质的混染，但并不显著。

一般认为，岩浆的矿物分离结晶作用不会造成 La/Sm 值的明显变化，而更低程度部分熔融或明显的地壳的同化混染作用会造成岩浆 La/Sm 增加。在 F 区块火山岩的 La—La/Sm 协变图解中（图 2-1-61），上玄武质火山岩之间存在不同程度部分熔融趋势，而粗面安山岩和粗面岩之间则为明显的结晶分离演化趋势现，流纹斑岩的 La/Sm 值明显高于粗面安山岩和粗面岩，表明流纹斑岩不是这两种母岩浆分离结晶作用的产物。本区 G8 井钻遇侵入于营城组三段中的流纹斑岩，该流纹斑岩的稀土元素含量、Eu 异常等均与粗面岩类似，但

La/Sm值较高，明显不同于F区块的玄武质火山岩、粗面安山和粗面岩，表明该流纹斑岩的形成与F区块上述火山岩并无直接成因联系

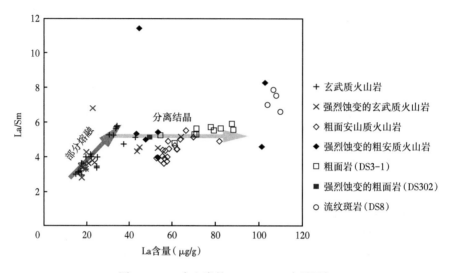

图2-1-61　火山岩的La—La/Sm变异图解

2）微量元素

新鲜玄武岩的Ce/Pb值为1.76~13.48，平均值为8.40；Nb/U值27.59~85.19，平均值为52.41（图3-7）；与洋岛玄武岩（OIB）或洋中脊玄武岩（MORB）平均值（Ce/Pb≈25±5；Nb/U≈47±10）（Hofmann et al，1986）和原始地幔（Primitive Mantle）平均值（Ce/Pb≈9；Nb/U≈30）（Hofmann et al，1986）较为接近，明显高于陆壳（Continental Crust）（Ce/Pb≈4；Nb/U≈10）（Hofmann et al，1986），表明本区玄武岩演化过程中受陆壳混染作用较小，其化学成分主要反映岩浆源区成分、部分熔融过程和后期分离结晶作用的影响。

F区块玄武岩的MgO含量和Cr含量的变化范围较大，新鲜玄武岩的MgO含量、Ni含量和Cr含量，分别为2.50%~7.54%（质量分数）、14~76μg/g和10.0~170.0μg/g，明显低于原始岩浆参考值（MgO含量：10%~12%。Ni含量：250μg/g含量：Cr 300μg/g）（Wendlandt，1995），表明它们不是地幔直接部分熔融产生的原始岩浆。由于Ni主要富存于橄榄石中，V主要富存于单斜辉石中。玄武岩MgO含量与Cr、V而与La等不相容元素的含量呈负相关（图2-1-62），表明辉石的分离结晶在玄武岩的演化过程中起了重要作用。玄武岩的Sr含量随MgO含量降低先增后降，表明玄武质岩浆早期以橄榄石、辉石等贫Sr矿物相的分离结晶为主，后期可能有少量基性斜长石的分离结晶作用存在。此外，粗面安山岩、粗面岩和流纹岩的Ni含量均很低且基本无变化，而Sr含量明显随MgO含量降低而降低，表明中酸性岩浆演化过程不受辉石、橄榄石分离结晶作用的影响，但受长石等富Sr矿物相分离结晶作用控制，这也与该类岩石主量元素含量的变化相一致。

总体而言，F区块火山岩富集大离子亲石元素（LILE）和高场强元素（HFSE）呈现与洋岛玄武岩（OIB）类似的地球化学特征（图2-1-63）。玄武质火山岩具多数有较明显的Rb负异常，Sr正异常。Rb的负异常可能与该元素具有较强的亲流体性质而易在后期流体作用过程中发生流失有关。Sr的正异常与岩石中具有较多的斜长石有关，表明玄武岩源区

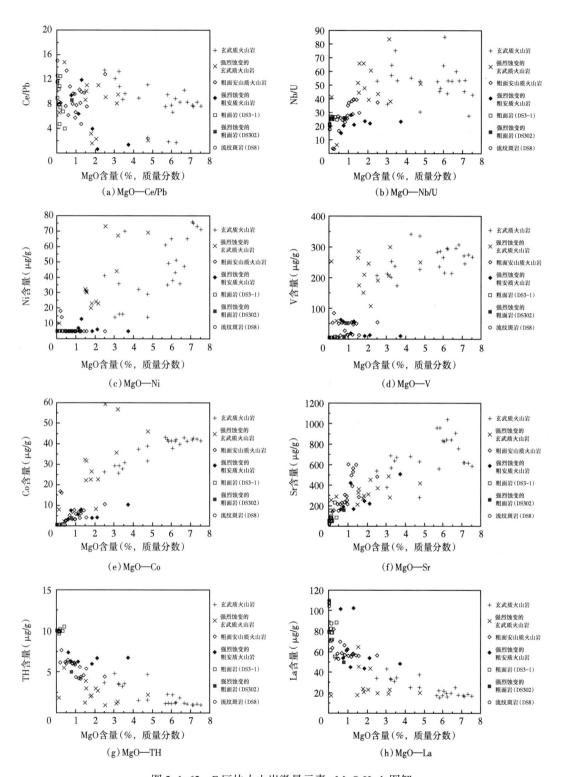

图 2-1-62　F 区块火山岩微量元素 -MgO Hark 图解

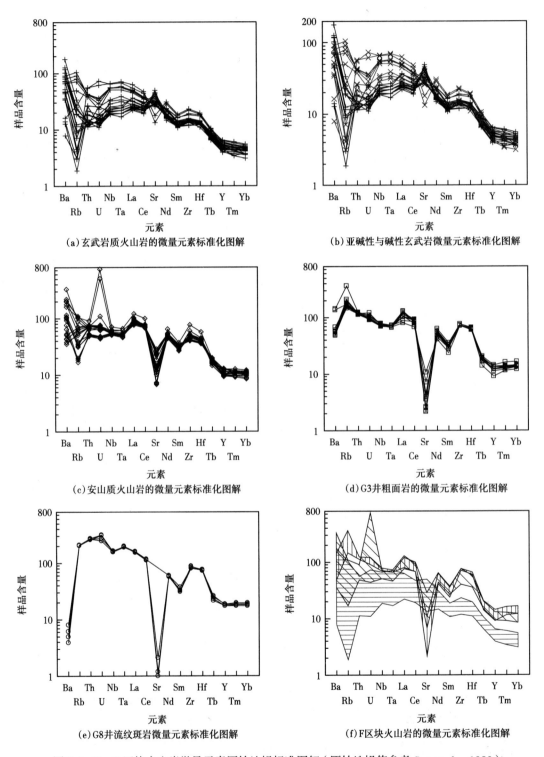

图 2-1-63　F区块火山岩微量元素原始地幔标准图解（原始地幔值参考 Sun et al., 1989）

斜长石不能稳定存在而进入熔体相，致使 Sr 随之进入熔体相而富集于玄武岩中。相对而言，碱性玄武岩相对于碱性玄武岩具有更明显的 Nb-Ta 峰，表明碱性玄武岩源区压力更大。粗面安山质火山岩具有明显的 U 正异常和 Sr 负异常，U 正异常可能是油田卤水造成 U 变价沉淀的后期叠加作用，Sr 的负异常则表明粗面安山质岩浆形成过程中经历了较强的斜长石分离结晶作用，这也与主量元素和稀土元素变化规律相一致。粗面岩微量元素配分图与粗面安山质火山岩非常相似，但具明显的 Rb 正异常和 Ba、Sr 负异常，其中 Rb 的正异常与粗面岩中钾长石含量（较高）相一致，即在形成粗面岩浆的演化过程中，Rb 与 K 类质均进入熔体相，而在粗面质岩浆中，Rb 的较大变化表明粗面质岩浆形成后又经历了钾长石的分离结晶作用。Sr 的负异常表明形成的粗面安山质岩浆为地球化学组成的继承，并在后期斜长石和钾长石的分离结晶作用过程中得到进一步加剧。流纹斑岩虽在微量元素配分图上与粗面质岩浆较为相似，但具有剧烈的 Ba、Sr 负异常。关于流纹岩地球化学和演化过程，将在下一节讨论。

在玄武岩的 La/Yb—Zr/Nb 图解（图 2-1-64）中，F 区块玄武岩几乎全部落入 PM&C1 部分熔融演化区，其中亚碱性和碱性玄武岩有较高的 Zr/Nb 值和较低的 La/Yb 值，应是尖晶石—石榴子石二辉橄榄岩相的原始地幔不同程度部分熔融的结果，而碱性玄武岩部分熔融程度明显低于亚碱性玄武岩。因此，F 区块玄武岩的起源深度约 60km±10km（Hardarson & Fitton，1991；DePaolo & Daley，2000）。这也与通过主量和稀土元素含量变化得出的分离结晶矿物相结果相一致。

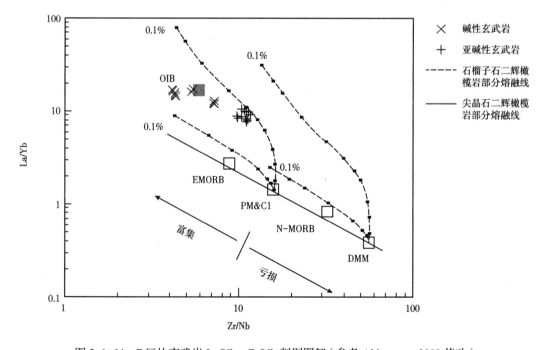

图 2-1-64 F 区块玄武岩 La/Yb—Zr/Nb 判别图解（参考 Aldanmaz，2002 修改）

火山岩的高场强元素在后期蚀变中不易于活动，即使在分离结晶作用过程中一些相容性相近的高场强元素对的比值也不发生变化，其比值通常只受源区成分和部分熔融条件的限制，因此是构造环境判别的重要参数。F 区块玄武质火山岩普遍富集高场强元素 Zr，相对贫 Y，在 Zr/Y—Zr 构造判别图解上完全落入板内玄武岩区（WPB）；相对富集 Zr 和 Ti，在玄武质火山岩的 Ti/Zr 构造判别图解落入洋中脊玄武岩（OFB）区之上；在 Ti—Zr—Y 构造判别图解也落入板内玄武岩区；Hf—Th—Ta 和 Hf—Th—Nb 构造判别图解落入碱性玄武岩和亚碱性玄武岩有明显的分区，其中碱性玄武岩落入板内碱性玄武岩区，而亚碱性玄武岩落入 E-MORB 和板内拉斑玄武岩；Ti—Zr—Y 构造判别图解碱性玄武落入板内碱性玄武岩，而亚碱性玄武岩落入板内碱性玄武岩和板内拉斑玄武岩区。综上构造判别图解结果，本区玄武岩均为板内玄武岩，碱性玄武岩为典型的板内碱性玄武岩，而亚碱性玄武岩则为板内碱性玄武向拉斑玄武岩过渡类型（图 2-1-65）。

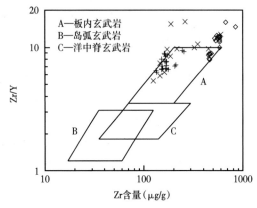

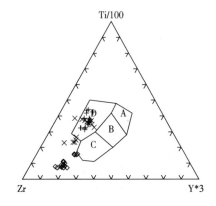

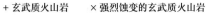

A—岛弧拉斑玄武岩；B—MORB、岛弧拉斑玄武岩和钙碱性玄武岩；C—钙碱性玄武岩；D—板内玄武岩

图 2-1-65　F 区块火山岩微量元素构造判别图解（参考 Rollison et al.，1993）

F 区块粗面岩和流纹斑岩也相对富集高场强元素和大离子亲石元素，具较高的 Ga/Al 值，结合这两类岩石含较多的碱性长石，应为典型的 A 型花岗岩。前已述及，F 区块粗面岩为板内拉张条件下，玄武质岩浆在较高压力的下地壳经过辉石和基性斜长石的分离结晶作用产生粗面安山质岩浆，再由粗面安山质岩浆在相对底下条件下，较低下压力的中上地壳经过斜长石和少量钾长石的分离结晶作用最终形成。

徐深气田 A、B、C、E 等区块营城组一段主要为一套流纹质火山岩，岩性主要为熔岩、火山碎屑熔岩、火山碎屑和少量沉火山碎屑岩。F 区块营城组三段主要为一套钠质火山岩，岩性为从碱性玄武岩、粗面玄武岩、玄武质粗面安山岩、粗面安山岩和粗面岩的连续演化；钠质玄武岩是陆内拉张背景下，岩石圈地幔部分熔融的产物。详细的岩石学、矿物学和地球化学研究表明，这套钠质火山岩形成时的陆壳厚度小，且与板内环境下富钠岩石圈地幔的部分熔融作用有关。地幔部分熔融所产生的钠质玄武质岩浆底侵到下地壳后，高于下地壳密度的玄武质岩浆不易直接喷出地表而常底垫于下地壳之下，经过较长时间的岩浆演化，底侵的玄武质岩浆的热烘烤作用会造成下地壳物质的部分熔融并发生分离结晶和同化上地壳的现象，岩浆沿断裂喷出地表，形成营城组一段流纹质岩火山岩；底侵的钠质玄武岩浆发生辉石、钛铁氧化物和斜长石等的分离结晶作用，依次演化成不同化学组成的玄武质、粗面安山质和粗面质岩浆并直接喷出地表，形成营城组三段的玄武岩、粗面玄武岩、玄武质粗面安山岩、粗面安山岩和粗面岩。

三、物性特征

1. 火山岩储层储集空间特征

火山岩是徐深气田营城组一段最为重要的油气储集岩，以储集空间类型多样且普遍发育为特征，参照 SY/T 5830-1993《火山岩储集层描述方法》，并结合研究区火山岩的具体特征进行了划分。

1）划分依据

在遵循上述原则的基础上，具体划分依据下述两点：

（1）大类的划分按其形成阶段分为原生孔、缝和次生孔、缝。前者形成的时间截止于火山岩固化成岩阶段，后者形成于火山岩成岩之后。对于两者兼具的孔、缝采用前述碎屑岩储集空间的分类并为复合孔、缝。按照此法，本区火山岩储集空间类型可划分为三大类型，即原生孔隙和裂缝、次生孔隙和裂缝、复合孔隙和裂缝。

（2）在各大类中，主要依据其成因、分布和特征再进行具体分类和命名。

2）划分方案

徐深气田火山岩储集空间类型划分结果见表 2-1-2，孔隙划分为原生孔隙、次生孔隙和复合孔隙三种类型，按结构进一步划分为 13 种，最主要的孔隙为气孔、杏仁体内残留孔、粒间孔和粒内溶孔；裂缝划分为原生缝、次生缝和复合缝三种类型，按结构进一步划分为 12 种，最主要的为构造裂缝和炸裂缝。

2. 不同岩石类型其主要的储集空间特征

1）不同岩石类型其主要的储集空间类型

流纹岩：主要发育的孔隙类型为气孔，占 68.6%，其次为基质内溶孔，占 14.9%（表 2-1-3）；主要发育的裂缝有构造缝和收缩缝，其次是炸裂缝。

角砾熔岩：主要发育的孔隙类型有气孔、砾（粒）间溶孔，分别占 30.40%、24.10%，其次是砾（粒）间孔 16.10%；主要发育的裂缝有构造缝、收缩缝，其次是炸裂缝和砾间缝。

熔结角砾岩：主要发育的孔隙类型有砾（粒）间孔、砾（粒）间溶孔，分别占 21.20%、23.80%，其次是角砾内气孔、熔岩基质中的微孔、砾（粒）内溶孔，分别占 16.80%、10.70%、14.40%（表 2-1-3）；主要发育的裂缝有构造缝、收缩缝，其次是炸裂缝、风化缝。

熔结凝灰岩：主要发育的孔隙类型有基质微孔和基质内溶孔，分别占 30.30%、36.10%；主要发育的裂缝有构造缝和溶扩构造缝，其次是收缩缝、炸裂缝、风化缝。

火山角砾（集块）岩：主要发育的孔隙类型为砾（粒）间孔，占 42.20%，其次是砾（粒）间溶孔和角砾内气孔，分别占 15.20%、14.60%；主要发育的裂缝类型有构造缝、砾阀贴砾缝，其次是收缩缝、炸裂缝和缝合缝。

晶屑凝灰岩：主要发育的孔隙类型为基质内微孔，占 43.60%，其次为基质溶孔，占 28.90%；主要发育的裂缝有构造缝、收缩缝、炸裂缝。

综上所述，流纹岩以气孔为主，局部溶孔发育；熔结凝灰岩和晶屑凝灰岩以微孔、基质内溶孔为主；火山角砾岩以粒间孔为主；角砾熔岩以气孔、溶孔为主。裂缝类型多以构造缝、炸裂缝和收缩缝为主。

表 2-1-2 徐深气田营城组火山岩储集空间类型表

储集空间类型		发育的主要岩石类型	成因	特征及识别标志	含气性
孔隙	原生	气孔	流纹岩、角砾熔岩、英安岩、安山岩、火山角砾岩	火山喷发时，喷出地表的熔浆包裹气体未能及时逸出气体，待熔浆冷凝成岩后，包裹气体逸出后形成气孔	圆形、椭圆形、压扁圆形，孔壁可不规则但较圆滑；大多数呈孤立状，少数为串珠状	好
		杏仁体内残留孔	流纹岩、角砾熔岩、英安岩、安山岩、火山角砾岩	充填气孔的矿物沿其孔隙壁生长，但未被填满而形成的孔隙	若为气孔中部或边部残留的孔隙，其形态多为长形、多边形，边缘多为棱角状，不规则状，若边部为气孔壁则其形态同气孔；晶体间残留的孔隙则为多角状	一般
		晶内熔孔	流纹岩、英安岩、安山岩、熔结角砾岩、火山角砾岩	地下形成的晶体（斑晶、晶屑）喷至地表地表受高温熔浆和氧化作用被熔透的孔隙	圆形、椭圆形，不规则形。既可以空着，亦可以被熔浆充填，多发于石英晶体内	差
		粒内熔孔	火山角砾岩、熔结角砾岩、角砾熔岩	火山碎屑岩的刚性和塑性岩屑自身带来	视自身类型（气孔、杏仁体内孔、溶蚀孔等）不同而异，主要发育于较粗粒的火山碎屑内	好
		粒间孔	火山角砾岩、熔结角砾岩、角砾熔岩、沉火山碎屑岩	较粗粒火山碎屑之间未做充填，受压实结，压实作用后改造而缩小	形状不规则，多发育于火山碎屑之间	好
		微孔	各类火山岩	熔岩基质的结晶矿物之间充满的空间，较细粒火山碎屑之间未做充填	发育于熔岩基质内部微晶矿物之间或较细粒火山碎屑（火山灰、火山尘）之间	一般
	次生	粒内溶蚀大孔	流纹岩、角砾熔岩、熔结角砾岩、火山角砾岩	地表水淋滤或地下水溶蚀长石晶体（斑晶、晶屑）及岩屑内的长石、火山尘	分布于长石及岩屑的内部或边缘，在长石内多沿解理缝分布，形状多不规则	好
		基质内溶孔	流纹岩、英安岩、熔结角砾岩、角砾熔岩	地表水淋滤或地下水溶蚀岩的基质和细粒火山灰、火山尘	形状不规则，个体小，发育于熔岩基质较细粒火山碎屑中	好
		杏仁体内溶孔	流纹岩、英安岩、浮岩、熔结角砾岩、熔结凝灰岩	地表水淋滤或地下水溶蚀杏仁体内的充填物质	发育于杏仁体内，多数为不规则状，少数由于单个晶体被全部溶掉而显示出晶体的外形	差
		铸模孔	流纹岩、英安岩、角砾熔岩、熔结角砾岩、凝灰岩	岩屑，单个或多个长石晶体被地表水淋滤及地下水溶蚀而成	保留长石斑晶或晶屑以及刚性或塑性岩屑的外形	好
	复合	超大孔	流纹岩、角砾熔岩、火山角砾岩、火山碎屑岩	沿粒间孔遭受地表水淋滤或地下水溶蚀而成	形状不规则，常与其他、缝相连通，形状不规则，可见	好
		粒间溶蚀扩大孔	流纹岩、角砾熔岩、火山角砾岩、熔结凝灰岩	地表水淋滤或地下水溶蚀颗粒和基质	孔径超过周边颗粒粒径，形状不规则，漂浮状颗粒	好
		伸长状孔隙	角砾熔岩、火山角砾岩、熔结角砾岩	地表水淋滤或地下水溶蚀基质和颗粒	孔隙形状不规则，伸长状，孔隙壁有多个颗粒	好

续表

储集空间类型			发育的主要岩石类型	成因	特征及识别标志	含气性
裂缝	原生	收缩缝	各类火山岩	熔浆冷凝收缩作用、火山碎屑物成岩收缩作用	同心圆形、相平行的弧状	好
		层间缝	各类火山岩	火山岩的压实、压结成岩作用	顺层分布、缝窄面大、延伸长	一般
		炸裂缝	各种火山岩	由火山喷发时岩浆上拱力、岩浆爆发力引起的气液爆炸作用而形成	裂缝不定向、弯曲形、有的可以某中心向外呈不规则放射状，分块者相邻边界处吻合。常见的有火山角砾内网状裂缝、火山角砾间缝、晶间缝、垂直张裂缝	一般
		贴粒缝	熔结角砾岩、角砾熔岩、火山角砾岩	压实成岩作用	多贴近火山集块和火山角砾边缘	好
	次生	解理缝	各种火山岩	矿物受外力作用形成	相互平行形成组出现，见于长石及黑云母晶体中	一般
		构造缝	各类火山岩	岩石受构造应力作用形成	常平行成组出现，具方向性，可几组交叉切割，穿过晶体或火山碎屑颗粒，常连通其他孔隙	好
		风化缝	各类火山岩	表生风化作用形成	不具方向性，错综交叉而将岩石分割成大小不等的碎块。呈锯齿状、弧形、同心弧形、马尾形、不规则形	中等
		缝合缝	熔结角砾岩、角砾熔岩、火山角砾岩	压实、压溶作用形成	呈锯齿线形、延伸远、割裂熔岩的斑晶和基质，或切割火山碎屑	中等
	复合	溶蚀缝	各类火山岩	地表水淋滤或地下水溶蚀颗粒和基质	不具方向性，缝壁状不规则	
		溶扩构造缝	各类火山岩	地表水淋滤或地下水溶蚀构造缝	裂缝扩大，缝壁形状不规则	好
		溶扩缝合缝	各种火山岩	地表水淋滤或地下水溶蚀缝合缝	裂缝扩大，缝壁形状不规则	好
		溶扩风化缝	各类火山岩	地表水淋滤或地下水溶蚀风化缝	裂缝扩大，缝壁形状不规则	好

表 2-1-3　徐深气田营城组火山岩不同岩性储集空间统计

岩石类型	气孔占比（%）	微孔占比（%）	砾（粒）间孔占比（%）	粒内溶孔占比（%）	砾（粒）间溶孔占比（%）	基质内溶孔占比（%）	裂缝占比（%）
流纹岩	68.60	14.80	0.00	0.00	0.00	14.90	1.70
角砾熔岩	30.40	6.10	16.10	11.00	24.10	10.80	1.50
熔结凝灰岩	9.10	30.30	8.70	7.90	5.60	36.10	2.30
熔结角砾岩	16.80	10.70	21.20	14.40	23.80	11.70	1.40
晶屑凝灰岩	7.00	43.60	7.90	6.10	4.80	28.90	1.70
火山角砾岩	14.60	11.60	42.20	9.80	15.20	4.90	1.70

2）火山岩的主要储集类型及孔缝组合

结合岩心、薄片、压汞等资料，对营城组一段火山岩储层储集类型进行了研究，结果表明主要发育孔隙型、裂缝—孔隙型、孔隙—裂缝型和裂缝型四种储集类型。其中以裂缝—孔隙型（44.94%）和孔隙型（40.18%）为主（表 2-1-4）。营城组一段火山岩储层中，各类孔隙是储集空间，而各类裂缝在一定条件下也可成为主要的储集空间，同时更是主要的渗流通道。不论是纵向上还是平面上，由于构造、火山喷发、成岩等作用的影响，储层的不同部位其储集类型和孔缝组合不同。经过对营城组一段火山岩储层储集类型和孔缝组合特征的研究，可划分出 10 种孔隙、喉道、裂缝组合类型。

（1）孔隙型。

这类储层中裂缝发育程度很低或虽然发育有裂缝，但大部分裂缝被充填，成为无效裂缝，油气的储集空间和渗流空间主要由孔隙系统来提供，并且裂缝在以后的开发生产中基本不起作用或可忽略不计。各种孔隙作为主要储集空间，喉道作为孔隙间的渗流通道，渗透率受喉道半径和喉道发育程度的控制，因此一般这种类型属于中高孔隙度低渗透率型。这种类型发育在溢流相的气孔流纹岩和爆发相的熔结凝灰岩、晶屑凝灰岩、火山角砾岩中（表 2-1-4）。孔隙组合类型有：

①气孔：储集空间为气孔，渗流通道为喉道，气孔是由于挥发分的逸散作用而形成，孔隙发育中等，但连通性很差。主要分布在溢流相上部和下部的气孔流纹岩中。

表 2-1-4　徐深气田火山岩储层储集类型及孔缝组合类型表

储集类型	主要特征	储渗组合	孔隙发育状况	孔隙连通状况	孔隙、喉道、裂缝发育特征	岩石类型	火山岩相
孔隙型（40.18%）	油气的储集空间和渗流空间主要由孔隙系统来提供，孔隙是主要的储集空间，喉道是主要的渗流空间。裂缝发育程度很低或虽有发育，但大多为无效裂缝	气孔	中	零星	储集空间以气孔为主，气孔仅局部连通	气孔流纹岩	溢流相
		微孔	较差	零星	储集空间以微孔为主，渗流通道为喉道，连通性差，局部连通	熔结凝灰岩 晶屑凝灰岩	爆发相
		砾间孔	较差	较差	储集空间以砾间孔为主，渗流通道为喉道，连通性较差	火山角砾岩	爆发相

续表

储集类型	主要特征	储渗组合	孔隙发育状况	孔隙连通状况	孔隙、喉道、裂缝发育特征	岩石类型	火山岩相
裂缝—孔隙型（44.94%）	各种孔隙作为主要储集空间，孔隙之间主要由裂缝沟通，也有孔隙喉道，形成孔隙储、裂缝渗的储渗配置关系	溶孔+气孔+裂缝	好	好	储集空间以溶孔和气孔为主，渗流通道裂缝为主	角砾熔岩气孔流纹岩	爆发相溢流相
		粒间溶孔+微孔+裂缝	好	好	储集空间以粒间溶孔和微孔为主，渗流通道裂缝为主，喉道也起作用	熔结凝灰岩晶屑凝灰岩	爆发相
		气孔+裂缝	中	中等	储集空间以气孔为主，渗流通道裂缝为主	气孔流纹岩	溢流相
		粒间孔+裂缝	较差	较差	储集空间为粒间孔，渗流通道为裂缝	火山角砾岩	爆发相
		微孔+裂缝	较差	较差	储集空间以微孔为主；流通道为裂缝	熔结凝灰岩晶屑凝灰岩	爆发相
孔隙—裂缝型（14.68%）	孔隙是主要储集空间，裂缝既是储集空间，更是主要的渗流通道	裂缝+微孔	较差	中等	储集空间以微孔为主，裂缝有一定的储集能力，但主要起渗流通道的作用	熔结凝灰岩晶屑凝灰岩	爆发相
裂缝型（0.20%）	孔隙有一定储集能力，裂缝既是主要储集空间，更是主要的渗流通道	裂缝	较差	好	裂缝是主要的储集空间和渗流通道，此外各类孔隙有一定储集能力	流纹岩熔结凝灰岩晶屑凝灰岩	溢流相爆发相

②微孔：储集空间以微孔为主，渗流通道为喉道，孔隙发育较差，零星状连通。微孔所贡献的储集空间甚微，但分布较为普遍，主要分布在爆发相的熔结凝灰岩、晶屑凝灰岩和火山角砾岩中。

③砾间孔：储集空间以砾间孔为主，渗流通道为喉道，孔隙发育较差，连通性较差。砾间孔虽有一定的储集能力，但是孔隙间连通性较差，渗流能力弱，主要分布在爆发相的火山角砾岩中。

（2）裂缝—孔隙型。

这种类型岩石中的各种孔隙作为主要储集空间，孔隙之间主要由裂缝沟通，也有部分喉道连通，形成孔隙储、裂缝渗的储渗配置关系。该类型在徐深气田营城组一段火山岩储层中最为发育，主要分布在溢流相的气孔流纹岩和爆发相的熔结凝灰岩、晶屑凝灰岩、火山角砾岩等岩石类型中（表2-1-4）。主要的孔缝组合类型有溶孔+气孔+裂缝（34%）、粒间溶孔+微孔+裂缝（27%）、气孔+裂缝型（18%），其他类型含量均不足10%。具体孔缝组合类型为：

①溶孔+气孔+裂缝（34%）：储集空间以溶孔和气孔为主，渗流通道以裂缝为主，喉道也起一定作用。后期的溶蚀作用和裂缝的沟通作用，使这种类型的孔渗组合储渗能力大大加强。主要分布在溢流相的气孔流纹岩和爆发相的角砾熔岩中。

②粒间溶孔+微孔+裂缝（27%）：储集空间以粒间溶孔和微孔为主，渗流通道以裂缝为主，喉道也起一定作用。后期的溶蚀作用和裂缝的沟通作用，使这种类型的孔渗组合

储渗能力大大加强。主要分布在爆发相的熔结凝灰岩、晶屑凝灰岩中。

③气孔＋裂缝（18%）：储集空间为气孔，渗流通道为裂缝。气孔本身多孤立产出，仅零星状连通，后由裂缝沟通，使得储渗能力增强，成为工区重要的孔渗组合之一，主要分布在溢流相上部和下部的气孔流纹岩中。

④粒间孔＋裂缝：储集空间以粒间孔为主，渗流通道以裂缝为主，喉道也起一定作用。主要分布在爆发相的火山角砾岩中。

⑤微孔＋裂缝：是工区重要的孔渗组合之一，储集空间以微孔为主，渗流通道以裂缝为主，喉道也起一定作用。主要分布在爆发相的熔结凝灰岩、晶屑凝灰岩中。

（3）孔隙—裂缝型。

这种类型岩石中裂缝较发育，裂缝既是储集空间，同时又是主要的渗流通道，形成孔隙与裂缝同储，裂缝沟通的储渗配置关系。这种类型一般发育在岩性致密的岩石类型中，如熔结凝灰岩、晶屑凝灰岩、熔结角砾岩和火山角砾岩等（表2-1-4）。孔缝组合类型有：

裂缝＋微孔：与微孔＋裂缝型相比，裂缝更为发育，储集空间除微孔外，裂缝也有相当的储集能力，同时起渗流通道的作用，主要发育在爆发相致密的熔结凝灰岩、晶屑凝灰岩中。

（4）裂缝型。

这种类型岩石中裂缝很发育，裂缝是主要的储集空间，各类孔隙也有一定的储集能力，裂缝是渗流通道，形成裂缝与孔隙同储（裂缝为主），裂缝沟通的储渗配置关系。这种类型一般发育在岩性致密的岩石类型中，区域上靠近宋西大断裂，后期的构造活动产生大量构造缝，成为天然气的储渗空间。分布的岩石类型有：流纹岩、熔结凝灰岩、晶屑凝灰岩、熔结角砾岩和火山角砾岩等岩石类型（表2-1-4）。孔缝组合类型有：

裂缝：裂缝十分发育，是主要的储集空间和渗流通道，此外各类孔隙有一定储集能力。主要分布在岩性致密的流纹岩、熔结凝灰岩、晶屑凝灰岩、熔结角砾岩和火山角砾岩等岩石类型中。

3. 原生孔隙和裂缝类型及特征

1）原生孔隙

（1）气孔。

气孔指溢出地表的熔浆内挥发分逸出存在的空洞。

气孔是徐深气田火山熔岩储层中常见的一类储集空间，主要见于流纹岩（图2-1-66和图2-1-67）之中，特别是单层流纹岩的上部或下部更为发育，其次见于角砾熔岩、凝灰熔岩、熔结角砾岩、熔结凝灰岩之中，在英安岩、安山岩和玄武岩中亦可见到。

气孔的重要意义还在于它常与原生成岩缝、后期次生风化缝、构造缝等相连通，形成了多种孔—缝组合类型，构成了徐深气田火山岩中极为重要的储集空间，增强了储集性能。

有的气孔较大，岩心观察即可发现，大者直径可达4mm左右。气孔发育部位形如蜂窝状，有的在流动过程中压扁拉长，顺流纹分布，显示出明显的流纹构造。孔隙壁一般较为光滑，但孔隙壁上有时沉淀有少量的次生矿物。

（2）杏仁体内残留孔。

杏仁体内残留孔指次生矿物充填气孔留下的空间或充填矿物被溶蚀形成的空隙。形态各异，边缘不甚规则，是次生矿物充填沿孔隙壁生长造成的。

图 2-1-66　熔浆中发育气孔，角砾熔岩 4×10(－)，　　　　图 2-1-67　气孔，流纹岩 4×10(－)，
　　　　　　　B8 井，3748.73 m　　　　　　　　　　　　　　　C9 井，3595.26m

与气孔一样，杏仁体内残留孔亦是本区火山熔岩储层中常见的一类储集空间，主要见于流纹岩、角砾熔岩中，亦是在每层岩石的顶部或底部更为发育，其次见于凝灰熔岩、熔结角砾岩、熔结凝灰岩中（图 2-1-68）。

其意义在于它常与原生成岩缝、后期次生风化缝、构造缝等相连通，形成了多种孔—缝组合类型，构成了本区火山岩中极为重要的储集空间，增强了储集性能。

岩心观察中亦可发现杏仁体内残留孔，其大小略较气孔小，大者可达 3~4mm。

（3）斑晶内熔孔。

斑晶内熔孔指随岩浆由地下深处升至地表构成熔岩斑晶的晶体，由于压力骤减而使其熔点降低，加之地表氧的参与使熔浆温度骤升，进而使其部分被熔透所形成的空洞，亦称之为穿孔。

斑晶内熔孔常见于流纹岩石英斑晶内（图 2-1-69），在英安岩、安山岩、玄武岩、角砾熔岩、凝灰熔岩、熔结角砾岩、熔结凝灰岩中亦可见到。此类孔隙一般较小，而且多被熔浆基质充填，一般小于 0.1mm。

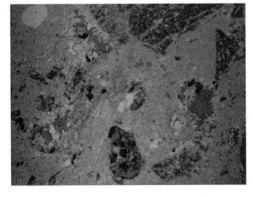 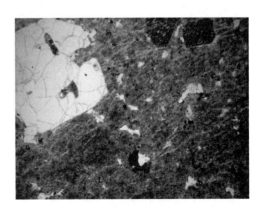

图 2-1-68　杏仁体内残留孔，晶屑熔结凝灰岩　　　　图 2-1-69　斑晶内熔孔，流纹岩 10×4（－），
　　　　　　　10×4（－），A1-1 井，3409.54m　　　　　　　　　C9 井，3599.90m

（4）砾（粒）内孔。

砾（粒）内孔见于火山碎屑岩的刚性岩屑内，是随岩浆喷出地表的刚性岩屑自身带有的，在集块岩、火山角砾岩中最为发育，在凝灰岩、熔结角砾岩、角砾熔岩、沉火山碎屑岩亦可见到。

本区常见的砾（粒）内孔有流纹岩岩屑砾（粒）内的气孔、杏仁孔、球粒间晶间孔。其他特征同上述的气孔和杏仁体内残留孔。

（5）砾（粒）间孔。

砾（粒）间孔指组成岩石的火山碎屑颗粒之间的空隙，宽而短者称为粒间孔，细而长者称为粒间缝。

火山碎屑岩中的砾（粒）间孔分布于火山碎屑颗粒之间（图 2-1-70），系火山碎屑岩成岩后保留下来的火山碎屑之间的孔隙。一般来说此类孔隙多发育于火山角砾岩和集块岩之中，本区亦不例外，见于各类火山碎屑岩之中，尤其是火山碎屑物质粒径较大的火山碎屑岩中，如集块岩和火山角砾岩。

（6）微孔。

微孔泛指火山熔岩基质的微晶之间、火山碎屑岩的火山灰或火山尘之间未被充填的孔隙。按此定义，微孔可分为晶间微孔和基质微孔两类。晶间微孔主要分布在流纹岩中；基质微孔主要分布在细粒火山碎屑物质含量较高的岩石中，如凝灰岩、凝灰质火山角砾岩等。

微孔所贡献的储集空间甚微，但分布较为普遍，如 A1 井的晶屑凝灰岩的火山灰间发育有微孔隙（图 2-1-71）。

图 2-1-70　砾（粒）间孔，火山角砾岩 10×6.3　　图 2-1-71　微孔隙，晶屑凝灰岩 10×6.3（－），
　　　　（－），A1 井，3632.88m　　　　　　　　　　　A1 井，3447.65m

2）原生裂缝

（1）收缩缝。

收缩缝是岩浆喷溢至地表后，在冷凝固化过程中体积收缩形成的一种成岩缝，主要见于熔岩和火山碎屑熔岩中，如流纹岩、角砾熔岩，其次见于普通火山碎屑岩中，一般在岩层的顶部较为发育。

在镜下，气藏典型的收缩缝主要见于珍珠岩内，由同心圆形收缩缝组成珍珠构造

（图2-1-72）。球粒流纹岩中亦见有同心圆状或放射状收缩缝。

由于冷凝收缩作用，火山岩中在镜下还见有马尾状、扫帚状、近于平行的收缩缝，在球粒流纹岩中球粒内还见有网状收缩微裂缝。

部分收缩缝常被其他物质所充填，本区常见的有泥晶方解石充填收缩缝、泥质充填收缩缝、绿泥石充填收缩缝。

（2）层间缝。

层间缝泛指火山岩中压结成因的和熔浆流动、火山碎屑流动成因的成岩缝，其典型特征是顺层分布。

本区顺流纹分布的层间缝主要见于流纹岩中，压结作用形成的成岩缝主要见于火山碎屑岩。

（3）炸裂缝。

火山喷发爆炸时，岩浆携带的碎屑物质受其作用形成的裂缝称为炸裂缝，各种火山岩中都可发育此种裂缝。

本区的炸裂缝主要见于火山碎屑岩中的石英晶屑、长石晶屑内（图2-1-73）。石英炸裂缝多不规则，有的部分分离较大；长石炸裂缝多沿解理缝、双晶缝形成。

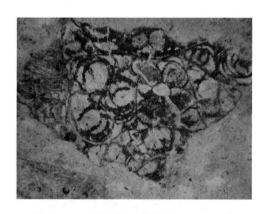

图2-1-72　收缩缝，珍珠岩10×6.3（－），
A2井，3935m

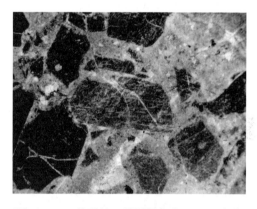

图2-1-73　炸裂缝，晶屑凝灰岩10×6.3（－），
A1井，3526.00m

（4）砾间贴砾缝。

砾间贴砾缝沿相邻火山碎屑物外缘分布，多贴近火山角砾边缘，主要见于火山碎屑物质粒径较粗的火山碎屑岩中。

砾间贴粒缝可分为火山角砾与火山角砾之间的砾间贴砾缝和火山角砾与基质之间的砾间贴砾缝。

（5）解理缝。

本区所见的解理缝为长石晶屑（斑晶）解理缝及黑云母晶屑解理缝，主要发育在流纹岩及晶屑凝灰岩中。长石晶屑（斑晶）解理缝一般较为平直，很少有压弯的现象，但见有被构造缝错开的显现；黑云母解理缝往往被压弯变形或错断（黑云母晶屑很少见，但见到的全都被压弯或错断）。

4. 次生孔隙和裂缝类型及特征

1）次生孔隙

本区的次生孔隙以溶蚀孔隙最为发育，亦是本区火山岩储层中分布最广和最为重要的一类储集空间，由岩石的成岩阶段和成岩后的溶解作用形成。

（1）砾（粒）内溶孔。

砾（粒）内溶孔泛指相对较大的熔岩斑晶、火山碎屑内的易溶组分遭受溶蚀后形成的空隙，主要发育在流纹岩、熔结角砾岩、角砾熔岩、集块岩、火山角砾岩中，其次是在英安岩、凝灰岩、沉火山碎屑岩之中。

①长石晶屑内溶孔。

长石晶屑内溶孔是本区火山碎屑岩中最为发育的一种次生孔隙，该溶孔常沿长石晶屑边缘、解理缝形成，也见有长石中包含的早期结晶的偏基性长石被溶蚀形成的晶屑内粒内溶孔（图 2-1-74）。由成岩阶段的溶解作用和成岩后的淋滤溶解作用形成，主要见于晶屑凝灰岩中。

②黑云母晶屑内溶孔。

黑云母晶屑很少见，但其内发育有沿解理缝发生溶蚀的粒内溶孔。

③长石斑晶内溶孔。

长石斑晶内溶孔指熔岩中长石斑晶被部分溶蚀后留下的孔隙空间，是本区火山熔岩中最为发育的一种次生孔隙，主要见于流纹岩中的长石斑晶内（图 2-1-75）。该溶孔常沿长石斑晶边缘、解理缝形成。

 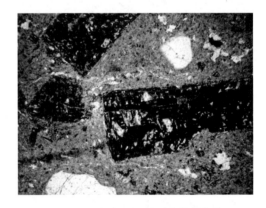

图 2-1-74　长石晶屑粒内溶孔，晶屑凝灰岩　　　图 2-1-75　斑晶内溶孔，晶屑熔结凝灰岩 10×6.3
10×6.3（-），A1 井，3449.53m　　　　　　（-），A1-1 井，3411.34

④岩屑粒内溶孔。

岩屑粒内溶孔见于火山角砾级以上的岩屑内，系火山碎屑岩中的岩屑内易溶组分如长石、火山玻璃等遭受溶蚀后留下的空间。

（2）铸模孔。

铸模孔专指岩石中的原来某种组分被全部溶蚀掉，但尚保留原组分外形的孔隙空间。本区所见的铸模孔主要是长石铸模孔，此类孔隙不发育，仅见于少数井段的火山碎屑岩和流纹岩中。

（3）基质内溶孔。

基质内溶孔泛指熔岩基质部分、火山碎屑岩中粗碎屑间的细粒火山碎屑及火山碎屑间熔岩质部分的易溶组分被溶蚀形成的孔隙（图2-1-76）。

据岩心、铸体薄片观察发现，基质内溶孔普遍发育，既见于流纹岩的玻璃基质中，又见于角砾熔岩和火山角砾岩的细火山碎屑物之中，还见于凝灰岩的火山灰中。

（4）脱玻化作用形成的晶间孔隙。

火山岩由于脱玻化作用使体积缩小，在晶间留有孔隙即为脱玻化作用形成的晶间孔隙（图2-1-77）。此类孔隙在本区少见，主要是球粒流纹岩在脱玻化过程中形成晶粒间孔隙。此类孔隙边缘平直，呈三角形居多，也见有多角形的脱玻化作用形成的晶间孔隙。

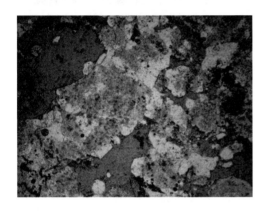 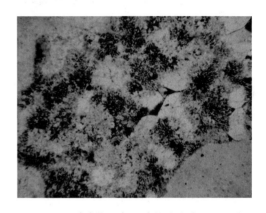

图2-1-76　基质内溶孔，角砾熔岩10×6.3（-），　　图2-1-77　脱玻化现象，球粒流纹岩10×6.3（-），
　　　　　A6井，3845.87m　　　　　　　　　　　　　　　　A6井，3852m

（5）斑基溶蚀孔。

斑基溶蚀孔指具斑状结构的熔岩，斑晶及相邻基质成分均被溶蚀后留下的孔隙空间，此类孔隙见于流纹岩。

2）次生缝

（1）构造缝。

构造缝指岩石形成后，在构造应力作用下形成的缝隙，多具方向性，成组出现，延伸较远、切割较深（图2-1-78）。其自身储集空间不大，但可将其他孔隙连通起来，故常成为火山岩储层的渗流通道，大大地改善了岩石的储集性能。

营城组一段火山岩中的构造缝较为发育，成组出现，且具方向性。

（2）风化缝。

风化缝指地表或地下浅处的岩石在风化作用下形成的缝隙，不具方向性，错综交叉而将岩石分割成大小不等的碎块。

火山岩形成于地面以上环境中，长期遭受风化作用，故使风化缝成为本区较为发育的裂缝之一。火山岩中还发育有马尾状、雁行式、叶脉状风化缝。

（3）缝合缝。

缝合缝的突出特征是呈锯齿状，本区的缝合缝常切割熔岩的斑晶和基质，或切割火山碎屑岩的火山碎屑（图2-1-79）。缝间多为铁质、泥质全部充填或部分充填，未充填者较少。此种裂缝在凝灰岩和火山角砾岩中偶尔见到，其他类型的火山岩中尚未见到。

 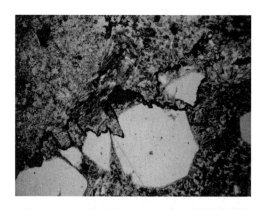

图 2-1-78　构造裂隙，晶屑凝灰岩 10×4 （-），　　图 2-1-79　缝合缝，晶屑凝灰岩 10×4 （-），
　　　　　A1 井，3449.94m　　　　　　　　　　　　　A1 井，3450.53m

（4）溶蚀缝。

溶蚀缝为在原有裂缝基础上发生溶蚀而形成的裂缝。流纹质火山角砾岩中基质被溶蚀形成网状缝。另外，火山角砾粒间被溶蚀形成次生裂缝，火山角砾内发生溶蚀形成粒内溶蚀缝。

5. 复合孔隙和裂缝类型及特征

1）粒间溶蚀扩大孔隙

粒间溶蚀扩大孔隙指粒间孔经溶蚀后孔隙扩大而形成的孔隙，孔隙中常见漂浮状颗粒和（或）铸模孔（图 2-1-80）。

镜下铸体薄片观察，此类孔隙主要发育于火山角砾岩的火山角砾之间，是本区一类重要的油气储集空间。例如，A1 井井深 3631.75m 处流纹质火山角砾岩中发育粒间溶蚀扩大孔隙。

2）超大孔隙

体积超过周边颗粒体积的孔隙称为超大孔隙，也称为特大孔隙。由存在粒间孔隙的易溶组分被溶掉后形成（图 2-1-81）。

图 2-1-80　粒间溶蚀扩大孔，火山角砾岩 10×4　　图 2-1-81　超大孔隙，流纹岩 10×4 （-），A6 井，
　　　　　（-），A1 井，3631.75m　　　　　　　　　　　　　3845.22m

本区的特大孔隙系岩石富集长石部分被溶蚀后形成，其内隐约可见具长石外形的铸模孔。

3）伸长状溶蚀孔隙

伸长状溶蚀孔隙是指由溶解作用形成的、伸长状的、孔隙壁跨越多个火山碎屑的大孔隙。此类孔隙发育较少，本区流纹质火山角砾岩中发育有伸长状溶蚀孔隙（图2-1-82）。

4）溶扩缝

溶扩缝指经溶蚀后拓宽的缝隙（图2-1-83）。本区所见的溶扩缝主要为溶扩构造缝、溶扩风化缝和溶扩缝合缝。

图 2-1-82　伸长状孔隙，火山角砾岩 10×4（－），　　图 2-1-83　溶扩缝，火山角砾岩 10×4（－），A1 井，
　　　　　　A1 井，3632.31m　　　　　　　　　　　　　　　　　　　　3632.31m

6. 孔隙结构

1）喉道类型及其特征

通过对营城组一段火山岩储层 117 个样品压汞资料的分析研究，对其曲线形态及各特征参数的统计分析，将孔喉分为五种类型（图2-1-84）。

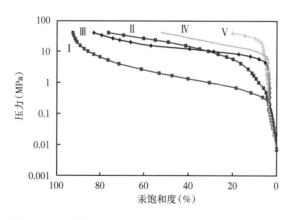

图 2-1-84　营城组一段火山岩储层压汞曲线形态分类

（1）粗态型（Ⅰ类）：该类孔喉的毛细管压力曲线形态总体表现为排驱压力小，汞饱和度中值压力低，最大汞饱和度值高。曲线整体呈向左下靠拢，凹向右上，表明歪度较粗。

根据孔喉分选可分为两种类型：第一类为单峰型，其峰值孔喉分布范围为大于 0.063μm；第二类为双峰型，其峰值孔喉分布范围为 1.0~6.3μm、0.025~0.25μm。其中单峰型占 84.1%，双峰型占 15.9%（表 2-1-5）。

该类储层物性较好，统计该类的样品孔隙度平均为 11.313%，渗透率平均为 2.533mD。主要发育在角砾熔岩、熔结凝灰岩、晶屑凝灰岩、流纹岩等岩石类型中。

表 2-1-5　营城组一段火山岩储层不同孔喉类型压汞曲线特征表

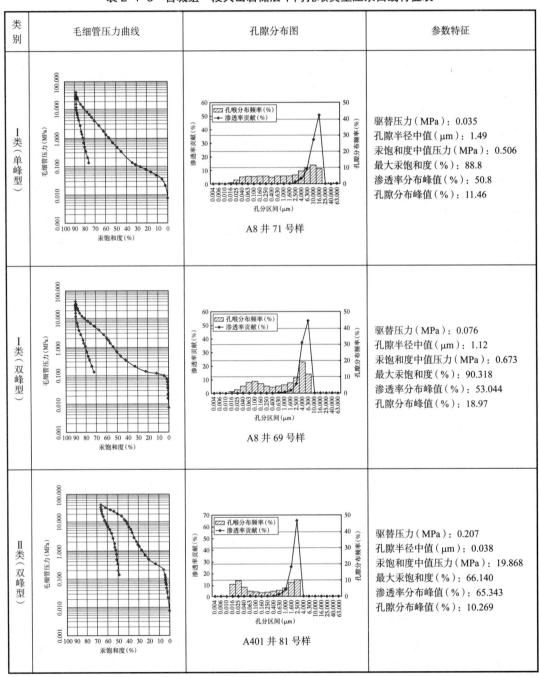

类别	毛细管压力曲线	孔隙分布图	参数特征
I 类（单峰型）		A8 井 71 号样	驱替压力（MPa）：0.035 孔隙半径中值（μm）：1.49 汞饱和度中值压力（MPa）：0.506 最大汞饱和度（%）：88.8 渗透率分布峰值（%）：50.8 孔隙分布峰值（%）：11.46
I 类（双峰型）		A8 井 69 号样	驱替压力（MPa）：0.076 孔隙半径中值（μm）：1.12 汞饱和度中值压力（MPa）：0.673 最大汞饱和度（%）：90.318 渗透率分布峰值（%）：53.044 孔隙分布峰值（%）：18.97
II 类（双峰型）		A401 井 81 号样	驱替压力（MPa）：0.207 孔隙半径中值（μm）：0.038 汞饱和度中值压力（MPa）：19.868 最大汞饱和度（%）：66.140 渗透率分布峰值（%）：65.343 孔隙分布峰值（%）：10.269

续表

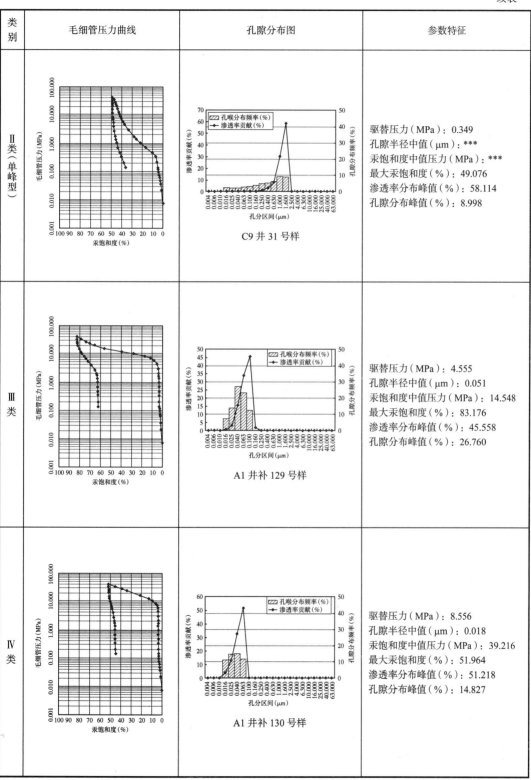

类别	毛细管压力曲线	孔隙分布图	参数特征
Ⅱ类（单峰型）		C9 井 31 号样	驱替压力（MPa）：0.349 孔隙半径中值（μm）：*** 汞饱和度中值压力（MPa）：*** 最大汞饱和度（%）：49.076 渗透率分布峰值（%）：58.114 孔隙分布峰值（%）：8.998
Ⅲ类		A1 井补 129 号样	驱替压力（MPa）：4.555 孔隙半径中值（μm）：0.051 汞饱和度中值压力（MPa）：14.548 最大汞饱和度（%）：83.176 渗透率分布峰值（%）：45.558 孔隙分布峰值（%）：26.760
Ⅳ类		A1 井补 130 号样	驱替压力（MPa）：8.556 孔隙半径中值（μm）：0.018 汞饱和度中值压力（MPa）：39.216 最大汞饱和度（%）：51.964 渗透率分布峰值（%）：51.218 孔隙分布峰值（%）：14.827

续表

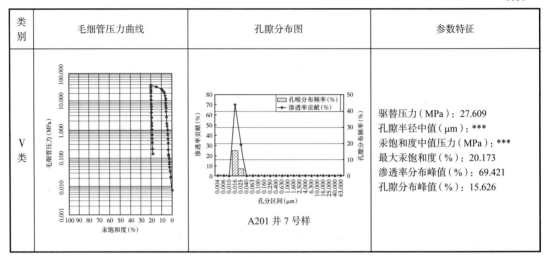

类别	毛细管压力曲线	孔隙分布图	参数特征
V类		A201 井 7 号样	驱替压力（MPa）：27.609 孔隙半径中值（μm）：*** 汞饱和度中值压力（MPa）：*** 最大汞饱和度（%）：20.173 渗透率分布峰值（%）：69.421 孔隙分布峰值（%）：15.626

（2）偏粗态型（Ⅱ类）：该类孔喉的毛细管压力曲线形态总体表现为驱替压力较小，汞饱和度中值压力较高，最大汞饱和度值较低。曲线呈一近45°直线，不发育平台段，表明分选差，各级别孔喉均发育，其中以半径大于0.63μm的孔喉对渗透率的贡献值最大。根据孔喉分选可分为两种类型：一类为单峰型，其峰值孔喉分布范围为0.16~1.6μm；另一类为双峰低峰值型，其峰值孔喉分布范围为0.16~4μm、0.016~0.16μm，孔喉分布频率小于15%。其中单峰型占16.7%，双峰型占83.3%（表2-1-5与表2-1-6）。

表 2-1-6　喉道类型分类特征表

分类		渗透率（mD）	孔隙度（%）	喉道半径均值（μm）	分选系数	最大汞饱和度（%）	驱替压力（MPa）
Ⅰ类	最小值	0.020	2.500	0.084	0.814	79.366	0.036
	最大值	17.100	20.500	3.198	3.551	98.419	2.945
	平均	2.533	11.313	0.515	2.011	91.900	1.235
Ⅱ类	最小值	0.020	1.000	0.036	1.695	25.839	0.138
	最大值	1.040	9.400	0.904	3.884	83.378	8.611
	平均	0.223	5.094	0.270	2.853	62.230	1.573
Ⅲ类	最小值	0.010	2.400	0.027	1.185	61.872	2.102
	最大值	0.430	7.300	0.081	2.364	86.775	12.724
	平均	0.063	4.712	0.052	1.741	78.629	6.104
Ⅳ类	最小值	0.010	3.000	0.022	1.448	41.242	2.963
	最大值	0.030	5.800	0.030	1.828	56.057	12.571
	平均	0.020	4.350	0.025	1.621	50.521	8.174

分类		渗透率（mD）	孔隙度（%）	喉道半径均值（μm）	分选系数	最大汞饱和度（%）	驱替压力（MPa）
V类	最小值	0.010	0.600	0.004	0.379	11.402	12.621
	最大值	0.020	6.000	0.015	1.348	42.367	27.609
	平均	0.016	2.650	0.010	1.014	28.372	21.354

该类储层物性一般，统计该类的样品孔隙度平均为5.094%，平均渗透率为0.223mD。主要分布在角砾熔岩、熔结凝灰岩、晶屑凝灰岩、流纹岩等岩石类型中。

（3）单峰偏细态型（III类）：该类孔喉的毛细管压力曲线形态总体表现为驱替压力较大，汞饱和度中值压力较高，最大汞饱和度值高，孔喉均小于0.16μm，集中分布在0.025~0.16μm范围内；毛细管压力曲线向右上靠拢，凹向左下，发育平台段，表明歪度细，分选好；统计该类的样品孔隙度平均为4.712%，平均渗透率为0.063mD，物性较差（表2-1-5与表2-1-6）。主要分布在熔结凝灰岩、晶屑凝灰岩、熔结角砾岩和火山角砾岩中。

（4）单峰细态型（VI类）：该类孔喉的毛细管压力曲线形态总体表现为驱替压力大，最大汞饱和度值低，为50%左右，孔喉均小于0.063μm；毛细管压力曲线向右上靠拢，凹向左下，无平台段发育，表明歪度较细，分选差；孔喉分布频率均小于20%，储集能力和渗流能力均差；统计该类的样品孔隙度平均为4.35%，平均渗透率为0.02mD，物性很差（表2-1-5和表2-1-6）。在火山角砾岩、熔结凝灰岩、晶屑凝灰岩、流纹岩、熔结火山角砾岩中均有发育。

（5）单峰极细态型（V类）：该类孔喉的毛细管压力曲线形态总体表现为驱替压力大，最大汞饱和度值低，均小于50%，平均仅28.37%，孔喉均小于0.04μm，且以小于0.025μm的孔喉为主；毛细管压力曲线向右上靠拢，凹向左下，无平台段发育，表明歪度极细，分选差，储集能力和渗流能力均差；统计该类的样品孔隙度平均为2.65%，渗透率平均为0.016mD（表2-1-5和表2-1-6）。在熔结凝灰岩、流纹岩、熔结火山角砾岩、安山岩、沉火山角砾岩中都有发育。

2）孔隙结构分类特征

依据对反映孔隙结构特征的各项参数的统计分析，结合铸体薄片和毛细管压力曲线形态特征，对徐深气田营城组一段火山岩储层孔隙结构进行了综合分类。

I类孔隙结构：这种类型孔隙结构以砾（粒）间溶孔、气孔与微孔组合为主，孔隙很发育，加上裂缝沟通，储渗能力大大加强。孔隙度2.5%~20.5%，平均11.313%；渗透率0.02~17.1mD，平均2.533mD；半径均值0.084~3.198μm，平均0.515μm；驱替压力0.036~2.945MPa，平均1.235MPa；整体表现为孔隙发育，储渗能力强，是好的孔隙结构。主要发育在角砾熔岩、熔结凝灰岩、晶屑凝灰岩、流纹岩等岩石类型中。33.33%属I类储层，28.99%属II类储层，30.43%属III类储层，5.8%属VI类储层，1.45%属V类储层（表2-1-7与表2-1-8）。

表 2-1-7　孔隙结构分类与储层分类对应关系统计表

火山岩孔隙结构	井数	样品数	储层分类（样品数）					储层分类占比（%）				
			I	II	II	IV	V	I	II	III	IV	V
I	6	69	23	20	21	4	1	33.33	28.99	30.43	5.80	1.45
II	6	18	0	5	3	4	6	0.00	27.78	16.67	22.22	33.33
III	3	17	0	0	2	11	4	0.00	0.00	11.76	64.71	23.53
IV	3	4	0	0	0	2	2	0.00	0.00	0.00	50.00	50.00
V	5	12	0	0	0	5	7	0.00	0.00	0.00	41.67	58.33

表 2-1-8　火山岩孔隙结构分类特征表

类别	参数类别	渗透率（mD）	孔隙度（%）	毛细管压力曲线特征参数						毛细管压力曲线形态特征	孔缝系统发育特征
				中值半径（μm）	均值半径（μm）	相对分选系数	最大进汞饱和度（%）	驱替压力（MPa）	退汞效率（%）		
I 类	最小值	0.020	2.500	0.077	0.084	1.090	79.366	0.036	12.802	曲线整体呈向左下靠拢，凹向右上，表明歪度较粗，驱替压力小、汞饱和度中值压力低、最大汞饱和度值高	孔隙发育、裂缝发育
	最大值	17.100	20.500	1.186	3.198	18.735	98.419	2.945	45.202		
	平均	2.533	11.313	0.267	0.515	7.789	91.900	1.235	28.920		
II 类	最小值	0.020	1.000	0.004	0.036	4.297	25.839	0.138	12.752	曲线呈一近 45° 直线，不发育平台段，表明分选差；各级别孔喉均发育，表现为驱替压力较小、汞饱和度中值压力较高、最大汞饱和度值较低	孔隙较发育、裂缝较发育
	最大值	1.040	9.400	0.106	0.904	47.040	83.378	8.611	43.912		
	平均	0.223	5.094	0.035	0.270	23.179	62.230	1.573	28.177		
III 类	最小值	0.010	2.400	0.030	0.027	20.586	61.872	2.102	5.845	曲线向右上靠拢，凹向左下，发育平台段，表明歪度细、分选好，总体表现为驱替压力较大、汞饱和度中值压力较高、最大汞饱和度值高	孔隙发育较差、裂缝发育程度低
	最大值	0.430	7.300	0.075	0.081	54.260	86.775	12.724	34.893		
	平均	0.063	4.712	0.047	0.052	37.037	78.629	6.104	15.786		
IV 类	最小值	0.010	3.000	0.018	0.022	60.893	41.242	2.963	10.837	曲线向右上靠拢，凹向左下，无平台段发育，表明歪度较细、分选差，总体表现为驱替压力大、最大汞饱和度值低	孔隙发育差、裂缝不发育
	最大值	0.030	5.800	0.020	0.030	73.335	56.057	12.571	40.710		
	平均	0.020	4.350	0.019	0.025	64.462	50.521	8.174	25.688		

续表

类别	参数类别	渗透率（mD）	孔隙度（%）	毛细管压力曲线特征参数						毛细管压力曲线形态特征	孔缝系统发育特征
				中值半径（μm）	均值半径（μm）	相对分选系数	最大进汞饱和度（%）	驱替压力（MPa）	退汞效率（%）		
V类	最小值	0.010	0.600	0.004	0.004	91.939	11.402	12.621	4.751	曲线向右上靠拢，凹向左下，无平台段发育，表明歪度极细、分选差，总体表现为驱替压力大、最大汞饱和度值低、均小于50%，平均仅29.95%	孔隙发育很差、裂缝不发育
	最大值	0.020	6.000	0.004	0.015	108.755	42.367	27.609	33.583		
	平均	0.016	2.650	0.004	0.010	100.068	28.372	21.354	14.967		

Ⅱ类孔隙结构：发育孔隙类型较多，包括砾（粒）间孔、砾（粒）间溶孔、砾（粒）内孔、砾（粒）内溶孔、微孔等类型，孔隙度1.0%~9.4%，平均5.094%；渗透率0.02~1.04mD，平均0.223mD；半径均值0.036~0.904μm，平均0.270μm；驱替压力0.138~8.611MPa，平均1.573MPa；孔隙较发育，以半径大于0.63μm的孔喉对渗透率的贡献值最大，储渗能力较强，是较好的孔隙结构。主要分布在角砾熔岩、熔结凝灰岩、晶屑凝灰岩、流纹岩等岩石类型中。27.78%属Ⅱ类储层，16.67%属Ⅲ类储层，22.22%属Ⅵ类储层，33.33%属Ⅴ类储层（表2-1-7与表2-1-8）。

Ⅲ类孔隙结构：以砾（粒）间溶孔和微孔组合为主，孔隙度2.4%~7.3%，平均4.712%；渗透率0.01~0.43mD，平均0.063mD；半径均值0.027~0.081μm，平均0.052μm；驱替压力2.102~12.724MPa，平均6.104MPa；孔隙发育较差，以0.025~0.16μm微孔喉为主，且裂缝发育程度低，所以储集能力较强，但渗流能力差。主要分布在熔结凝灰岩、晶屑凝灰岩、熔结角砾岩和火山角砾岩中。11.76%属Ⅲ类储层，64.71%属Ⅵ类储层，23.53%属Ⅴ类储层（表2-1-7与表2-1-8）。

Ⅳ类孔隙结构：包括砾（粒）间孔、砾（粒）间溶孔、砾（粒）内孔、砾（粒）内溶孔、微孔等类型，但总体没有Ⅱ类孔隙结构对应的孔隙发育，而且连通性差，孔隙度3%~5.8%，平均4.35%；渗透率0.01~0.03mD，平均0.02mD；半径均值0.022~0.03μm，平均0.025μm；驱替压力2.963~12.571MPa，平均8.174MPa；有一定的储集能力，但是渗流能力很差，是差的孔隙结构。主要分布在火山角砾岩、熔结凝灰岩、晶屑凝灰岩、流纹岩、熔结火山角砾岩中。50%属Ⅵ类储层，50%属Ⅴ类储层（表2-1-7与表2-1-8）。

Ⅴ类孔隙结构：以砾（粒）间孔、微孔为主，孔隙发育程度低，连通程度差，孔隙度0.6%~6.0%，平均2.65%；渗透率0.01~0.02mD，平均0.016mD；半径均值0.004~0.015μm，平均0.01μm；驱替压力12.621~27.639MPa，平均21.354MPa；储渗能力都很差。主要分布在熔结凝灰岩、流纹岩、熔结火山角砾岩、安山岩、沉火山角砾岩中。41.67%属Ⅵ类储层，58.33%属Ⅴ类储层（表2-1-7与表2-1-8）。

7. 储层孔渗特征

储层物性特征主要通过岩心分析和测井解释的孔隙度、渗透率分布规律得到。

营城组一段火山岩岩心孔隙度0.6%~20.5%，平均6.57%；岩心渗透率0.002~13.6mD，平均0.43mD。如图2-1-85与图2-1-86所示为营城组一段火山岩储层常规物性分布频率直方图，从图中可以看出：岩心孔隙度的分布范围较宽，但主要分布范围为 6%~10%，其次为 4%~6%；岩心渗透率的主要分布范围为 0.01~0.1mD，其次为 0.1~1.0mD。

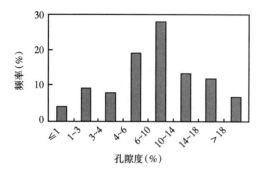 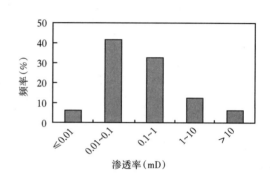

图 2-1-85　营城组一段火山岩岩心孔隙度统计　　图 2-1-86　营城组一段火山岩岩心渗透率统计

测井解释结果表明：营城组一段火山岩储层有效孔隙度 3.2%~16.1%，平均 5.73%；基岩渗透率 0.02~10.71mD，平均 0.24mD，总渗透率 0.02~52.20mD，平均 1.19mD。营城组一段火山岩储层以构造缝为主，成岩缝也较发育，测井解释裂缝宽度 0~120μm，平均 16μm；裂缝渗透率 0.001~45.90mD，平均 0.95mD。

从图 2-1-86 与图 2-1-87 同样可以看出，营城组一段火山岩渗透率与孔隙度的分布具有很好的相关性。A 区块孔隙度分布范围为 4.32%（A602 井）~7.18%（A1-1 井），平均 5.53%；渗透率分布范围为 0.03（A602 井）~0.09mD（A1-1 井），平均 0.06 mD；井区东北方向的 A1-1 井孔渗值最高，向西南变小。

上述分析结果表明：营城组气藏储层低孔隙度低渗透率，营城组四段砂砾岩储层比营城组一段火山岩储层物性差，火山岩储层孔渗分布范围更大，裂缝发育程度更高。

1）岩性与物性关系

如图 2-1-87 至图 2-1-89 所示分别为营城组一段火山岩不同岩性的厚度、孔隙度和渗透率统计图，从中可以看出：营城组一段火山岩 8 种岩性中，以角砾熔岩物性最好，其次是熔结凝灰岩、熔结角砾岩、晶屑凝灰岩和火山角砾岩，英安岩物性最差；从厚度来看，营城组一段储层最发育的是流纹岩、晶屑凝灰岩、火山角砾岩和熔结凝灰岩，玄武岩厚度最小；工区火山岩以酸性为主。营城组一段火山岩共试气 19 口井 43 层，B8 井的角砾熔岩是唯一获得天然气自然产能的岩性段，试气产量变化范围为（0.01~23.43）×10⁴m³/d，平均 8.51×10⁴m³/d；熔结凝灰岩的试气产量为（0.0019~53.27）×10⁴m³/d，平均 21.94×10⁴m³/d；晶屑凝灰岩的试气产量为（0.0829~37.276）×10⁴m³/d，平均 10.475×10⁴m³/d；流纹岩的试气产量在（0.0005~21.19）×10⁴m³/d，平均 4.05×10⁴m³/d；火山岩角砾岩的试气产量在（0.245~5.14）×10⁴m³/d，平均 2.69×10⁴m³/d。综合采气指数、无阻流量等参数分析后认为：产能从大到小依次是熔结凝灰岩、角砾熔岩、晶屑凝灰岩、熔结角砾岩、火山角砾岩和流纹岩。

2）岩相与物性关系

营城组一段火山岩岩相包括爆发相、溢流相、侵出相、火山通道相及火山沉积相五种。同样，根据单井岩相划分结果，分亚相统计了储层物性参数如图 2-1-87 至图 2-1-89 所示，从中可以看出：营城组一段主要发育热碎屑流、含外碎屑、溅落、空落和溢流等亚相；岩相物性以通道相为最好，其次是溅落、热碎屑流、空落、热基浪及溢流上部。

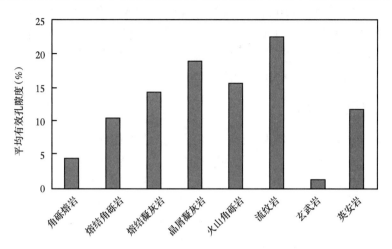

图 2-1-87 营城组一段火山岩分岩性厚度统计

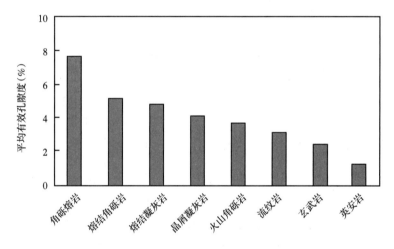

图 2-1-88 营城组一段火山岩分岩性孔隙度统计

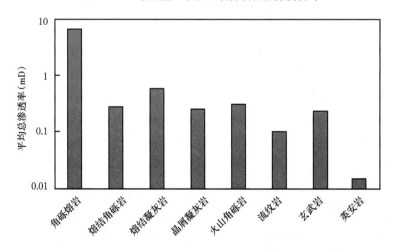

图 2-1-89 营城组一段火山岩分岩性渗透率统计

营城组一段爆发相共试气 31 层，射开井段共计 282m，压后产能变化范围（0.0005~53.28）×10^{4}m^3/d，平均 10.29×10^{4}m^3/d；溢流相 5 层，射开井段共计 45.5m，压后产能变化范围（0.0006~2.27）×10^{4}m^3/d，平均 0.58×10^{4}m^3/d；火山沉积相 1 层，射开井段共计 6.0m，压后 0.082×10^{4}m^3/d。结合生产压差、米采气指数和无阻流量，分析认为：工区爆发相产能最好，其次是溢流相，火山沉积相产能最差。

四、火山岩气藏成藏

徐家围子断陷主要有火石岭组一段、沙河子组、营城组四段三套烃源岩，包括湖相泥岩和煤层，有机碳含量比较高，均已达高成熟—过成熟，空间分布不均衡。

勘探实践表明，深层天然气分布主要受生烃凹陷的控制。徐西斜坡带紧邻深洼带，烃源岩较为发育，已有多口井钻遇烃源岩，烃源岩主要有火石岭组、沙河子组两套，以沙河子组烃源岩为主。沙河子组烃源岩包括湖相泥岩和煤层，有机碳含量比较高，并已达高成熟—过成熟阶段。沙河子组湖相泥岩分布遍及整个徐西斜坡带，厚度一般大于 700m，厚度最大部位在徐西斜坡带的东南部，受徐中断裂控制，最厚达 2200m。沙河子组最薄处位于徐西斜坡带西侧，地层向徐西断裂上超减薄，厚度一般 400m，最大 800m。如斜坡西北部芳深 8 井沙河子组厚度 541.5m，岩性为砂泥岩互层，泥岩厚度 257.55m，占沙河子组厚度的 47.6%，有机碳含量（R_o 值）为 2.55%。泥质岩有机碳含量大多超过 1.0%，是深层泥质烃源岩中最高的，煤层有机碳含量平均 29%，生烃潜力大。火石岭组暗色泥岩分布相对局限，仅分布于徐西斜坡带北部，其中 A1 井于火石岭组揭示暗色泥岩 110.5m，煤层 37.5m，泥质岩有机碳含量平均值 0.77%，煤岩样品的有机碳含量范围 4.97%~28.76%，平均值 11%。徐西斜坡带紧邻徐西生烃洼槽，位于构造上倾方向，深部生成的天然气具有沿断裂向上运移的特点，因此斜坡带气源供给相对充足。

安达凹陷烃源岩主要为沙河子组的深湖半深湖相的暗色泥岩、滨浅湖沼泽相的暗色泥岩及煤层，区内共 16 口井钻遇沙河子组暗色泥岩，厚度最小 17.0m，最大达到 392.5m，平均厚度 148.4m；6 口井钻遇煤层，厚度分布 1.0~105.0m，平均厚度 20m。烃源岩厚度大，有机质丰度较高，达高成熟—过成熟，属好—较好的烃源岩，具有较强的生烃能力。安达凹陷断陷期地层埋藏深度大于 3000m，烃源岩达到高成熟或过成熟大量生气阶段，按 20×10^{8}m^3/km^2 的生气强度，安达凹陷主体勘探面积 950km^2 计算，生气量为 1.9×10^{12}m^3。由于安达凹陷东部沙河子组厚度较大，主要以深湖、半深湖相带为主，受火山喷发破坏小，因此安达东侧烃源岩条件更加优越。

营城组三段火山岩在安达凹陷分布稳定、遍及全区，孔隙发育，是凹陷中的主要储集层段，直接覆于沙河子组地层烃源岩之上，有利于运移和聚集。坳陷期登娄底组二段、泉头组一段、泉头组二段的地层分布稳定，以滨浅湖相为主，泥岩发育，成为良好的区域盖层，成藏条件优越。

徐西断裂和徐东断裂带是工区内最主要的断裂系统，断裂活动与该区火山岩发育、火山岩隆起带的形成关系密切，同时也是深部天然气向上运移成藏的主要通道。从成藏时间分析，泉头组一段以前的局部构造形成早于大量排烃期，源岩生成的天然气沿断层运移至局部构造及营城组三段火山岩圈闭中，形成储集类型多样的构造及岩性气藏。

1. 储层发育的控制因素

火山岩储层原生孔隙的保存、次生孔隙的形成，以及裂缝的发育等主要受岩性岩相、成岩作用、构造作用所控制。岩性和岩相决定了火山岩原生孔隙的形成与数量；成岩作用决定了原生孔隙的保存、次生孔隙的形成；而构造作用对火山岩储层的后期改造，形成的使原生孔隙相互连通的裂缝起着重要作用。

1）构造因素的影响

（1）构造作用与火山岩的形成。

火山喷发与大地构造环境密切相关，它包含了丰富的构造信息。火山喷发与构造活动相辅相成，火山喷发是构造运动的表现形式。构造运动引发多期次、多火山口的火山喷发，使火山岩大面积分布，成为形成火山岩储层的基础。

（2）裂缝的形成及演化。

镜下和岩心观察发现，火山岩裂缝主要有炸裂缝、冷凝收缩缝和构造裂缝。炸裂缝和冷凝收缩缝是原生裂缝。构造裂缝可产生于火山岩成岩后的任何地质时期，是次生裂缝的一种，具有多期性。构造裂缝在火山岩储层中最为重要，数量上占有绝对优势。火山岩中主要发育构造裂缝，统计表明在977条裂缝中，有767条构造裂缝，占78.5%，成岩裂缝169条，占17.3%。其中流纹岩中构造裂缝占80.9%，角砾熔岩中构造裂缝占83.9%；熔结角砾岩、晶屑凝灰岩和火山角砾岩中，构造裂缝也都在73%以上。

构造裂缝形成的外因是构造应力，构造应力集中的部位容易产生裂缝，在兴城地区裂缝主要发育在靠近宋西大断裂附近区域。沿宋西断裂带附近断裂与裂缝发育程度较高，远离宋西断裂带，断裂与裂缝发育程度较低（表2-1-9）。

表 2-1-9 裂缝发育程度统计

与大断裂位置关系	井名	裂缝线密度（条 /m）
靠近宋西大断裂	A1 井	7.28
	A1-1 井	9.70
	A5 井	8.59
	A201 井	11.66
	C9 井	9.52
	B8 井	7.42
远离宋西大断裂	A4 井	5.82
	A401 井	0.58
	A6 井	3.12
	A601 井	3.29
	A602 井	5.07

构造裂缝形成的内因是岩石本身的物理化学性质，不同的岩石类型其裂缝的发育程度也有差异，其中流纹岩、熔结凝灰岩、晶屑凝灰岩岩性致密，构造缝发育，其裂缝线密度均在 5 条 /m 以上，而其他火山岩岩石类型裂缝发育程度相对较低（表2-1-10）。

表 2-1-10　火山岩不同岩石类型裂缝成因统计表

岩性	岩心长度（m）	总裂缝条数（条）	构造裂缝			成岩裂缝			溶蚀裂缝		
			裂缝条数（条）	裂缝密度（条/m）	所占比例（%）	裂缝条数（条）	裂缝密度（条/m）	所占比例（%）	裂缝条数（条）	裂缝密度（条/m）	所占比例（%）
流纹岩	9.65	68	55	5.70	0.81	13	1.35	0.19	0	0.00	0.00
角砾熔岩	48.23	199	167	3.46	0.84	9	0.19	0.05	23	0.48	0.12
熔结角砾岩	13.69	46	46	3.36	1.00	0	0.00	0.00	0	0.00	0.00
熔结凝灰岩	47.43	325	250	5.27	0.77	68	1.43	0.21	7	0.15	0.02
晶屑凝灰岩	30.79	220	161	5.23	0.73	51	1.66	0.23	8	0.26	0.04
火山角砾岩	20.64	119	88	4.26	0.74	28	1.36	0.24	3	0.15	0.03
合计	170.43	977	767	4.50	0.79	169	0.99	0.17	41	0.24	0.04

构造裂缝本身是火山岩储层天然气重要的渗流通道，同时也是地下水和有机酸的重要通道，为溶蚀作用发生发挥了重要作用。

2）岩性和岩相对原生孔隙和裂缝的控制

火山岩的岩性和岩相决定了原生孔隙和裂缝的大小和数量，即不同的岩性和岩相，其原生孔隙和裂缝的种类和发育程度有较大差异。

（1）溢流相。

溢流相的岩性主要为流纹岩，其原生孔隙和裂缝主要有气孔、晶间孔、冷凝收缩缝。

①原生气孔：火山岩相是控制气孔发育的最主要因素，而且同一岩相内的不同亚相，其气孔类型和数量也有较大差异。

溢流相的上部亚相：熔岩流在与大气接触的条件下，岩浆中的挥发组分游离聚集，并呈气泡状向压力较小的熔岩上方逸出，从而在熔岩中形成大量气孔。该亚相气孔数量多，孔径大。

溢流相的下部亚相：熔岩流与下部围岩刚接触时，下伏围岩近地表的压力较小，因此也可以产生少量气体向下逸出，形成少量气孔。该亚相气孔数量少，且孔径一般较小。

溢流相的中部亚相：流纹岩呈致密块状，不发育气孔。

岩心观察到的气孔大小不一，小的可到微孔，大的孔径达到厘米级。气孔呈近圆形或椭圆形，少量气孔被拉长，其长轴方向与岩浆流动方向一致，孔壁一般较光滑。原生气孔虽然很多，但大多都孤立分布，需要裂缝沟通才可成为好的储层。

②原生晶间孔：火山岩矿物在结晶过程中体积会有一定的收缩，在形成的微小矿物晶体间产生孔隙空间，该类孔隙类似于黏土矿物晶体间的孔隙，发育于球粒流纹岩球粒和晶粒间。该类孔隙一般情况下为无效孔隙。

③原生裂缝：溢流相的原生裂缝为冷凝收缩缝，是熔岩由于岩浆冷凝、结晶过程中干缩、脱水、矿物相变、热力收缩形成的裂缝。冷凝收缩缝常呈弧形、半圆形、圆形，分布在气孔或斑晶周围，不均匀收缩时形成网状裂缝。冷凝收缩缝易发部位为一套火山岩的顶底部。冷凝收缩缝内一般未见充填物。

（2）爆发相。

爆发相的岩性主要有角砾熔岩、各种角砾岩、凝灰岩，其原生孔隙和裂缝主要有气孔、砾（粒）间孔、基质微孔、网状缝、砾间缝、晶间缝。

①气孔：主要发育于角砾熔岩中，其次在角砾岩的角砾中也发育有气孔。

②原生砾（粒）间孔：在角砾岩的角砾间发育砾间孔；凝灰岩较粗颗粒之间存在未被充填的粒间孔隙。

③基质微孔：火山碎屑岩中发育于细粒（火山灰、火山尘）之间未被充填的孔隙，连通性差，如无裂缝沟通，则是无效的。

④裂缝：主要包括砾内网状裂缝、砾间缝、晶间缝，主要发育于火山角砾岩中。

2. 成岩作用因素的影响

成岩作用控制着火山岩储层原生孔隙的保存和次生孔隙的发育与分布。成岩作用分为两大类，一类是使孔隙度降低的成岩作用，另一类是使孔隙度增加的成岩作用。

1）使孔隙度降低的成岩作用

使火山岩储层孔隙度降低的主要成岩作用有：压实作用、压溶作用、熔结作用、熔浆胶结作用、交代作用、矿物的多形转变作用、充填作用。不同的火山岩类型，使其储层孔隙度降低的主要成岩作用类型也不同。

（1）火山碎屑岩。

压实作用及压溶作用是导致火山碎屑岩（火山集块岩、角砾岩和凝灰岩）储集性能大幅度降低的主要因素。特别是本区的深层火山碎屑岩，除具有很强的压实作用外，还有压溶作用发生，在岩心和薄片中见到明显的缝合线状接触特征。强烈的压实作用及压溶作用使火山碎屑岩的原生砾（粒）间孔和裂缝空间大幅度降低、甚至消失。因此，火山碎屑岩如果没有次生孔隙和裂缝的发育，储渗性能将很差。

其次熔结作用使岩石变得致密、孔隙减小，熔浆胶结作用使熔浆充填裂隙空间使孔隙减小。而自生矿物也可以以不同的含量充填或半充填于火山碎屑岩的砾（粒）间孔中，占据部分孔隙空间，因此，充填作用可使火山碎屑岩的孔隙度和喉道直径进一步减少。充填在裂缝中的矿物除占据少部分孔隙空间外，更主要的是大大降低了储层的渗透性。

（2）火山熔岩。

压实作用及压溶作用对熔岩的储集性能影响小，当熔岩冷凝固结后，其原生孔隙基本不受压实、压溶作用的影响。

火山热液充填作用、表生矿物充填作用对熔岩的储渗性能均具有极大的破坏性。熔岩中的气孔被自生矿物部分或全部充填而成为杏仁孔，本区火山岩的裂缝也大都被矿物部分或全部充填。充填在裂缝中的矿物除占据少部分孔隙空间外，更主要的是大大降低了储层的渗透性。

充填在孔隙和裂缝中的矿物复杂、多样，主要充填物有方解石、石英，其次还有菱铁矿、萤石、铁质和绿泥石等。

通过薄片鉴定和包裹体分析，矿物充填具有多期性，即孔隙和裂缝中所充填的矿物可能是一次充填的，也可能是多次充填的，不同期次充填矿物也不一定相同。

2）使孔隙度增加的成岩作用

使孔隙度升高的成岩作用有冷凝（却）收缩作用、挥发分的逸散作用、溶蚀作用、风化作用等。其中溶蚀作用是火山岩发育大量溶蚀孔缝的主要成岩作用，而在火山岩中发育大量溶蚀孔缝，是成为良好储层的重要因素。

冷凝（却）收缩作用：炽热的火山喷发物质在地表首先经历的即是冷凝（却）收缩作用，体积发生收缩、形成弧形、同心圆形的收缩缝，以珍珠岩的珍珠构造最为典型。

挥发分的逸散作用：火山喷发物质内的挥发组分，因地面压力骤减、冷凝、体积收缩，必然逸出，形成气孔，这是火山岩原生孔隙形成的主要成岩作用。形成气孔的挥发分逸散作用在本区主要见于流纹岩中，也见于熔结角砾岩、角砾熔岩和熔结凝灰岩中。

风化作用：火山岩形成后，曾长期出露地表，遭受物理、化学及生物作用而发生的改造。

溶蚀作用：根据溶蚀作用发生的时期、条件和机理不同可以分为同生期溶蚀作用、表生期溶蚀作用、潜流带溶蚀作用、埋藏溶蚀作用和深埋期有机酸性水的溶蚀作用。晚埋藏成岩阶段（埋藏Ⅱ期）有机酸性水的溶解能力最强，作用时间最长，溶解强度最大，而且形成的次生孔隙容易得到保存，所以晚埋藏成岩阶段（埋藏Ⅱ期）有机酸性水的溶解作用对溶蚀孔隙的形成、储层储渗能力的改善最为重要。

火山熔岩和火山碎屑岩溶解作用的强度各异，由内因（溶解对象）和外因（溶解液和流体运移通道）两方面决定。火山碎屑岩中溶解的对象有长石晶屑，玻屑，火山集块和火山角砾中的长石斑晶、火山灰、玻璃质等；火山碎屑岩流体运移通道，一是自身发育的喉道，二是各时期形成的裂缝。火山熔岩中溶解的对象有长石斑晶、玻璃基质；流体运移通道主要是裂缝。火山碎屑岩中溶解对象的种类和数量多于火山熔岩；流体运移通道的渗流能力强于火山熔岩，因此决定了火山碎屑岩的溶解作用强于火山熔岩，形成和保存了比火山熔岩更多的溶蚀孔隙。

综上所述，徐深气田营城组一段火山岩储层的发育受构造因素、岩性岩相因素和成岩因素的影响，其中火山喷发（岩性岩相）是储层发育的基础，构造断裂作用、成岩因素是形成有效储层的重要因素。

但是，不同岩性的储层发育主控因素不同。如流纹岩储层，其主控因素是岩性岩相，其次是裂缝的沟通作用。在溢流相上部和下部亚相发育的气孔流纹岩，如气孔特发育，呈串珠状或蜂窝状连续分布，气孔间相互连通，则可形成有效储层；如气孔为孤立状，相互不连通，则必须有裂缝发育，沟通孤立的气孔，才形成有效储层。中部亚相的致密流纹岩则难以形成有效储层。

晶屑凝灰岩和熔结凝灰岩储层，其主控因素是溶解作用和裂缝的沟通作用。这两种岩性其本身发育的基质微孔不能形成有效储层，只有后期裂缝发育，发生溶解作用，产生大量溶蚀孔隙，才能形成有效储层。

火山角砾岩储层发育的控制因素主要是岩性岩相，其次是裂缝的沟通作用和溶解作用。受岩性、岩相控制，火山角砾岩储层自身孔隙和喉道发育，有一定的储渗能力，但一般较差；如有裂缝发育，进一步沟通砾间孔，且有溶解作用发生，产生次生溶蚀孔隙，则可改善该类储层的储渗能力，成为好储层。

3. 成岩阶段划分

火山岩成岩阶段分为 4 个阶段，它们分别是同生阶段、早埋藏成岩阶段（埋藏Ⅰ期）、晚埋藏成岩阶段（埋藏Ⅱ期）和表生成岩阶段（表 2-1-11）。其中晚成岩阶段又可分为Ⅰ期和Ⅱ期。与之对应的成岩环境分别是大气淡水成岩环境、浅埋藏大气淡水及地下水成岩环境、中深埋藏地下水和深埋藏有机酸性水成岩环境、暴露地表大气淡水成岩环境。与油气相对应的演化阶段分别是未成油、有机质形成生物气阶段、形成液态烃阶段和热裂解为气态烃阶段、氧化降解阶段。

表 2-1-11 火山岩成岩阶段划分

成岩阶段		成岩环境	油气演化
阶段	期		
同生成岩阶段		大气淡水	未成油
早埋藏成岩阶段	埋藏Ⅰ	浅埋藏大气淡水、地下水	有机质形成生物气
晚埋藏成岩阶段	埋藏Ⅱ	中深埋藏地下水、深埋藏有机酸性水	形成液态烃、热裂解为气态烃
表生成岩阶段		暴露地表大气淡水	氧化降解

1）同生成岩环境

该环境中包括的成岩类型主要有冷凝（却）收缩作用、挥发分的逸散作用、熔结作用、压实作用、火山热液充填作用、火山爆发隐爆作用等（表 2-1-12）。其中冷凝（却）收缩作用、挥发分的逸散作用对储集空间起建设性的作用，而熔结作用、压实作用、火山热液充填作用对储集空间起破坏性的作用。该阶段产生的主要储集空间类型有气孔、冷凝收缩缝、炸裂缝、火山角砾砾间孔、基质微孔。

表 2-1-12 徐深气田营城组火山岩主要成岩作用及其成岩环境

成岩作用类型		成岩环境			对储集空间的伤害程度（%）	与储集空间的关系
		同生	埋藏	表生		
冷凝（却）收缩作用		√			4	有利
挥发分的逸散作用		√			10	
熔结、熔浆胶结作用		√	√		9	破坏
压实、压溶作用		√	√		9	
溶解作用	长石边缘溶解作用	√	√	√	3	有利
	长石解理缝溶解作用	√	√	√	3	
	玻屑的溶解作用	√	√	√	3	
	岩屑的溶解作用		√		4	
	玻璃基质的溶解作用	√	√	√	3	
	长石中包裹体被溶解形成粒内溶孔	√	√	√	微	
	方解石交代长石，其后解石又被溶解	√	√	√	1	
	铁方解石充填缝合缝后，再被溶解形成扩大的缝合缝	√	√	√	1	

成岩作用类型		成岩环境			对储集空间的伤害程度（%）	与储集空间的关系
		同生	埋藏	表生		
交代作用	碳酸盐矿物交代作用		√		微	破坏
	石膏交代作用		√		微	
	石英交代作用		√		微	
	钠长石交代作用		√		微	
矿物的多形转变作用			√		微	
充填作用	火山热液充填作用	√	√		8	
	表生矿物充填作用			√	9	
构造作用			√	√	3	有利
风化作用				√	2	
脱玻化作用			√	√	2	

挥发分逸出形成的气孔，是熔岩流在与大气接触的条件下，岩浆中的挥发组分游离聚集，并呈气泡状向压力较小的熔岩上方逸出，从而在火山碎屑岩和熔岩中特别是在熔岩流的顶部形成的一种气孔。在熔岩流的底部，由于熔岩流与下部围岩刚接触时，下伏围岩近地表的压力较小，因此也可以产生少量气体向下逸出，形成少量逸出孔。岩心观察该类气孔大小不一，小的可到微孔，大的孔径达到 3cm。气孔呈近圆形或椭圆形，少量气孔被拉长，其方向与岩浆流动方向一致，孔壁一般较光滑，有时气孔壁被溶蚀而变得粗糙。这类气孔虽然很多，但都孤立分布，需要裂缝连通才可构成好的储层。

熔浆与下伏围岩相互作用，使围岩中的水变成水蒸气，这些水蒸气垂直上升到熔岩低部接触面处，并可进入底部熔岩内。这种气孔出现在底部扁平气孔—杏仁火山岩微相带内。气孔呈扁平状、拉长状。孔壁不光滑，边缘不圆滑，显示气孔形成时的侧向膨胀作用。这类气孔数量一般较少，气孔带薄。气孔直径大的可达几厘米。

冷凝收缩缝是在熔岩或具有熔结特征的火山岩中，由于岩浆冷凝、结晶过程中干缩、脱水、矿物相变、热力收缩形成的裂缝。收缩缝与火山岩的不均匀收缩有关，包括成岩裂缝、晶间收缩缝、晶体内微裂缝等。冷凝收缩缝常呈弧形、半圆形、圆形，分布在气孔或斑晶周围，不均匀收缩时形成网状裂缝。该段岩心顶部取心段镜下可以见到短而窄的小裂缝，该裂缝即为冷凝收缩缝。冷凝收缩缝易发部位为一套火山岩的顶底部。一部分构造裂缝（主要为高角度裂缝）被方解石充填，冷凝收缩缝内未见充填物。

炸裂缝是由于岩浆喷发时岩浆上拱力、岩浆爆发力引起的气液爆炸作用而形成的裂缝。包括砾内网状裂缝、角砾间缝、晶间缝、垂直张裂缝。

在火山喷发过程中，火山爆发力作用于围岩及其已形成的火山岩上，产生宏观裂隙和微裂隙。宏观裂隙在地震相干体切片、波形切片上等都有反映，呈放射状或同心环状。微裂隙可在岩心及镜下观察到。

2）埋藏成岩环境

在埋藏成岩环境中主要发生压实作用、溶解作用、构造作用、交代作用、充填作用、脱玻化作用等（表2-1-12）。其中溶解作用、构造作用、脱玻化作用对储集空间起建设性的作用，而压实作用、交代作用、火山热液充填作用对储集空间起破坏性的作用。该阶段产生的主要储集空间类型有溶解作用形成的各种次生孔隙、脱玻化作用形成的晶间孔、构造缝和成岩缝。

充填作用对火山岩的储集性能具有极大的破坏性，充填在气孔中的自生矿物可以部分充填孔隙，也可以全部堵塞孔隙，因此大大地降低了储层的储集性能。充填在裂缝中的矿物具有更大的破坏性，它不但占据一部分孔隙空间，更重要的是，它大大地降低了储层的渗透性。镜下观察发现，大多数样品中被矿物充填的孔隙要比剩余的孔隙多，充填作用使火山岩储集空间损失30%以上。

火山岩不稳定矿物在深埋过程中可能发生溶解作用，形成次生孔隙，是本区火山岩主要储集空间类型。由于烃源岩有机成岩作用，形成富含有机酸的流体。当这些流体进入火山岩体后，有机酸会选择性地溶蚀火山岩中的一些组分或在成岩过程中形成的新矿物。主要被溶蚀物有长石斑晶、暗色矿物及基质内微晶长石和裂缝内后期充填的方解石。溶解作用不仅可以增加火山岩的孔隙空间，还可以提高火山岩的渗透性。

火山玻璃在脱玻化过程中体积会有一定的收缩，可形成微小矿物晶体间产生孔隙空间。该类孔隙发育于球粒流纹岩球粒和晶粒间。

3）表生成岩环境

在表生成岩环境中主要发生溶解作用、充填作用、风化作用、构造作用和脱玻化作用（表2-1-12）。其中构造作用、溶解作用、风化作用和脱玻化作用对储集空间起建设性的作用，而表生矿物充填作用对储集空间起破坏性的作用。该阶段产生的主要储集空间类型有风化作用形成的风化缝、淋滤溶解孔隙，构造作用形成的构造缝，脱玻化作用形成的晶间孔等。

暴露在地表或在近地表的火山岩会经历一系列的古表生成岩作用，即风化、淋滤作用。其结果是矿物发生蚀变，岩石坚固性变差，并变得易碎。通常火山岩时代越老，经受的后生作用和构造破坏作用次数越多，孔隙和裂缝就越发育，储集性能就越好。风化、淋滤作用也可以使岩石的化学成分发生显著变化，如发生矿物的溶解、氧化、水化和碳酸盐化等。其结果为使岩石中的易溶物质被带走，增加了孔隙空间和渗透性，并削弱了岩石的坚固性。A1井大段火山岩顶部流纹质晶屑凝灰岩长石溶孔发育，成为该井最好储层。因此，风化、淋滤作用是影响火山岩储集性能的一个重要因素。

4. 火山岩储层孔隙裂缝演化

经过研究分析认为火成岩的孔隙、裂缝演化经过了四个主要的阶段：同生阶段、表生阶段、早成岩阶段和晚成岩阶段。同生阶段形成原生孔隙和裂缝，其中熔岩原生孔隙主要发育气孔、微孔，火山碎屑岩主要为砾（粒）间孔、微孔和气孔；原生裂缝有冷凝缝和层间缝。表生阶段主要是指宋西大断裂以西在营城组二段沉积期、营城组三段沉积期长期暴露地表所经历的成岩阶段，火山岩经过风化淋滤，原生孔隙和裂缝受到改造，孔隙和裂缝溶蚀扩大，储渗能力增强，在构造高部位部分井（如A1井、A1-1井）火山岩顶部形成孔缝发育的风化壳。早成岩阶段主要经历了压实、充填和溶蚀作用，压实和充填作用使孔缝减小，部分气孔被充填，形成杏仁或杏仁孔，同时，溶蚀作用对原生孔缝进行了进一步改造，储层得到了一定程度的改善；本阶段由于构造运动形成构造缝。晚成岩阶段是次生溶蚀孔隙形成的主要时期，伴随有机质的成熟，产生的有机酸性水对原孔缝的溶蚀作用明显，形成并保存了大量次生溶蚀孔缝，各类溶孔主要是在本阶段形成（图 2-1-90）。

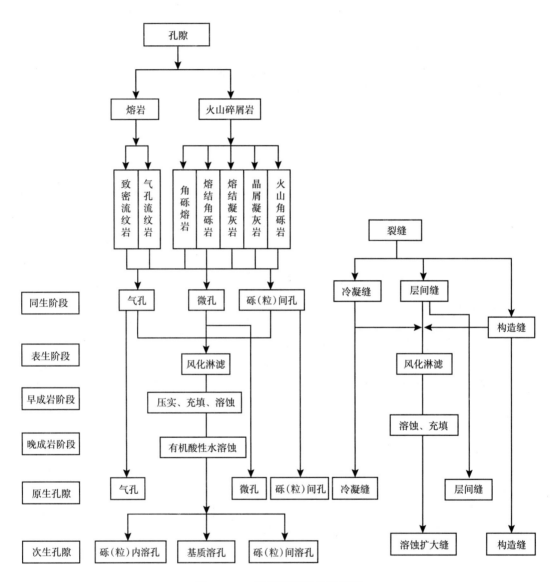

图 2-1-90　孔隙裂缝演化示意图

目前储层发育的孔隙类型中，原生孔隙有气孔、微孔和砾（粒）间孔，次生孔隙有砾（粒）内溶孔、基质内溶孔和砾（粒）间溶孔。裂缝主要有原生的冷凝缝、层间缝，埋藏成岩阶段由于构造运动形成的构造缝，以及经过各成岩阶段改造形成的溶蚀扩大缝。保存至今有效的原生孔缝，在原生孔缝基础上进行改造形成的次生孔缝，还有后期构造活动、成岩作用形成的次生孔缝共同构成了储层的储集空间和渗流通道。

第二节　构造解释技术

高品质的地震资料对于复杂的火山岩气藏来说可谓十分重要，为了获得较为理想的地震成果资料，自徐深气田发现开始就不断探索了不同的处理手段和方法技术，以期达到火山岩气藏的开发需求。2009 年之前主要停留在常规叠前时间偏移和叠后拓频这两种处理手段上，2010 年前后的一段时间，开始尝试叠前深度偏移处理技术。但由于常规叠前深度偏移耗时耗力且资料改善效果不明显，2012 年起在复杂构造区开始尝试逆时偏移处理技术并取得较好效果。

一、逆时偏移叠前深度处理技术

叠前深度偏移是获得复杂构造准确成像的唯一成像方法，其主要包括克希霍夫积分法叠前深度偏移、波动方程叠前深度偏移等。逆时叠前深度偏移技术作为一种高精度的叠前深度偏移算法，伴随计算机运算能力的大力提高，已经能很好地应用到实际生产中，为解决复杂构造成像提供了崭新的手段。

用于描述地震波场的波动方程为

$$\frac{1}{c^2}\frac{\partial^2 u}{\partial t^2} = \nabla^2 u + s \qquad (2\text{-}2\text{-}1)$$

其中

$$u = u(x,\ y,\ z,\ t)$$
$$c = c(x,\ y,\ z,\ t)$$
$$s = s(x,\ y,\ z,\ t)$$

式中　u——压力场；

c——速度场；

s——源项；

t——时间。

式（2-2-1）是一双向波动方程，其解可以精确地描述复杂的地震波的传播，包括上行波和下行波。

对于逆时偏移而言，其成像条件可以表述为

$$m_1(x) = \int F(x,t) R(x,t) \mathrm{d}t \qquad (2\text{-}2\text{-}2)$$

式中　$m(x)$——点 X 的偏移成像值；

$F(x,\ t)$，$R(x,\ t)$——点 X 处的顺时和逆时波场；

$t_\mathrm{p}^{\mathrm{sx}}$——从炮点至空间点 X 的旅行时。

这样，成像条件就可简化为

$$m(x) = \int \delta(t - t_\mathrm{p}^{\mathrm{sx}}) R(x,t) \mathrm{d}t \qquad (2\text{-}2\text{-}3)$$

逆时偏移从最终的时间 t_f 以逆时的方式偏移。在某个时间点（$t_1 < t_\mathrm{f}$）某个空间位置 X，

如果 $t_1 = t_p^{sx}$，那么点 X 处的矢量波场就记录下来了。

假设炮点波场代表下行波场，检波点波场代表上行波场，那么成像条件可以简化为

$$I(z,x) = \sum_S \sum_t S(t,z,x)R(t,z,x) \qquad (2\text{-}2\text{-}4)$$

式中　$S(t, z, x)$，$R(t, z, x)$——炮点、检波点波场；

　　　　z，x——坐标轴；

　　　　t——时间。

为了更加形象地理解式（2-2-4），特以图 2-2-1 做形象地描述。

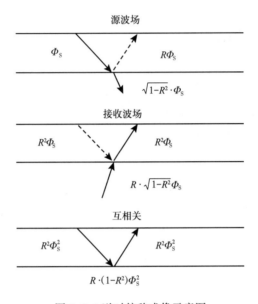

图 2-2-1 逆时偏移成像示意图

图 2-2-1 中，$\varPhi_S$ 为震源函数，R 为反射系数。

对于波阻抗差异较小的介质，这种互相关方法可行。

然而，在实际工作中，往往很难将炮检点波场区分出来，介质的波阻抗差异可能很大，如果用上述的互相关方法，会带来很大的噪声。为了压制噪声，将上述的互相关除以炮点照明：

$$I(z,x) = \sum_S \frac{\sum_t S(t,z,x)R(t,z,x)}{\sum_t S^2(t,z,x)} \qquad (2\text{-}2\text{-}5)$$

或者除以检波点照明：

$$I(z,x) = \sum_S \frac{\sum_t S(t,z,x)R_s(t,z,x)}{\sum_t R^2(t,z,x)} \qquad (2\text{-}2\text{-}6)$$

根据其技术原理，得出逆时叠前深度偏移具有如下特点：

（1）基于精确的波动方程成像方法，有效地解决了地震波传播的多路径问题，同时对于浅层区的成像，也有较大改善。

（2）适用条件宽松，适应能力强，尤其适用于陡倾角、复杂构造区及特殊地质体的成像；能较好地实现回转波成像。

（3）反时间偏移，有效避免了浅层速度误差对深层成像的影响。

（4）不受倾角限制以及速度横向变化影响。

（5）对成像速度敏感性较克希霍夫及有限差分方法弱。

（6）基于波动方程求解，保幅效果好，利于后续的岩性研究。

（7）偏移噪声低、能量聚焦好。

（8）多种偏移算法配合使用，由克希霍夫或高斯束叠前深度偏移优化模型，逆时叠前深度偏移完成数据体偏移。

由于大庆火山岩气藏目的层较深、构造复杂，尤其是火山岩下结构复杂、速度空间变化较大、地下岩性变化较大，因此对于精确成像来说，逆时偏移是最理想的成像方法。

逆时偏移叠前偏移参数的选取直接影响到叠前偏移的信噪比、分辨率和偏移运行时间，一方面要依据理论公式和经验，一方面还要做必要的试验。叠前偏移应注意以下参数的选取：偏移孔径、反假频因子、偏移最大频率等。

偏移孔径：偏移孔径决定于地下构造倾角的变化，理论上越大越好，但实际情况下孔径过大会造成偏移噪声过大，会影响到成像的质量。因此需要结合实际资料情况进行试验，在保证深层及陡倾角构造能够成像的情况下尽量选择较小的孔径，这样不但可以保证平层的成像质量，而且可以合理减少偏移时间。处理中根据实际资料的目的层深度和最大地层倾角，分别做纵向和横向的偏移孔径试验。

反假频因子：在道间距和最高频率一定的前提下，绕射波到达检波点的角度太陡，偏移剖面易出现假频现象。它会影响偏移剖面的品质，因此需要进行三维反假频滤波处理。而反假频参数的选择直接影响到偏移剖面的信噪比和分辨率。当反假频因子过小，偏移成果的分辨率高、信噪比降低；当反假频因子增大，信噪比提高、分辨率有所降低。

频率相关：包括最大频率、主频及频带范围的确定。最大频率参数过高，会产生太多噪声，影响资料的信噪比。该参数的选择要保证信噪比和分辨率的相对关系，保证最终的处理要求。偏移主频是逆时偏移特有的参数，主频的确定要按照叠前处理后的道集优势频带选择。

如图 2-2-2 所示为 A 井旁 CIG 道集和 CRP 道集对比，可以看到，逆时偏移由于其算法的优势，能够处理多路径问题，使更多的信号归位，所以 CIG 道集所包含的信息比 CRP 道集丰富得多，特别对于中深层来说，CIG 道集信息丰富，有效覆盖次数远高于 CRP 道集，因此逆时偏移更有利于中深层复杂构造的成像。如图 2-2-3 所示为逆时偏移和 PSTM 的叠加对比，逆时偏移对陡倾角地层的成像有明显改进。

逆时偏移由于其有效覆盖次数高，偏移成果信噪比较高，偏移后不需要做后续的提高信噪比处理。在本次处理中，根据解释方面的需求，对逆时偏移成果目的层进行了适当的叠后提高分辨率处理，叠后提频采用了蓝色滤波和频率加权的方式，在提频的同时保证了振幅的相对关系不被破坏。

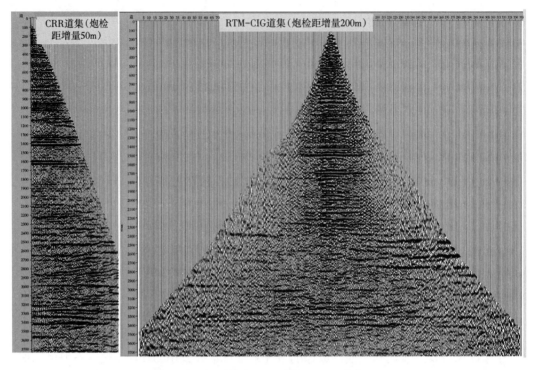

图 2-2-2　逆时偏移 CIG 道集及 CRP 道集对比

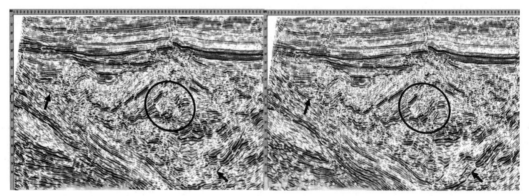

（a）克希霍夫叠前时间偏移　　　　　　　　　（b）逆时偏移（转到时间域）

图 2-2-3　逆时偏移与克希霍夫叠前时间偏移剖面对比

二、地层与气层组划分

营城组一段主要为酸性火山岩，钻井揭示的火山岩厚度为 77~989m，划分三个大的火山旋回（期次）。营城组二段为凝灰质的砂泥岩互层，营城组三段主要为湖相沉积灰黑色泥岩，随着向斜被充填，湖泊逐渐漫过地势较高的本区，进入营城组四段沉积期。营城组四段为扇三角洲—湖泊体系沉积的杂色厚层砂砾岩、含砂砾岩、粗砂岩和粉砂岩、泥质粉砂岩及泥岩互层，在徐中断裂以西营城组四段与营城组一段不整合接触，缺失营城组二段、营城组三段（表 2-2-1）。

表 2-2-1　地层简表

地层层序			标志性岩性	同位素年龄
K₁	泉头组 K₁q	二段	暗紫红色、紫褐色泥岩夹灰绿、紫灰色砂岩	
		一段	灰白、紫灰色砂岩与暗紫红色、暗褐色泥岩互层	
	登娄库组 K₁d	四段	灰褐色、灰黑色砂质泥岩与浅灰绿、灰白色和紫灰色砂岩	
		三段	灰白色块状细—中砂岩与灰褐、灰黑色砂质泥岩互层	
		二段	灰黑色砂质泥岩为主，灰与白色厚层细砂岩呈不等厚互层	
		一段	杂色砾岩，顶部夹砂岩	
	营城组 K₁yc	四段	灰黑、紫褐色砂泥岩、绿灰、灰白色砂砾岩	（120~130）Ma
		三段	中性火山岩为主，常见类型有安山岩、安山玄武岩	
		二段	灰黑色砂泥岩、绿灰和杂色砂砾岩，有时夹数层煤	
		一段	酸性火山岩为主，常见类型有流纹岩、紫红色、灰白色凝灰岩	
	沙河子组 K₁sh	上段	砂泥岩，局部地区见有蓝灰、黄绿色酸性凝灰岩	（130~145）Ma
		下段	砂泥岩夹煤层，常为稳定的可开采煤层（5~6层）	
J₂	火石岭组 J₂h	二段	上部安山岩夹碎屑岩，下部安山玄武岩、玄武岩	（145~155）Ma
		一段	粗碎屑岩夹凝灰岩	
基底 C—P			板岩、千枚岩等，变质程度中—高；另有海西期侵入的花岗岩、花岗片麻岩等	

营城组一段与上覆营城组四段二者之间为角度不整合接触；该不整合面从地震剖面上可以识别和连续追踪，一般情况下营城组一段测井曲线为高电阻、高伽马特征（图 2-2-4），营城组四段底部是一套伽马值较高、低电阻率的泥岩段。营城组一段与下伏沙河子组之间是角度不整合接触，该不整合面从地震剖面上可以识别和连续追踪。在测井曲线上，沙河子组顶部则为低伽马、低电阻率的泥岩（图 2-2-5）。

1. 火山岩地层对比思路

火山岩地质分层是依据地层的接触关系、火山岩喷发旋回及期次关系等要素，建立研究区范围内各井层组之间的等时对应关系的过程。合理的地层划分是构造解释及储层预测的基础。

在尊重前人研究成果的同时，充分利用钻井的录井和测井资料及三维地震资料，以岩性组合特征为基础，以电性旋回特征为依据，对研究区营城组一段、营城组三段火山岩地层进行厘定，建立全区一致的等时地层对比格架，确定地层划分方案。开展全区钻井—测井—地震联合多元地层分层，通过井震宏观一致性对比，明确各组段地层特征，调整钻井分层，保证了钻井地质分层的准确性和地震解释层位的可靠性。

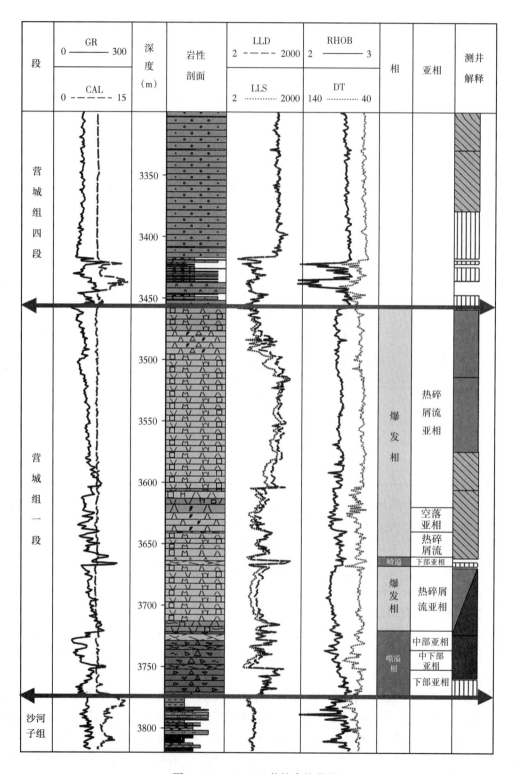

图 2-2-4　A1-304 井综合柱状图

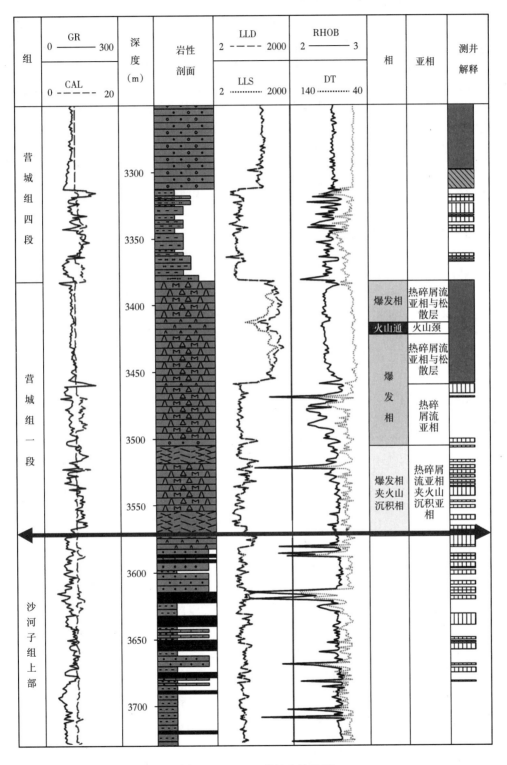

图 2-2-5 A1-4 井综合柱状图

2.火山岩岩性对比法

岩性对比是小范围内常用的对比方法,其依据是火山岩喷发原理以及在喷发物堆积过程中相邻地区岩性的相似性、岩性变化的顺序性和连续性。利用岩石的颜色、成分、岩性、结构、构造和旋回性等特征进行岩性分层,进而做井间地层的对比。岩性变化必然导致测井曲线的差异,因此,可利用测井曲线间接地进行岩性对比。测井曲线对比,是根据同层相邻井曲线的相似性,或根据几个稳定的电性标志层做控制,且考虑相变来进行的。利用测井曲线进行地层对比的优越性在于它提供了所有井孔全井段的连续记录,更重要的是,它的深度比较正确,并能从不同侧面反映岩石的属性。

3.火山岩旋回对比法

旋回对比法的依据是:火山喷发往往表现为岩性、成分和喷发强度有规律的周期性变化,这种变化称为喷发旋回,它常与特定的构造运动相联系。根据一定区域内的这种旋回变化规律,可以进行旋回对比。

4.组合测井曲线特征对比法

一定地质历史时期内,特定的构造运动导致的火山喷发物是相似的,其测井曲线组合特征也应该具有一定的相似性。在缺乏标志层时,这种相似性可作为邻井地层对比的依据。

组合测井曲线特征对比方法分单一曲线特征对比和多曲线特征对比。单一曲线特征对比是利用单条曲线的纵向序列特征,通过图形模式识别,进行不同井点之间的对比。多曲线对比即利用多条曲线构成的深度序列组合特征进行对比。

在单一曲线特征不明显,无法确定对比标志时,可以通过多条曲线的多种特征共同判断,具体步骤为:(1)在单井层组初步划分的基础上,以上述方法原则为指导,建立井震格架剖面,按照"点—线—面"的顺序展开对比,达到全区闭合;(2)利用标准层和喷发旋回对比层组;(3)连接对比线,进行多井闭合;(4)对比过程进行地质分析和动态验证,通过分析各层成因与结构特征,用火山岩岩相、岩性观点消除在对比中出现的特征异常现象;(5)对比划分成果在地震剖面上反复标定修改,达到井震一致;(6)经过反复分析与推敲,最终确定全区井震地层对比格架,编制工区内各井的喷发期次数据表,完成营一段、营三段顶底面及火山岩喷发旋回、喷发期次的划分。

最后与地震反射特征信息紧密结合,采取多井任意线闭合检测,相互验证,保证了井间层位划分对比及各井断点位置与地震相位解释结果的一致性,确保地层对比结果的可靠性和区域的统一性。

参照前人划分对比方案,在大层划分对比基础上,对营城组火山岩开展旋回和期次的划分对比。营城组一段以酸性火山岩为主,火山岩厚度77~989m,可划分3个喷发旋回(气层组)和5个喷发期次(小层);营城组三段内酸性、中基性火山岩皆有发育,火山岩厚度为86~698m,上部酸性火山岩,下部中基性火山岩,各划分为3个火山喷发期次,细分为4个小层。

三、解释技术

层位标定是连接地震、测井、地质的桥梁,是构造解释的关键。层位标定的准确与否直接关系到储层预测的成败,只有准确地标定,才有可能利用地震资料比较准确地描述储层的几何形态以及其他有关参数。层位标定方法有多种，如平均速度、VSP、合成记录等，本区的层位标定是以钻井分层结果为依据，以测井信息为桥梁，以地震地质剖面为基础，通过全方位联井剖面拉网对比的人工合成记录标定方法。

1. 层位标定基本原则

（1）利用井旁地震剖面上的断点与井地质分层断点的一一对应关系，验证并校正所用速度的准确性。

（2）制作合成地震记录时，对声波测井曲线进行环境校正，消除井径变化的影响。

（3）有密度测井资料的井在制作合成地震记录时一定要利用。

（4）多井标定，在目的层反射特征相变较大的地区，不同断块内选有代表性的多口井进行标定，可帮助了解各断块的波组特征变化情况。

（5）标准井选择：选择地层全、断层少、产状较平缓、井旁地震资料特征清楚、声波时差曲线受井壁坍塌、钻井液浸泡等因素影响少的作为标准井。

（6）子波选取：在制作合成记录时，分别用带通子波、雷克子波和从井旁道地震资料提取子波制作合成记录，并进行对比。

选取制作本区合成地震记录井的原则是：第一，井旁地震记录质量可靠，尽量不过断层，且井位尽量位于断块中间部位；第二，测井资料可靠，测井井段较长；第三，分布在不同的相带，具有区块代表性。

2. 子波选择试验

用相同的测井声波曲线，采用不同的子波制作合成记录，会得到与实际剖面匹配效果不同的合成记录。因此利用不同的子波进行试验，先后利用雷克子波、实际井旁地震道提取的最小相位子波、零相位子波分别制作合成记录。通过频谱分析可知，深层地震资料的主频带范围为 20~30Hz，所以先合成与其频宽匹配的理论雷克子波；用这些理论子波与测井阻抗曲线生成合成地震记录，将二者的主要波组对齐，选择合适的时窗（含有目的层段，起始时间尽量选在地震反射较弱或无反射的时间段），进行地震子波提取，利用新提取的子波产生新的合成地震记录；调整时深关系曲线，使合成地震记录逐渐逼近实际地震道；重复上述步骤，直到获得的合成记录与地震记录达到最佳匹配为止。用这种方法求取的子波，其合成记录与实际记录的频带一致，与实际地震记录波组关系对应关系良好。经标定认为此三维地震资料为正极性剖面。

3. 连井剖面上的层位标定

为了进一步检验标定的准确性，在单井合成记录标定的基础上，将制作过合成记录的各井在三维数据体中作连井线，检查各井是否都标定到同一层位上。如果有与层位不吻合的井，要对速度曲线进行分析和再校正，重新制作合成记录，直到吻合为止，最后使合成记录标定的层位在三维数据体中都追踪到同一层面上。

4. 构造解释技术

（1）利用多套数据体联合解释断层技术。

为了提高断层解释精度，针对火山岩地层地震资料特点，可采用"多套数据体联合解释断层技术"。该项技术利用三维数据体分别从平面、剖面、空间不同角度对断层进行精细解释，特别注意小断层的解释和发现。

①平面断层解释技术：包括地震数据体时间切片解释技术、相干体时间切片解释技

术、断层倾角分析技术。利用这些技术可以快速、简便地进行断面在三维空间的闭合，快捷准确地反映出断层的平面分布特点，使较小的断层显示更加清楚。

②剖面断层解释技术：指并列多线联合解释技术、任意线联合解释技术及剖面纵向放大和缩小解释技术。利用这项技术可确定断层在剖面和平面上的位置。

③空间断层解释技术：指三维可视化解释技术。利用这一技术进行断层组合，能够直观地反映出断层的空间分布特点和相互交接关系，并能直观地检查和验证断层解释的合理性，是检验解释人员基本功的有力工具。

上述方法对观察识别断层、断层尖灭点、断层接触关系、确定断层位置进行断点组合、减少断层解释的多解性起到了重要作用，使断层解释更加合理。

（2）利用三维数据体精细构造解释技术进行层位解释。

在构造解释过程中除充分运用已成熟的常规配套相关技术外，针对火山岩气层各喷发期次反射特征差异大、对比解释难度大的特点，主要采用了"三维体构造精细解释技术"。这项技术包括：全三维数据体构造解释技术、三维可视化解释技术、三维可视化解释与验证技术、三维可视化综合解释技术。

利用上述技术，在解释中充分使用工作站，可以灵活运用多种属性数据体，加密解释网格，具备可以拉长、压缩剖面，可以随时观察任意线、水平切片、三维数据体等优势，确保各喷发期次及火山体层位统一，不漏掉小的圈闭，使解释成果更加接近实际地质情况。

在层位标定基础上，首先开展全区井震格架剖面的解释及闭合，再进行大网格构造解释，通过过井主测线、联络测线及（连井）任意测线的闭合解释，建立研究区构造格架，形成32×32测网密度的骨干剖面构造解释网。通过骨干剖面的解释，了解工区内火山岩各喷发期次的地震反射变化特征、工区内构造整体特征和断层展布特征，确定全区大的解释方案，进而在其基础上不断加密解释，不断细化解释层位和断层。解释过程中采用的方法：利用火山岩反射波的波形特征、波组关系、同相轴的连续程度等特征来识别各层顶、底界面反射；在信噪比低、连续性不好的剖面对比中，主要利用被追踪同相轴与上下反射波组关系来进行解释；利用火山岩爆发相、溢流相、火山沉积相的不同反射特征，精细解释不同喷发期次的反射界面；精细刻画反射波突然消失、产状突变的细节，把握拉张环境下构造的整体格局，认真细致地对比追踪。

火山岩地层与上覆地层及下伏地层主要为不整合接触，在建立格架及划分地层层序的过程中，对不整合面进行识别和追踪，大部分区域可连续追踪，部分区域难以连续追踪，主要以走包络面为主，通过地震剖面上反射终止现象，识别不连续界面，地震反射终止类型有三种：削截、断超、超覆。

削截：下伏地层沉积之后经过构造运动抬升后遭受剥蚀，在地震剖面上表现为层序顶部反射终止的特征。本区深层构造活动强烈，削截现象清晰（图2-2-6）。

超覆：上覆地层超覆于下伏地层之上，为水域扩大情况下逐渐超覆的沉积现象，地震剖面上表现为上覆反射终止于下伏倾斜反射波之上。例如工区中营城组一段Ⅲ气层组（$YC_1Ⅲ$）超覆在T4-1不整合面之上，营三段Ⅱ气层组（$YC_3Ⅱ$）超覆在T4c之上，A、B为超覆点（图2-27）。

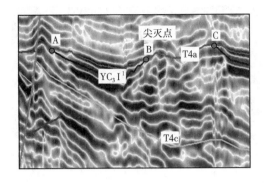

图 2-2-6　Trace1143 地震解释剖面（削截现象）

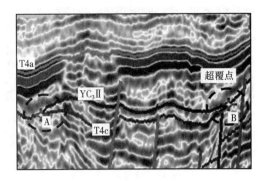

图 2-2-7　Line1097 地震解释剖面（超覆现象）

断超：由断层控制沉积边界，一般为地震反射波终止于断面上。工区西南部贯穿的大断裂，所控制的断陷内部营城组气层组均为断超（图 2-2-8）。

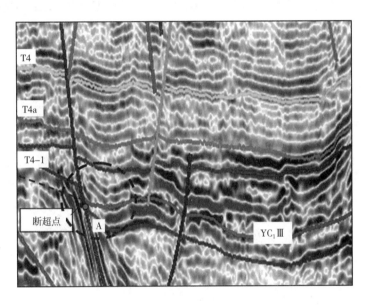

图 2-2-8　Line1097 地震解释剖面（断超现象）

总体来说，工区内各大层同相轴连续，地震反射界面较清楚，容易对比追踪。而营城组一段及营城组三段内部火山岩极其发育，同相轴杂乱不连续，因此在解释过程中要注意特殊地质现象的解释。

（1）火山通道的层位解释：火山通道同相轴杂乱，产状与围岩明显不同、纵向呈条带状与深大断裂沟通，层位解释参照上下标准层产状平行解释（图 2-2-9）。

（2）火山口及爆发相层位解释：由于火山口及爆发相呈同相轴杂乱无层状特征，因此解释气层组及其小层需按照上下标志层的产状平行解释（图 2-2-10）。

（3）不同火山体之间的层位解释：由于不同火山体反射特征、地层产状存在明显差异，因此，解释应在精细标定及全区闭合基础上，平行于上下标准层产状解释。

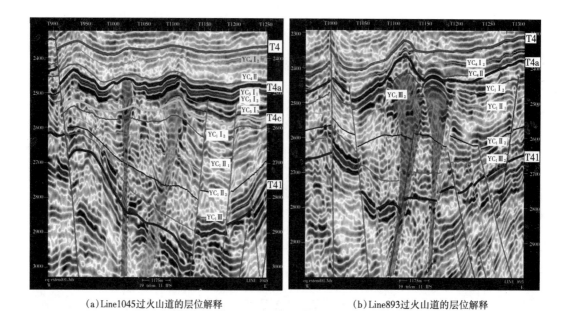

(a)Line1045过火山道的层位解释　　　　　　　(b)Line893过火山道的层位解释

图 2-2-9　Line1045、Line893 过火山通道地震剖面

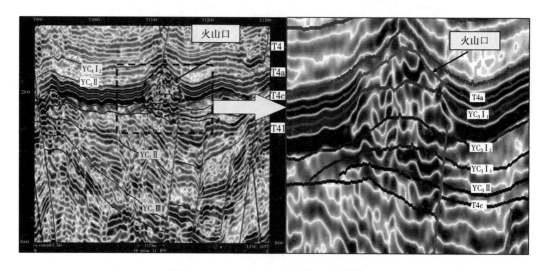

图 2-2-10　Line1077 过火山口地震剖面

第三节　火山体精细刻画技术

　　根据前人的研究成果可知，火山的喷发与板块的活动有直接联系，火山的喷发方式按火山通道形态可分成三种：中心式喷发（Central-Venteruption）、裂隙式喷发（Fissure Eruption）和复合式（裂隙＋中心式）喷发。对照国内外（如冰岛拉基火山为裂隙＋中心式喷发）的火山外形特征和岩性特征（图 2-3-1），徐深气田火山岩气藏火山喷发方式是复合式喷发，以中心式喷发为主。主要依据是：第一，喷发中心——火山口沿徐中断裂带两侧定向排列成串珠状分布，排列方式与徐中断裂走向基本一致，具有裂隙式展布特征；

第二，火山口明显，喷发能量强，以爆发作用为主，主要岩性为火山碎屑岩，其次为熔岩（图2-3-2）；第三，地震剖面上可见明显的火山口，反射结构外形呈丘状，其内部呈反射杂乱或空白弱反射，火山口下方存在明显的断裂或裂缝。

图2-3-1　冰岛拉基火山（裂隙＋中心式喷发）

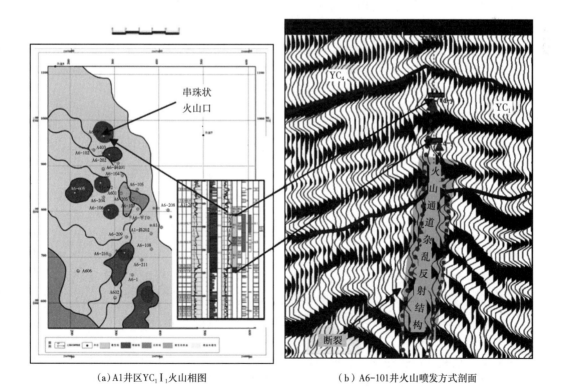

（a）A1井区YC₁I₁火山相图　　　　　　（b）A6-101井火山喷发方式剖面

图 2-3-2　YC₁I₁火山岩相图及 A6-101 井火山喷发方式剖面

一、三级火山体刻画

火山体是指火山通道、火山口、火山锥、放射状和环状岩墙群等与火山作用有关的岩石—构造体。火山通道是岩浆由地下上升的通道，是界定火山体的重要部位。

火山体的识别，对火山岩油气藏的勘探和开发具有十分重要的作用。火山体主体分布区，一直是国内外油气勘探生产公司的勘探目标。火山体主体控制着火山岩体相带的分布，而且也常常是火山岩有利储层的发育区、油气的高产区。因此，寻找火山体主体位置，在火山岩气藏勘探开发中显得异常重要。

火山喷发物外部形态常常具有近似对称的八字形反射结构（局部物源），也常呈现上部为地堑，下部为从通道中心向四周由高至低的背斜构造带。火山体特有地震波反射结构，为识别火山体提供了更直观的信息。

依据本区的地震地质划分结果，营城组一段酸性火山岩地层由两个喷发间断间隔，分为三个小层，内部再细分为多个喷发期次（图2-3-3）；营城组三段火山岩包括上部酸性岩和下部的中基性岩，内部分别识别出三个小层，内部再细分为多个喷发期次。地层划分使得原本复杂的火山岩地貌变得更加复杂，要在这种情况下厘清单个火山体难度非常大。本次研究认为火山体是火山喷发形成的堆积物的总称，对火山体进行三个级别的划分

一级火山体：即多期喷发火山体的叠合，A区块，营城组一段火山自下而上可划分为三期喷发系列，单独只是一期的火山体在已钻井中没有见到，至少为两个期次。因此，对于同一地理位置的火山体都是多期的，归为一级火山体。如A1井火山体，自下而上由三期组成，在第一期中只见爆发相，没见火山通道相，在第二期和第三期中分别见到两处火山通道相，第三期的火山通道相厚度可达28m，表明火山喷发的能量相当大。经过多期喷发改造，火山内部反射呈明显杂乱状，向两侧呈明显的楔状形态，以下超方式收敛于下部的反射同相轴上（图2-3-4）。火山体之下发育多条断层，反射杂乱，地层倾角较大，表明火山的改造作用较为强烈，火山通道与其下的断层混杂构成火山通道带。

二级火山体：由于火山活动能量较强，在一个喷发期次中，同一地点附近喷发多次，产生了多种岩性、多种相序复合叠加，但其中至少要有一种是火山通道相，表明火山体的中心位置。此种机构能量较强，规模从几千米到几万米，在其附近往往有断裂相随，是本区最多的一种喷发机构。如A602井火山体，在营城组第一期的喷发中，见到了两处火山通道相，表明该处发生了两次喷发，在该井的东侧有一条长期发育的断层，火山通道在该井点处不是特别明显，但从地震剖面的反射结构来看，该井的两侧呈反"八"字的下凹特征，与现今火山口的形态十分相似，其正下方的反射同相轴呈同样的反射形态，可以推断火山通道就在其正下方。

如图2-3-5所示，出了另一个在一个喷发期次中至少可以判断出有5次喷发的火山体——A5井火山体，该火山体喷发非常剧烈，从地震剖面上可以看出，从A5井向东西两侧反射结构呈楔形剧变，最大厚度可达350m；从主测线和联络测线的火山体外形来看，两轴基本对称，呈穹窿状，两轴长约5.9km，东西方向被徐中断裂切割，形态不完整，火山体内部反射杂乱，总体呈楔形，向下以下超方式终结在T4-1反射同相轴上。由地震剖面可看出，其下断层发育，地层破碎，因此可能存在多条火山通道，共同构成一个火山通道带。火山岩岩性以火山角砾岩、流纹岩及流纹质凝灰岩为主。

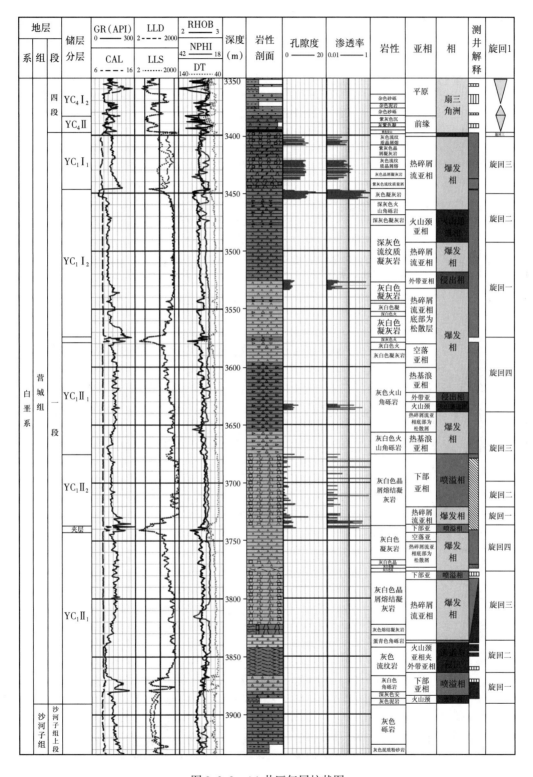

图 2-3-3 A1 井区气层柱状图

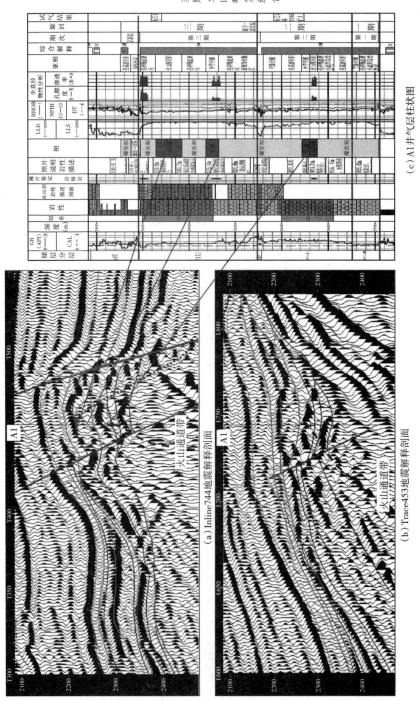

图 2-3-4　A1 井多期喷发火山机构（一级）实例

（a）Inline744 地震解释剖面

（b）Trace453 地震解释剖面

（c）A1 井气层柱状图

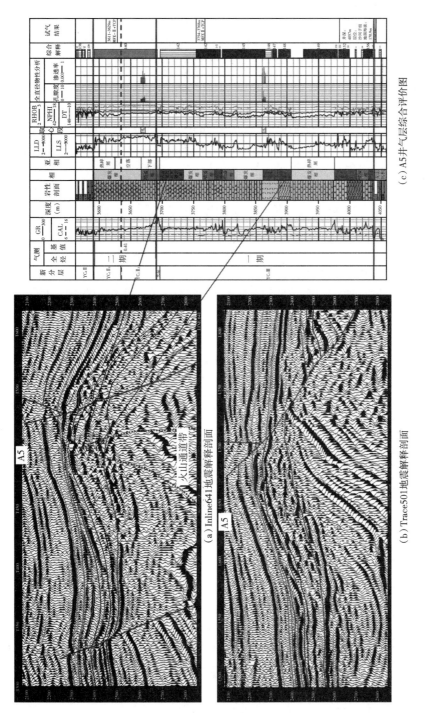

（c）A5井气层综合评价图

（a）Inline641地震解释剖面

火山通道带

A5

（b）Trace501地震解释剖面

A5

图 2-3-5　A5 多次喷发火山机构（二级）实例

三级火山体：为一次火山喷发期所形成，有完整或不完整的火山岩相序，但至少包含一种火山通道相，表明火山体的中心所在，否则它可能属于别的火山体的一部分。一般这种低级序的火山体能量相对较小，喷发作用波及范围也较小，从几百米到一两千米。如 A6-108 井火山在 YC_1II_1 时期有火山通道相，其下为喷溢相，是营城组一段的第二喷发期次第二喷发旋回形成的一个三级火山体（图 2-3-6），地震反射外形呈丘状，火山主体以喷溢为主，地震剖面上呈中低频强连续反射特征，相对高差在 100m 左右。

1. 火山体地震识别与刻画

1）火山体的地震剖面特征

A 区块大部分火山喷发沿徐中断裂及其两侧的次级张性断裂分布，徐中断裂为深大断裂，自沙河子组沉积以后，断裂强烈活动，成为岩浆活动的主要通道，喷发模式是沿裂隙成串状分布的中心式喷发。营城组火山岩以酸性为主，酸性熔岩黏度大，火山喷发比较猛烈，多为爆炸式喷发，以火山碎屑物为主，在火山口附近形成火山锥，或者火山碎屑物从空中坠落堆集成火山碎屑岩，或为热碎屑流堆积而成的熔结火山碎屑岩或火山撕裂屑溅落的熔结角砾岩、集块岩。酸性熔岩黏度大、流动性差，因此，多形成距离短而厚度大的熔岩流层。以溢流为主的喷发火山形成盾型火山，火山口附近厚度较大。

不同的喷发方式和地下物源特征决定了火山的形态和岩性特征，在地震剖面上产生不同的反射特点，通过对地震剖面的精细标定和精细解释，发现本区的火山体在地震剖面上的特征可以归为三类。

Ⅰ类——杂乱状反射火山体：发育在徐中断裂及其下降盘分布的火山，由于有早期发育的大断裂通道，火山岩相对容易喷出，所以喷发强度大，形成的火山锥体高度可达 200 多米（附表 1）。地震反射外形呈楔状，倾角大。反射结构：以杂乱为主，局部空白无反射结构。地震同相轴形态：强振幅、断续、中低频、蚯蚓状。如图 2-3-7 与图 2-3-8 所示。反射以下超的方式终止，层层下超在下部的反射界面上。这些火山体主要分布在徐中断裂附近及工区的东部。

Ⅱ类——层状反射火山体：发育在工区的西部，火山通道主要来源于下部沙河子早期形成的断裂或裂缝，火山喷发强度相对较小，火山碎屑物从空中坠落堆集成火山碎屑岩，或由热碎屑流堆积而成，多期喷发叠置构成了层状反射火山体，火山体边界不清晰。这类火山体是 A1 井区发育最多的一种类型。地震反射外形：层状，倾角较小。反射结构：平行、亚平行反射，偶有斜交反射伴随。地震同相轴形态：中强振幅、连续、中低频率，火山体的高部位，多以高频弱反射出现。反射终止方式：不明显、如图 2-3-9 与图 2-3-10 所示。

Ⅲ类——盾型反射火山体，发育规模较小，以单期火山出现，以裂缝式喷发、喷溢相为主，岩性主要为流纹岩，火山通道不明显。地震反射外形：盾状，火山岩地层倾角较小，一般介于以上两种之间。反射结构：平行、亚平行反射结构。地震同相轴形态：强振幅、连续、中低频率。反射终止方式：削截终止（图 2-3-11）。

2）火山体的地震识别与对比

（1）趋势面分析技术确定火山体的主要发育部位。

所有火山体都是岩浆由地下上升到地面的产物，因此无一例外，在原始的地平面上形成一个正向构造单元，通过精细的地震构造解释已经得到了火山体叠加到原始地平面上的

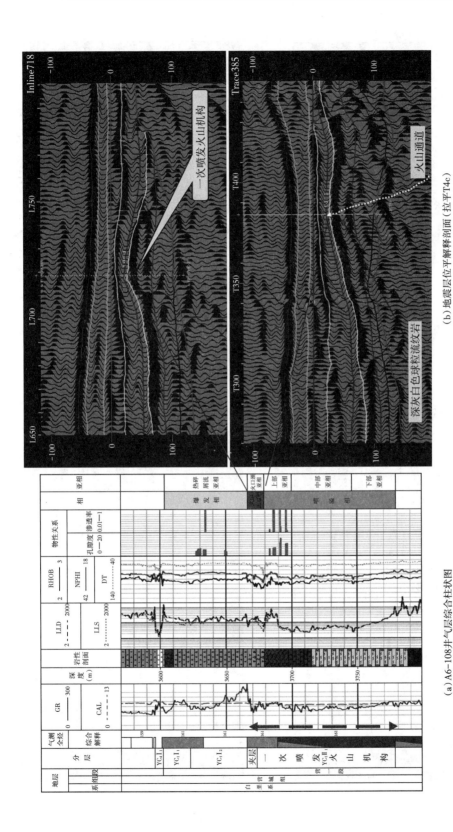

（a）A6-108井气层综合柱状图

（b）地震层位拉平解释剖面（拉平T4c）

图2-3-6 A6-108一次喷发火山机构实例

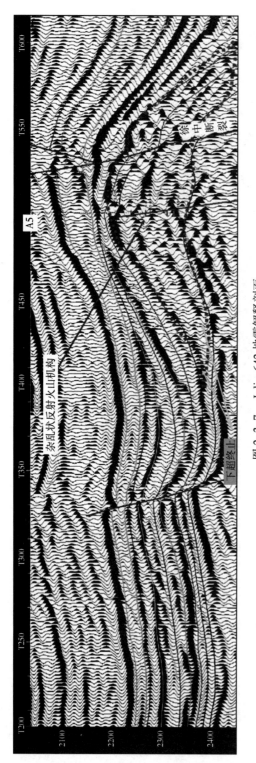

图 2-3-7　Inline642 地震解释剖面

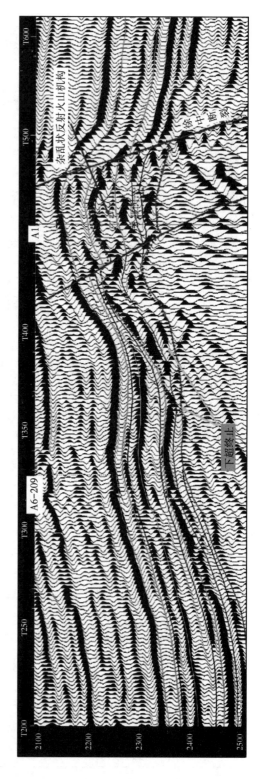

图 2-3-8　Inline744 地震解释剖面

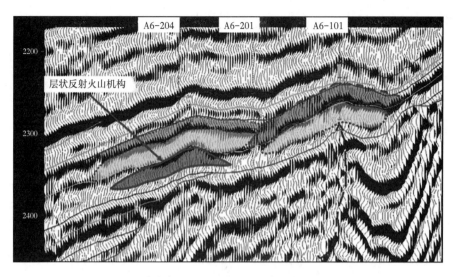

图 2-3-9　Trace 275 地震解释剖面

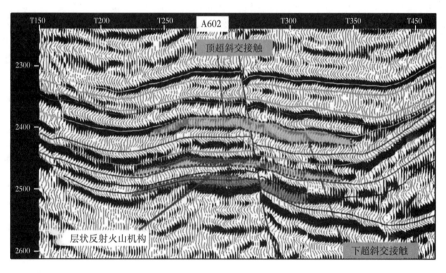

图 2-3-10　Inline 610 地震解释剖面

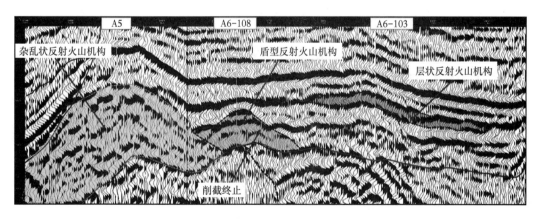

图 2-3-11　A5-A6-108-A6-103 连井地震解释剖面

构造形态，对现今的构造面做平滑滤波（滤波半径可以通过地震剖面观察火山体的规模来确定，一般在面元25m×25m的地震数据中，21点的中值滤波可以反映0.25km²的构造差异）可以得到一个相对的构造趋势面，将趋势面深度减去原构造面深度，得到剩余构造深度图，并对剩余构造深度图进行古构造发育史分析和地质研究，确定其可靠程度及成因，去除断层、地层尖灭点等不是火山体因素产生的剩余构造差部分，剩余差值构造图就是火山体的主要发育部位。

如图2-3-12所示为利用构造趋势面法识别火山体的两条剖面，在剖面Trace275线上，利用趋势面法可以识别出营城组一段顶面。在A6-204井、A6-101井及A6-101北存在正向剩余构造差，在A6-204井、A6-101井的$YC_1 I_1$上分别见到了火山通道相，证实了火山体的存在，而A6-101井以北，下部沙河子组地层挠倾剧烈，存在火山体的可能性也非常大，因此当作预测的火山体部分保留下来。

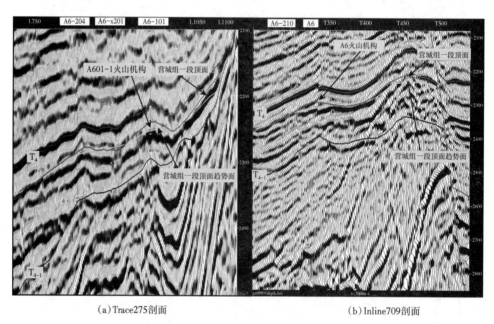

| (a) Trace275剖面 | (b) Inline709剖面 |

图2-3-12　营城组一段顶面构造趋势面法识别火山体

在Inline709测线上徐中断裂上升盘部分营城组一段顶面被识别出两个剩余构造，其中A6井在$YC_1 I_1$上见到火山通道相，证实了火山体的存在。在该火山体的翼部A6-210井，该段火山岩定为爆发相，趋势面法把该井识别在火山体的翼部，符合火山喷发的一般规律，证明趋势面参数选取基本合适。

$YC_1 I_1$利用趋势面法识别出了3个火山体，如图2-3-13所示，可以看出存在剩余构造较高的部位，均有钻井钻遇火山通道相，进一步证实了识别的火山体的存在性。

如图2-3-14所示为利用趋势面法识别的$YC_1 I_2$的火山体的分布，可以看出，$YC_1 I_2$存在A6-101井、A601井、A6-1井、A1-3井、A1井等5个较大的剩余构造，指示着5个火山体。

同样的方法识别了$YC_1 II_1$的剩余构造分布，本层趋势面较好地识别出了A5井、A1井、A1-3井、A6-108井、A6-1井、A6-209井等6个三级火山体，这些井在$YC_1 II_1$气层组上均钻遇了火山通道相，证实了火山体的可靠性（图2-3-15）。

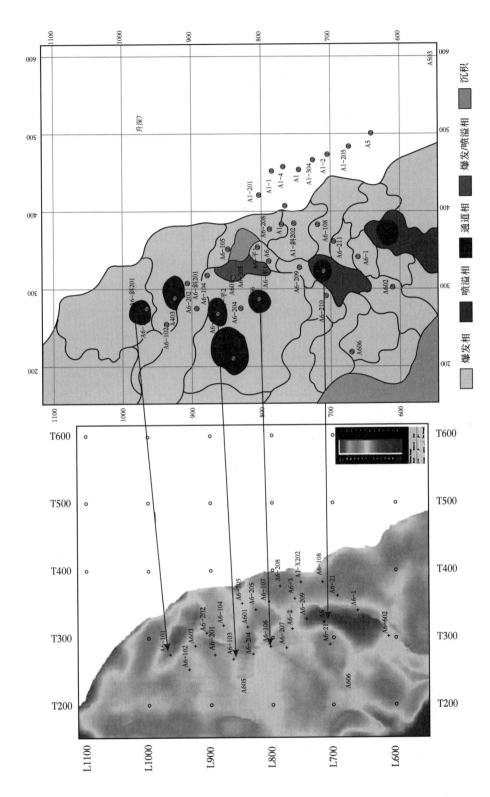

图2-3-13　YC₁ I 剩余构造图与火山岩岩相图对比

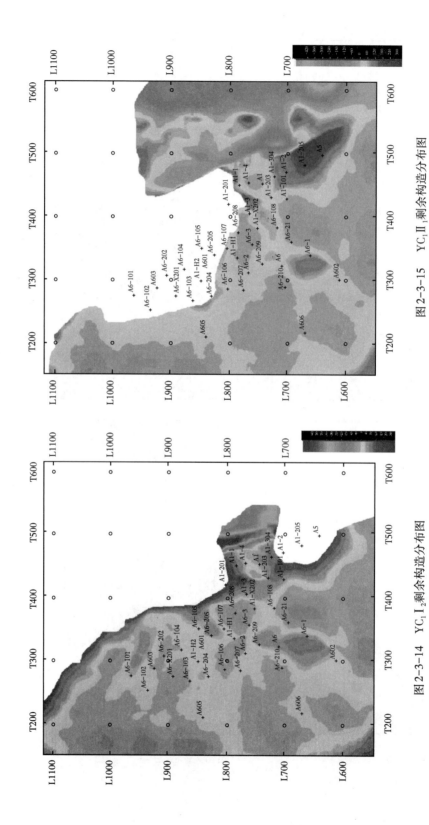

图 2-3-15 YC₁Ⅱ₁剩余构造分布图

图 2-3-14 YC₁Ⅰ₂剩余构造分布图

如图 2-3-16 所示为 YC_1II_2 的剩余构造分布，在 A1-1 井、A1-3 井、A5 井、A602 井附近均存在较大的剩余构造差，表明可能存在火山体，其中 A1-3 井的火山通道相证实了该三级火山体的真实性。

如图 2-3-17 所示为 YC_1III 顶面的剩余构造分布，由其可以识别出 A5—A1-304 井和 A602 井两大二级火山体，A602 井和 A5 井分别见到了多处火山通道相，证实两个火山体的真实性。

（2）地震等时切片识别火山体的空间分布。

由于火山岩的形成有多期性，物质有多样性，所以不仅在地震剖面上有自身的特殊结构，同时在水平切片上也有其独特之处。

本区营城组不同级别的火山体主体反射振幅差异较大，靠近徐中断裂的 I 类火山体总的来看为强振幅、低频、断续、杂乱反射，在水平切片上较好识别，在水平切片上火山口喷发中心附近地震反射表现为不规则漩涡式环状反射结构，随着深度增加，环形呈不断扩大趋势（图 2-3-18 与图 2-3-19）；与沙河子组的陡倾角密集条带反射呈不整合接触，反射界线清晰。

工区西部的火山体受徐深断裂的影响较小，地震反射呈亚平行层状结构，火山体的高部位，地震反射呈弱振幅、相对杂乱，水平切片同相轴呈现出环形弱振幅特征，与周围的强反射差别较大，可以较好地识别出来（图 2-3-20 与图 2-3-21），随时间的增大，环形变大。

盾形火山，在工区内较少，如图 2-3-22 与图 2-3-23 所示为其中的一个例子，由水平切片可以明显看出，该火山的外形较其他两种火山体外形清楚，呈草帽状，火山体内部为强反射，与外部反射呈削截接触。

（3）相干体等时切片识别火山口位置。

火山喷发强大的动力对火山口附近的地层产生强烈的破坏作用，形成了众多的断裂、微断裂和裂缝，基于本征值的相干算法能够较好地对其识别，因此可以明确火山口的分布位置，如图 2-3-24 与图 2-3-25 所示为两张相干体切片，可以看出，对应以上所识别的火山体上，均表现出不相干特征，火山口附近的不相干特征为网状杂乱结构，与沙河子组陡倾角地层形成的直线状、不相干特征有明显差别。从图中还可以看出，I 类的火山体比 II 类火山体更不相干，也就是可能裂缝更发育。

（4）底面拉平古地理恢复识别法识别火山体分布。

被构造运动改造的古火山，现今不一定都表现为火山构造高。尤其在徐中断裂的下降盘，受断裂影响，地层破碎，倾角较大，水平切片、相干体较难识别，在趋势面识别的基础上通过底面拉平恢复火山形态，帮助辨认和确定火山体是否存在（图 2-3-26）。在层拉平前火山体 1 的位置比较明显，而火山体 2 和火山体 3 的位置是否是火山主体部位不明显，拉平营一段底后可以清晰地显示火山体的存在。

利用层拉平技术还可以较好了解火山体之间的差异。如图 2-3-27 所示为 A5—A6-101 的一条连井对比剖面，在拉平前的地震剖面上很难识别出 A6-108 处是一个火山体，但通过层拉平剖面，该机构就变得特别明显。同时还可以看出，火山体的岩体高度由南向北逐渐变小，火山体由南向北时代逐渐变新，意味着火山体喷发强度由南向北减弱，火山活动能量早期较晚期减弱，表征了火山由发生逐渐到衰退的一个过程，符合火山喷发的一般规律。

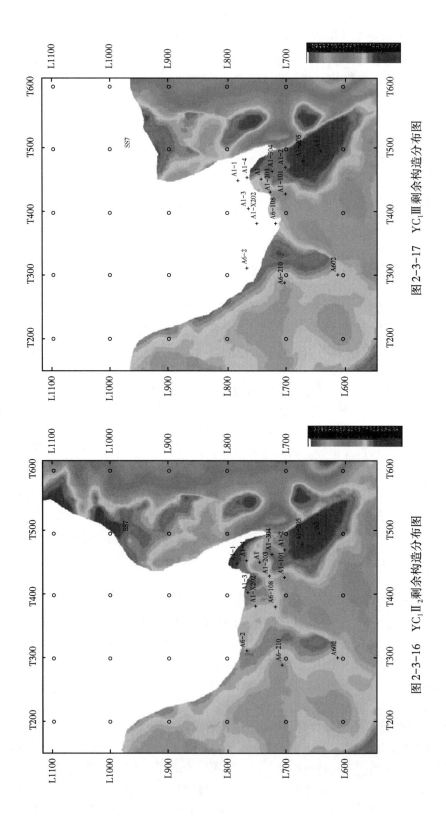

图 2-3-17　YC₁Ⅲ剩余构造分布图

图 2-3-16　YC₁Ⅱ₂剩余构造分布图

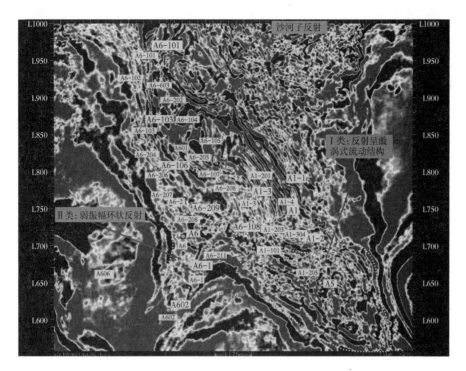

图 2-3-18　地震等时切片识别火山机构（2040ms）

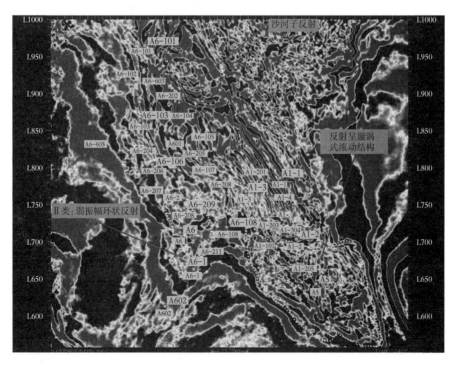

图 2-3-19　地震等时切片识别火山机构（2405ms）

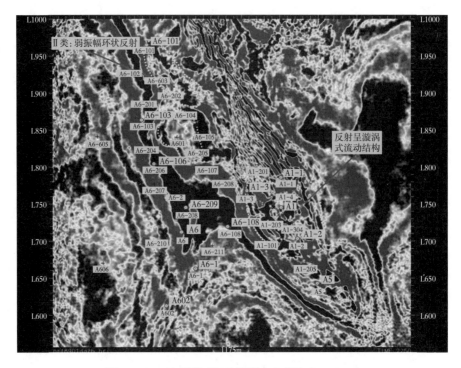

图 2-3-20　地震等时切片识别火山机构（2250ms）

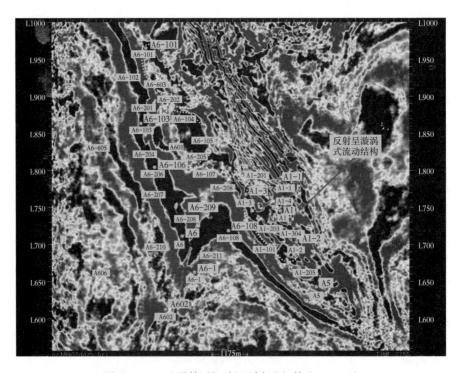

图 2-3-21　地震等时切片识别火山机构（2255ms）

图 2-3-22 地震等时切片识别火山机构（2340ms）

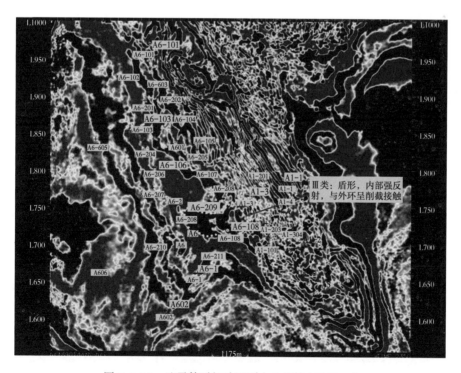

图 2-3-23 地震等时切片识别火山机构（2350ms）

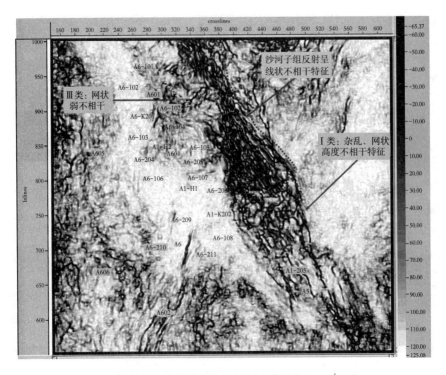

图 2-3-24 相干体等时切片识别火山机构（2255ms）

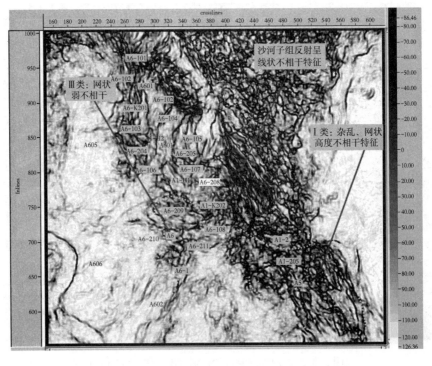

图 2-3-25 相干体等时切片识别火山机构（2420ms）

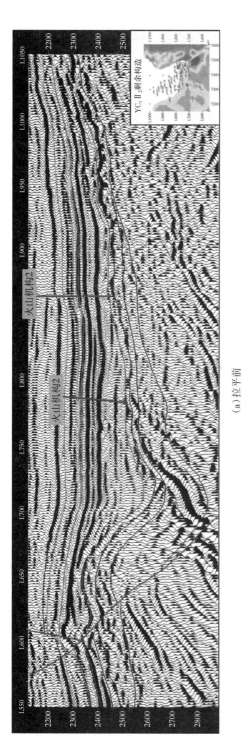

(a) 拉平前

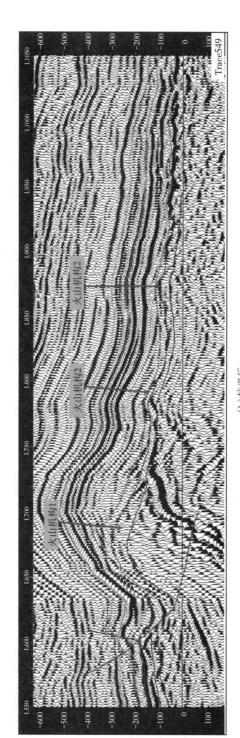

(b) 拉平后

图 2-3-26 层拉平剖面解释识别火山机构 (拉平营一段底)

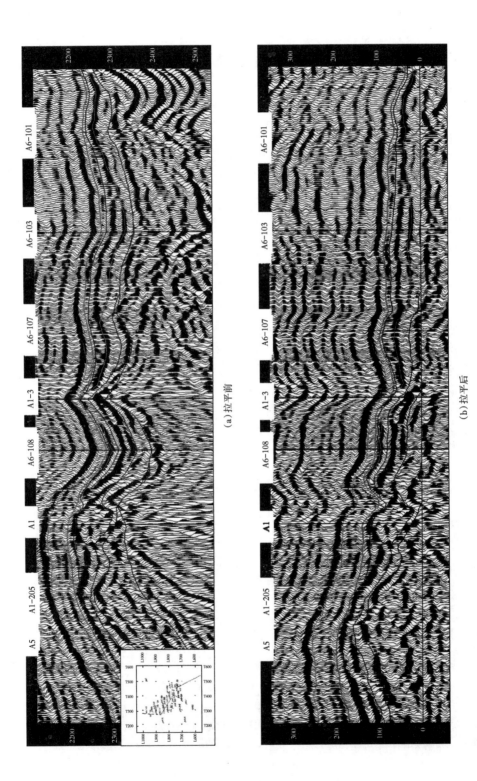

（a）拉平前

（b）拉平后

图 2-3-27　利用连井剖面层面拉平识别火山机构

（5）地震剖面精细对比落实火山空间形态。

营一段火山体经历多次喷发和构造改造，所以识别非常困难，以上的识别手段指示了一个大的方向，没能完全表达火山体的精细形态和特征，为此要结合以上的识别手段，开展人工精细对比和解释，通过精细对比，刻画每一个喷发旋回的火山体及不同旋回火山体的关系。

由图 2-3-28 Line964 和 Line956 地震剖面可以看出，在 A6-101 井附近东西两侧存在明显的下超合并特征，指示火山岩石流向下流动终止于下部地层的特点，将这种下超终止定义为火山体的边界。同样的对比可以看出，在 A6-X201 井附近地震反射时 2350ms 处，A601 井区的火山体最上部的旋回发生下超终止到 $YC_1 I_2$ 的顶面上，而 A6-101 井区的火山体从北向南也下超到 A6-X201 井附近，但这两个火山体互相独立，终止在 A6-X201 井附近，南边和北边，它们基本独立不连通，这一点已被生产的动态资料所证实（见后面章节）。

运用同样的方法进行解释（图 2-3-29—图 2-3-31），分别落实了 A 区块 12 个一级火山体，分旋回细化为相对独立的 26 个火山体。

2. A 区块火山体展布特征

1）火山体的形成时间与叠置关系分析

对以上刻画出的 12 个火山体，本次对其进行了编号和命名：①号火山体命名为 A6-101 火山体，②号火山体取名为 A601 火山体，③号命名为 A6 火山体，④号取名为 A108 火山体，其他详见表 2-3-1。如图 2-3-32 所示为它们的平面叠置关系、由图不难看出，图中的①号、②号和⑧号火山体相对独立，互不叠置，而③号和④号火山体在空间分布上构成了一定的叠置关系，从地震剖面的对比来看，③号火山体为Ⅱ类——层状反射火山体类型，在不同的喷发阶段分布范围差异较大；④号火山体为Ⅲ类火山体，分布范围相对稳定。从喷发时期来看，④号火山体形成于第二期喷发时期，而③号火山体是一个叠置喷发机构，从第一期到第三期均发生了喷发。第一期喷发范围相对较大，构成的火山体部分已覆盖到 A6-108 井区，第二期的喷发规模相对缩小，④号火山体形成，两个火山体基本独立，最后一期喷发时，能量再次减弱，喷发的火山岩也没有覆盖在④号火山体上（图 2-3-33）。从图 2-3-33 还可以看出，⑦号火山体形成较早，④号火山体形成较晚但没对⑦号火山体形成覆盖。

从层拉平地震剖面上（图 2-3-34）可以看出，④号火山体与⑤号火山体为同期喷发产物，⑤号火山体位于④号火山体的翼部，两个火山体分别见到了相应的火山通道相，地震反射特征边界比较明显。但⑤号火山体在后期（$YC_1 II_2$ 时期）继续喷发，④号火山体基本不活动，最终⑤号火山体总高度大于④号火山体，形成规模较④号火山体更大，但基本没覆盖④号火山体，因此认为它们基本相对独立。

从地震剖面来看（图 2-3-35a），⑤号和⑥号火山体被断层分隔；从地层的对比来看（图 2-3-35b），两者岩性差异较大；从形成时间来看⑥号火山体所见到的火山通道相出现地层早于⑤号火山体；从层拉平对比来看（图 2-3-35c），⑥号火山体火山体高度大于⑤号火山体，覆盖面积也大于⑤号火山体，表明⑥号火山体喷发更猛烈，由此看来两个火山体基本特征差异较大，它们相互独立。

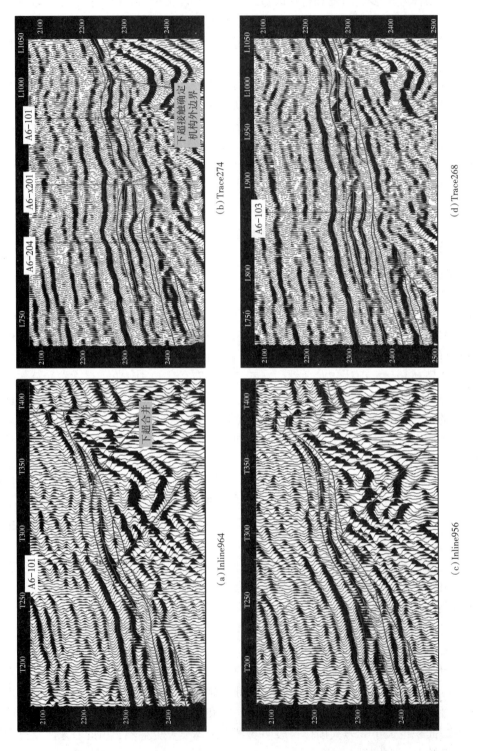

图 2-3-28　A6-101 井火山机构地震解释剖面

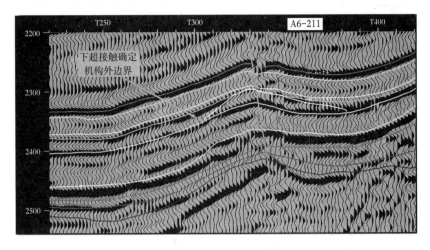

图 2-3-29　A6 井区火山体地震解释剖面（Inline694）

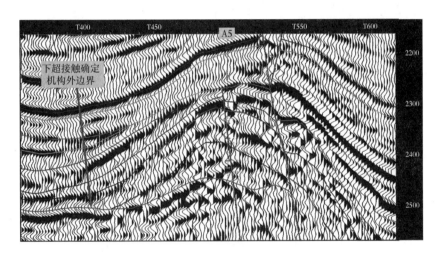

图 2-3-30　A5 井区火山体地震解释剖面（Inline694）

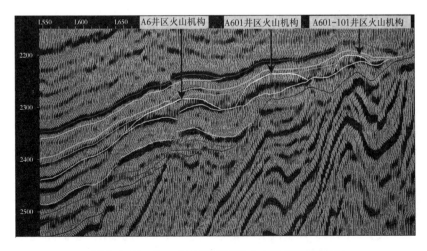

图 2-3-31　Trace336 地震测线火山机构解释剖面

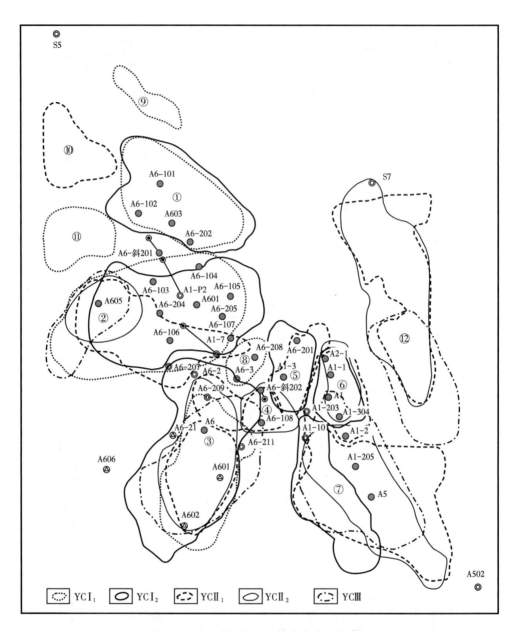

图 2-3-32　A 井区火山机构分布范围叠合图

从地震剖面对比来看（图 2-3-36），⑥号火山体和⑦号火山体形成了明显的叠置关系，⑦号火山体形成时间较早，形成于第一喷发时期，而⑥号火山体主要形成于第二喷发期，定型于第三喷发期，第三期较第二期更猛烈，火山岩体覆盖了第二期，部分覆盖到了⑦号火山体上。

2）火山体展布

如图 2-3-37—图 2-3-41 所示分别给出了本区 $YC_1 I_1$、$YC_1 I_2$、$YC_1 II_1$、$YC_1 II_2$、$YC_1 III$ 等 5 个喷发旋回的火山体空间分布形态，如图 2-3-42 所示为它们的叠合空间分布特征，叠合后 12 个火山体整体呈 3 个带展布。

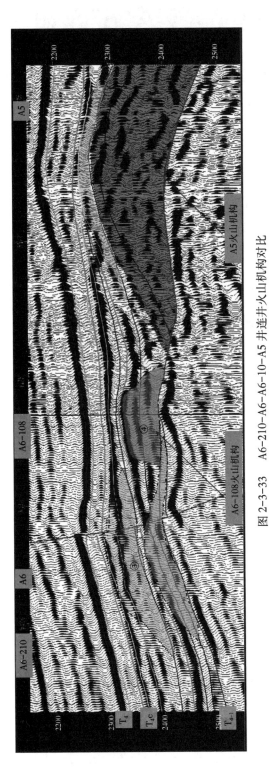

图 2-3-33　A6-210—A6-A6-10—A5 井连井火山机构对比

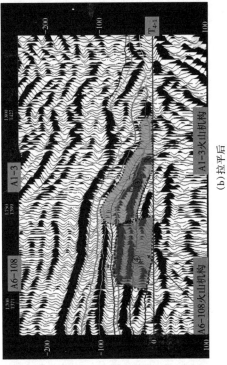

（b）拉平后

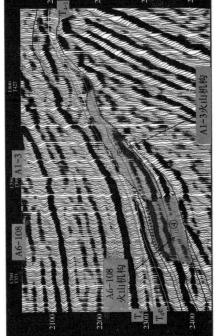

（a）拉平前

图 2-3-34　A6-108—A1-3 井连井火山机构对比

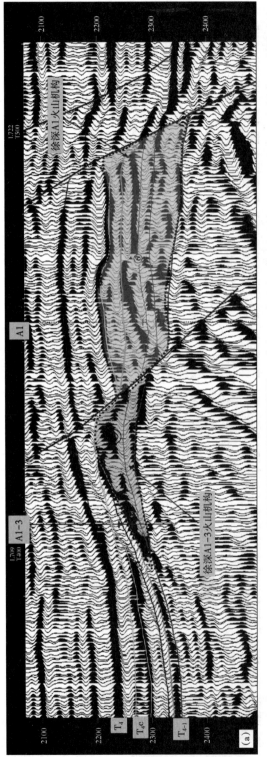

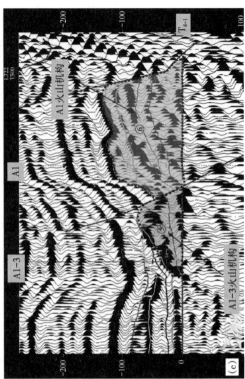

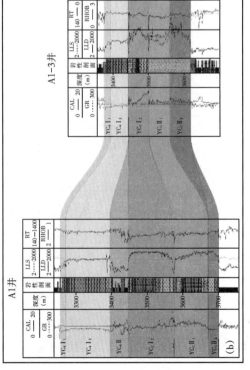

图 2-3-35　A1-3—A1井连井火山机构对比

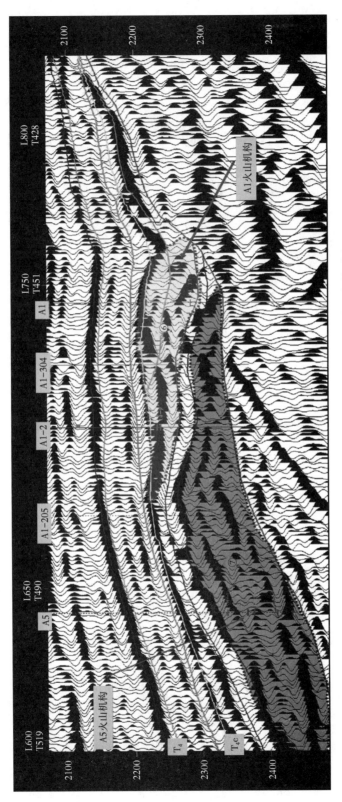

图 2-3-36　A5—A1-205—A1-2—A1-304 井连井火山机构对比

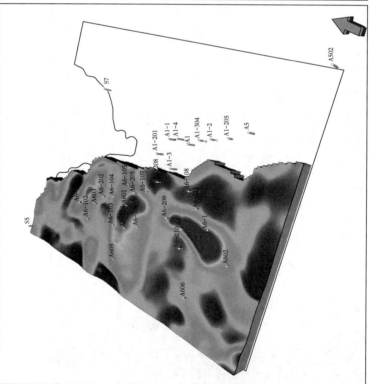

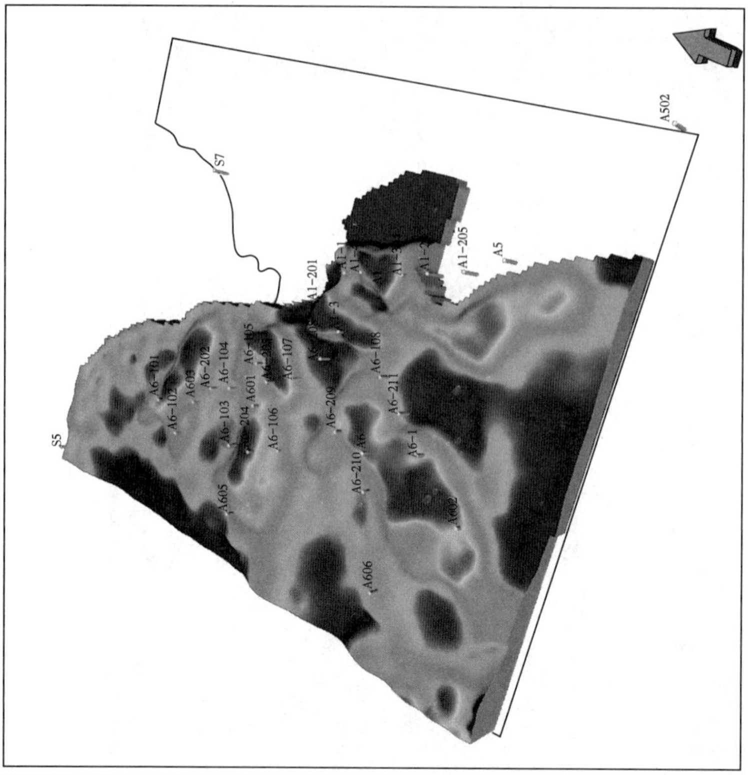

图 2-3-38　YC_1I_2 火山机构分布图

图 2-3-37　YC_1I_1 火山机构分布图

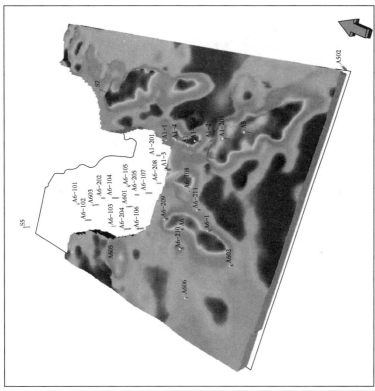

图 2-3-40　YC$_1$，II$_2$ 火山机构分布图

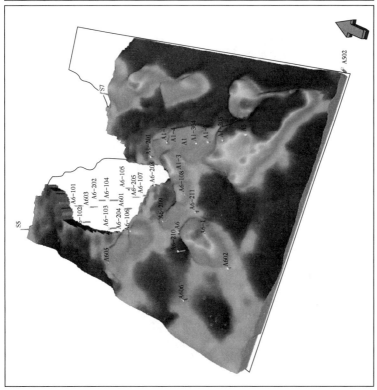

图 2-3-39　YC$_1$，II$_1$ 火山机构分布图

117

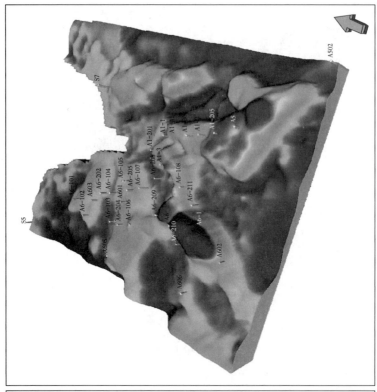

图 2-3-42　营城组一段山机构分布图

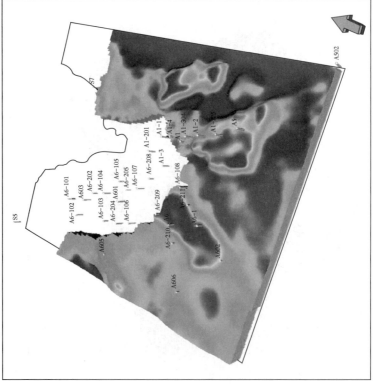

图 2-3-41　YC₁Ⅲ 火山机构分布图

东部火山体带发育在徐中断裂的下降盘，整体发育 1 个火山体。分两个期次喷发，是形成于第一、第二期火山喷发时期的火山，内部反射杂乱，属于Ⅰ类火山体的喷发样式，在该火山体上没有钻井。

徐中断裂机构带发育于徐中断裂附近，由 A5、A1、A1-3 等 3 个火山体组成，火山喷发规模较大，形成时间较早，喷发时间主要为第一、第二期，有相对完整的火山体外形，内部反射相当杂乱，均属于Ⅰ类火山体类型。

西部火山体带发育于工区的西部，由 A6-101、A601、A6、A6-108、A6-109 等 5 个火山体组成，火山体覆盖面积较大，形成时间不一，A6 火山体形成时间较早，形成于本区的第一喷发期次，在该火山体的 A602 井第一喷发期次中见到了较厚的火山通道相，第二喷发期次中也见到了火山通道相，表明后期继续喷发叠置发育。A6-108 火山体，形成于第二喷发期次，在其第二喷发期次的上部见到了火山通道相，岩性为紫色流纹岩，表明了其发育时间。而 A601、A6-101 火山体只在第三喷发期次见到了火山通道相，表明了其形成时间较晚。西部火山体带上的火山体，多呈层状结构，属Ⅱ和Ⅲ类火山体类型。

3）部分火山体精细描述

①号火山体，名称是 A6-101 火山体，主要形成于第三喷发时期，分两次喷发，主要依据：在 A6-101 井的 YC_1I_2 底部见到了 11m 的火山通道相，岩性为灰黑色火山角砾岩；在该井的 YC_1I_1 气层组顶部见到了 4m 的火山通道相之隐爆角砾岩相，岩性为黑灰色安山质晶屑熔结凝灰岩。该火山体分布于工区的西北部的 A6-202 井到 A6-101 井之间，地震测线 Inline898-1008 到 Xline230-365 之间，该火山体在 YC_1I_1 层长轴走向为 NE70°，长轴长 3.57km，短轴长 1.87km，构造埋深 -3460~-3240m，火山体高点 Inline930/Xline340 处，面积 6.1km²（图 2-3-43），岩体相对高度 60m（图 2-3-44）。该火山体在 YC_1I_2 层长轴走向为 NW70°，长轴长 3.44km，短轴长 1.9km，构造埋深 -3580~-3260m，火山体高点 Inline940/Xline340 处，面积 7.34km²（图 2-3-45），岩体相对高度 120m（图 2-3-46）。

②号火山体，名称是 A601 火山体，主要主要形成于第三喷发时期，分多次喷发，主要依据：在 A6-106 井的 YC_1I_1 底部及 YC_1I_2 顶部见到了 18.1m 的火山通道相，岩性为灰色火山角砾岩；在 A6-103 井的 YC_1I_1 顶部见到了 10.1m 的火山通道相，岩性为杂色火山角砾岩。该火山体分布于工区的西部的 A605 井到 A6-105 井之间，地震测线 Inline760-880 到 Xline170-380 之间。在 YC_1I_1 长轴走向为 NE72°，长轴长 5.41km，短轴长 2.8km，构造埋深 -3660~-3330m，火山体高点 Inline850/Xline365 处，面积 12.8km²（图 2-3-43），岩体相对高度 120m（图 2-3-44）。在 YC_1I_2 长轴走向为 NE60°，长轴长 4.58km，短轴长 1.96km，构造埋深 -3720~-3300m，火山体高点 Inline850/Xline380 处，面积 9.97km²（图 2-3-45），岩体相对高度 100m（图 2-3-46）。在 YC_1II_1 长轴走向为 NE80°，长轴长 4.7km，短轴长 1.62km，构造埋深 -3840~-3500m，火山体高点 Inline810/Xline350 处，面积 6.48km²（图 2-3-47），岩体相对高度 90m（图 2-3-48）。在 YC_1II_2 长轴走向为 NE40°，长轴长 2.1km，短轴长 1.6km，构造埋深 -3880~-3720m，火山体高点 Inline845/Xline255 处，面积 2.65km²（图 2-3-49），岩体相对高度 40m（图 2-3-50）。在 YC_1III 层长轴走向为 NE40°，长轴长 3.01km，短轴长 1.19km，构造埋深 -3920~-3800m，火山体高点 Inline860/Xline240 处，面积 3.31km²（图 2-3-51），岩体相对高度 30m（图 2-3-52）。

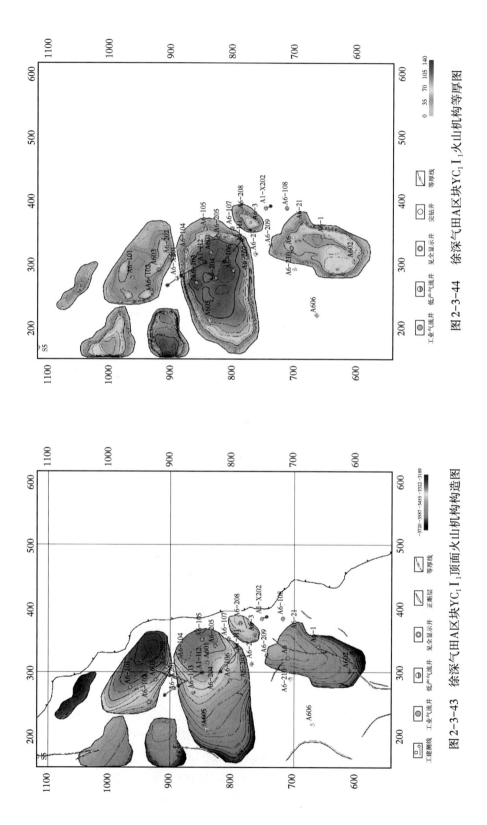

图 2-3-44　徐深气田A区块YC₁I₁火山机构等厚图

图 2-3-43　徐深气田A区块YC₁I₁顶面火山机构构造图

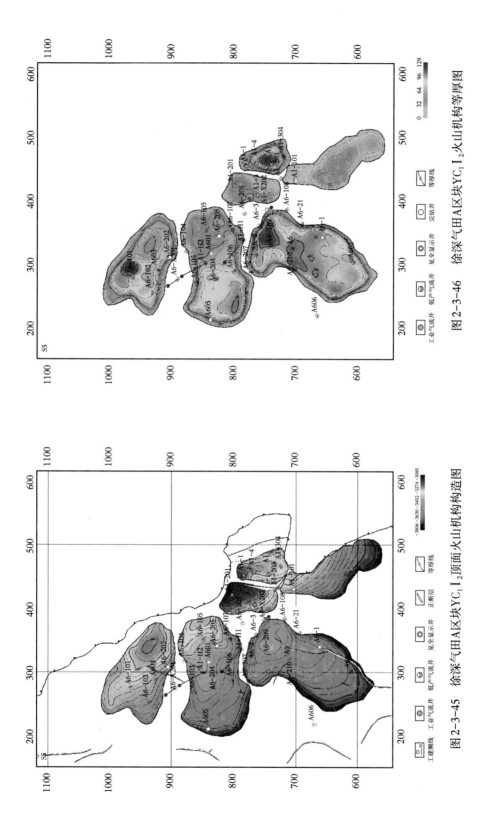

图 2-3-46　徐深气田 A 区块 YC_1I_2 火山机构等厚图

图 2-3-45　徐深气田 A 区块 YC_1I_2 顶面火山机构构造图

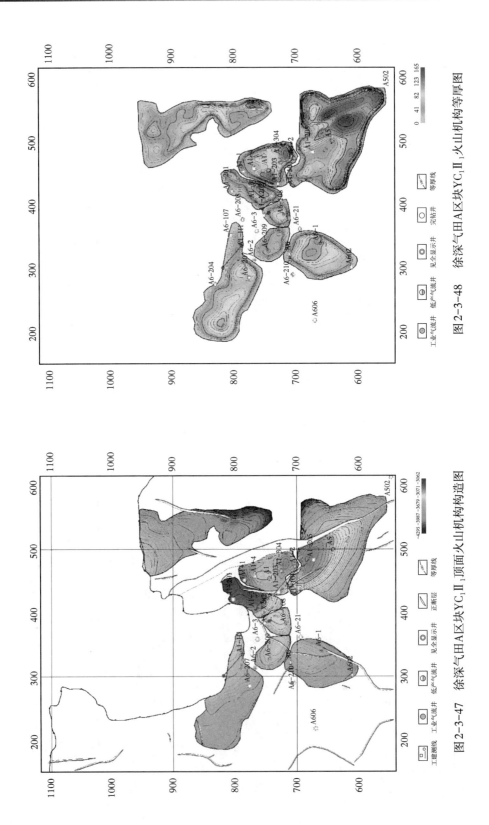

图 2-3-48　徐深气田 A 区块 YC_1 II$_1$ 火山机构等厚图

图 2-3-47　徐深气田 A 区块 YC_1 II$_1$ 顶面火山机构构造图

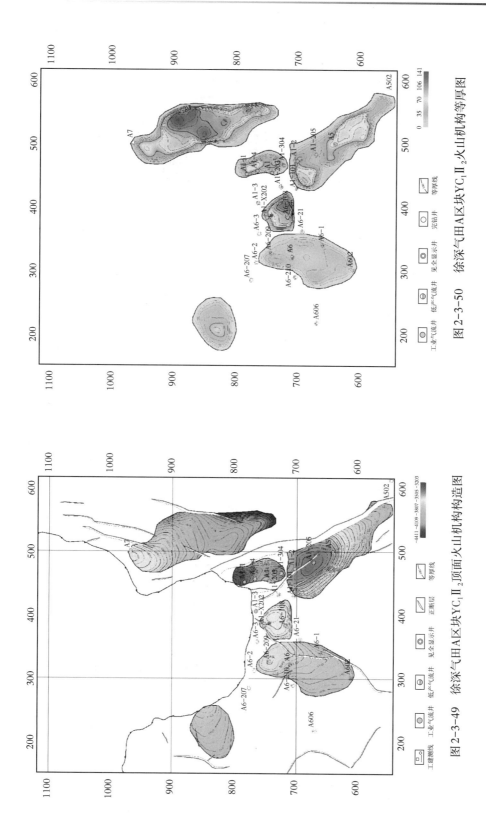

图2-3-50　徐深气田A区块YC₁，Ⅱ₂火山机构等厚图

图2-3-49　徐深气田A区块YC₁，Ⅱ₂顶面火山机构构造图

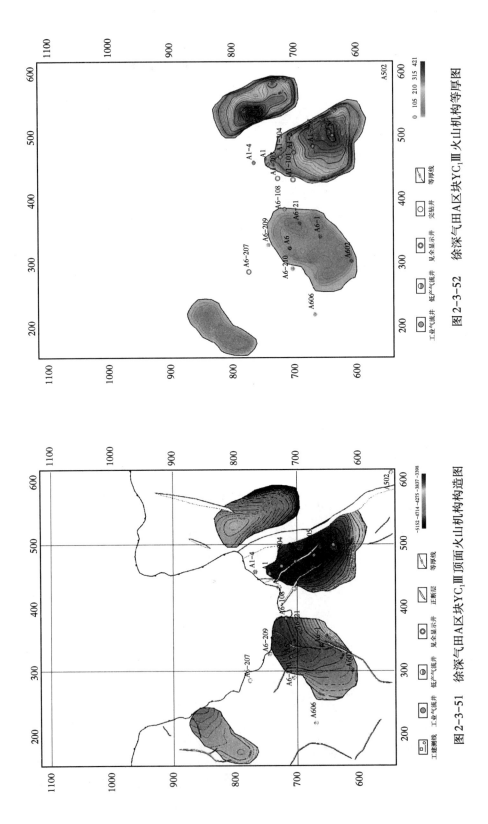

图 2-3-52　徐深气田 A 区块 YC₁Ⅲ 火山机构等厚图

图 2-3-51　徐深气田 A 区块 YC₁Ⅲ 顶面火山机构构造图

二、残留火山体刻画

残留火山体，即火山体的形态不具有典型火山体的特征，无明显的"源"（火山通道）、席状外形、连续强反射特征，与典型火山体具有明显的"源"、盾状或丘状外形、杂乱弱反射特征，存在明显差异。

残留火山体的识别比较困难，通常从地质特征上根据断裂和构造确定火山岩储层发育区，岩相序列多数爆发相—溢流相组合，部分井只发育一种亚相，从地震特征上依据反射特征和形态确定火山体展布范围。残留火山体是否含气，主要从成储机理上依据气源和储层条件确定火山体含气性，越靠近喷发期次顶部的储层，经受风化淋滤作用改造时间长，物性更好，含气性也越好。

1. 残留火山体的地震识别与对比

A6-101 北部火山体识别过程中，其形态特征与典型的火山体存在明显差异，沿下伏构造斜坡整体显示比较平缓、薄层、类似透镜体的形态。但在解释过程中，发现该套地层的上倾端有风化剥蚀变薄的削截特征，下倾端呈现向上部隆起后尖灭、底部沿构造面平缓的特征，与沉积岩的特征不符，按照火山岩岩浆流动成岩的机理，符合火山体的特征表现，故解释该套地层的顶底面，落实火山体的平面展布。YC_1I_1 长轴走向为 NW30°，长轴长 2.36km，短轴长 0.44km，构造埋深 $-3200\sim-3300$m，火山体高点 Inline1050/Xline285 处，面积 1.11km^2，岩体相对高度 50m。

2. 残留火山体的展布特征

徐中断裂控制下的鼻状构造背景是工区营城组一段气藏成藏的关键，气藏富集受构造、储层物性控制，营城组一段上部火山岩储层发育好、气井产能高。

推断营城组天然气的源岩主要为火石岭组和沙河子组煤层。平面和剖面结合，深入认识残留火山体内部地震反射特征，落实火山体展布范围，最终完成火山体刻画。应用"三定"残留火山体精细刻画技术，在 A、B 区块探明含气面积外刻画残留火山体两个，火山体展布面积分别为 11.2km^2、5.6km^2。

第四节　裂缝与储层预测技术

一、裂缝预测技术

1. 火山岩裂缝岩—电响应

1）裂缝的测井识别

裂缝在成像测井、双侧向、声波时差、密度等测井曲线上均有不同程度的反映，所以利用这些参数可以判别裂缝的发育程度。成像测井主要包括电阻率成像测井和井周声波成像测井，其可对裂缝的倾向、倾角、裂缝密度、裂缝开度等参数进行评价与定量计算。成像裂缝参数的准确计算应建立在裂缝有效识别的基础上。裂缝按成因可分为天然裂缝和钻井诱导裂缝，天然裂缝又可分为开启裂缝和充填缝，钻井诱导裂缝又可分为重钻井液压裂缝和应力释放缝。对于裂缝，通过岩心描述、CT、扫描电镜等标定成像测井，或结合 XMAC 测井资料，可以进一步确定裂缝的真伪性及有效性。

在 FMI 成像图上，构造缝表现为不同颜色（受充填物的导电性影响）的正弦型线条；成岩缝延伸短，表现形式与裂缝类型有关。FMI 测井解释通过正弦线理论拟合，可识别高导缝、微裂缝、高阻缝和诱导缝，其中，高导缝为开启构造缝或充填导电物质的充填缝；微裂缝则是指各种延伸局限、分布不规则、难以进行理论拟合的裂缝，包括冷凝收缩缝、炸裂缝、砾间缝等成岩缝及局部充填或闭合的构造缝；高阻缝则是指充填高阻物质的构造缝，在 FMI 图像上表现为浅色（白色）正弦曲线；钻井诱导缝是钻井过程中产生的非天然裂缝，表现为沿井壁对称（180°）出现的羽状或雁列状深色曲线。

在常规测井曲线上，裂缝引起的测井响应特征包括：（1）电阻率值降低、深浅侧向电阻率正差异增大；（2）声波时差增大甚至跳波，纵横波时差比（$RMSC = \Delta t_s / \Delta t_c$）增大，斯通利波强烈衰减；（3）密度减小，中子发生挖掘效应；（4）双井径曲线出现不对称增大现象。

2）不同裂缝的测井响应特征

应用"岩心刻度测井，测井解释裂缝"的方法，分别对低角度缝、高角度缝、网状缝、微裂缝等 4 种典型裂缝的测井响应特征进行定性分析和描述（表 2-4-1）。

表 2-4-1　典型裂缝测井特征表

裂缝类型	测井响应特征			
	成像测井	双侧向	声波时差	DSI（时差）
高角度缝	不规则正弦型条带（或线），高低点深度差异大	中等值，正差异，波状变化	无明显变化	DTC 略增大，DTS、DTST、RMSC 增大
低角度缝	不规则正弦型条带（或线），高低点深度差异小	低值、负差异、尖锋刺刀状	增大，尖锋刺刀状	DTC、DTS、DTST、RMSC 增大
网状缝	高、低角度正弦线交替分布	低值、正负差异交叉	增大、跳波	DTC、DTS、DTST、RMSC 增大
微裂缝	黑色不规则短线，分布规模大时整体颜色变深	低值、无明显变化、与岩性有关	增大	DTC、DTS、DTST、RMSC 增大

3）测井裂缝岩电响应图版

岩石裂缝孔隙度是表征裂缝发育程度的一个重要参数，也是储层评价的一个主要方面。岩石裂缝孔隙度定义为裂缝孔隙体积与岩石体积之比，但是，在成像测井中，测量数据主要反映井壁表面特征，常用面孔率（FRAC）表示裂缝的发育程度。裂缝面孔率为所见到的裂缝在 1m 井壁上的视张开口面积除以 1m 井段中成像图像的覆盖面积，可以替代裂缝孔隙度。

成像测井资料是有效识别和判别裂缝发育程度的最直观最有效的方法，但是在没有成像测井资料时，如果能够利用常规测井及其他特殊测井方法来评价裂缝，那么将更加方便、重要。本次优选裂缝面孔率与双侧向电阻率、横纵波时差比值对徐深气田 A1 区块分别建立关系，结果表明裂缝发育程度与双侧向电阻率、横纵波时差具有一定的相关性。

如图 2-4-1 是徐深气田 A1 区块裂缝面孔率（成像测井解释）与双侧向、纵横波时差比的关系图版，从中可以看出：

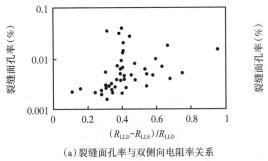

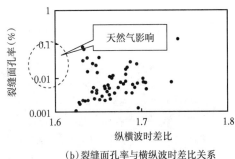

(a)裂缝面孔率与双侧向电阻率关系　　　　(b)裂缝面孔率与横纵波时差比关系

图 2-4-1　A1 区块测井裂缝岩电响应图版

（1）裂缝面孔率与双侧向电阻率 $[(R_{LLD}-R_{LLS})/R_{LLD}]$ 具有一定的正相关，说明裂缝越发育，深浅双侧向电阻率差值（$R_{LLD}-R_{LLS}$）越大，深侧向电阻率 R_{LLD} 越小。这与火成岩主要发育高角度和斜交缝缝为主有关，其他类型的裂缝也可能偏离这样的规律（如水平缝），但可以结合双侧向电阻率的幅度加以识别。因此，用深浅双侧向电阻率可以较好地识别工区裂缝类型及裂缝发育程度。

（2）裂缝使横波时差增大，高角度缝时纵波时差基本不受裂缝影响，低角度和网状缝使纵波时差增大；总体来说，工区裂缝使纵横波时差比（$RMSC=\Delta t_s/\Delta t_c$）增大。与此相反，天然气使纵波时差明显增大，而横波不受影响，天然气的存在使纵横波时差比增大。此外，横纵波时差比还要受到岩性的影响。因此，在流体性质相同的条件下，用纵横波时差比可以较好地识别裂缝及其发育程度。

2. 火山岩裂缝平面预测方法

搞清叠前、叠后地震裂缝预测的理论基础，通过方法、参数的优选，依据精细构造解释成果、单井裂缝解释成果，优选出适合火山岩的地震裂缝预测方法，从而预测裂缝的平面分布。

1）叠后裂缝预测

对用地震方法来预测裂缝的可行性进行了分析，并对各种叠后地震裂缝预测方法、参数、软件进行了分析和研究，优选出适合于徐深气田火山岩气藏的裂缝预测方法。

（1）应用地震资料识别地下裂缝的可能性。

如图 2-4-2 所示为裂缝地质模型及其对应的正演记录。裂缝地质模型包括裂缝储层顶界面及内幕，用垂直裂缝条数的多少表示裂缝带的发育程度，如图 2-4-2（a）所示。该模型的剥蚀顶界面起伏不平并小断层穿过，裂缝从顶界面延伸到内幕，并有溶洞和裂缝交织在一起。如图 2-4-2（b）所示为模型对应的地震剖面，从图中可看出，右边细小裂缝组成的裂缝发育带在地震剖面上出现异常，而左边细小裂缝对应的地震剖面异常特征不明显。也就是说，由于地震分辨率的限制，细小的裂缝地震无法识别，但细小的裂缝组成裂缝发育带时，地震方法能够检测。

裂缝发育带往往会引起地震波出现异常，这些异常主要表现为地震反射同相轴的振幅、频率、相位等特征发生变化，因此，选用敏感的数学方法，检测地震波振幅、频率、相位等属性的异常区域，可达到预测裂缝发育带的目的。

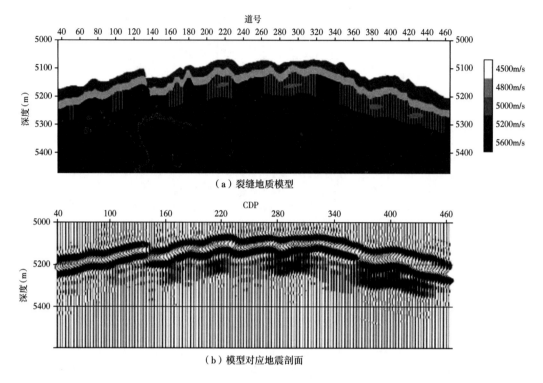

图 2-4-2　复杂裂缝系统的地质模型及其正演

（2）裂缝发育带预测方法研究。

①相干分析技术。

相干分析是通过计算地震数据体中相邻道与道之间的非相似性，形成反映地震道相似与否的新数据体。具有相同反射特征的区域表现为高相干性，由于断裂的存在，使地震剖面上原本逐道相干的数据突然中断，相干分析技术正好突出了不连续性，从而达到检测断裂的目的。

从原理上分析，地震相干数据体的计算非常简单和易于理解。它根据所给数据体的道数、倾角大小和计算选择时窗大小，用式（2-4-1）计算出相关系数：

$$R\left(t,\phi_{\max}\right)=\dfrac{\displaystyle\sum_{L=t-N/2}^{L=t+N/2}T_{\mathrm{L}}T'_{\mathrm{L}+\phi}}{\displaystyle\sum_{L=t-N/2}^{L=t+N/2}T_{\mathrm{L}}T'^2_{\mathrm{L}+\phi\max}} \qquad （2-4-1）$$

式中　　R——相干系数，为地震道时间和两地震道倾角函数；

　　　　t——时间；

　　　　ϕ——倾角；

　　　　T_{L}，T'_{L}——地震道数据对。

倾角受方位的影响不易给定，计算时主要确定数据体的相干数据和相干时窗。

相干数据包括线性 3 道、正交 3 道、正交 5 道和正交 9 道。一般参与相干计算的道数越多，平均效应越大，对断层的分辨率越低，这时突出的主要是大断层。相反，相干道数少，平均效应小，就会提高分辨率，提高断层、特别是突出了对小断层的分辨率。所以在计算地震相干性时要根据研究地质目的的不同来选择参与计算的相干道数。

相干时窗的选择一般由地震剖面上反射波视周期 t 决定，通常取 $t/2$ 到 $3t/2$。在计算时窗小于 $t/2$ 时，因为相干时窗小、视野窄，看不到一个完整的波峰或波谷，由计算出的相干数据值小的区带可能反映的是噪声，不是反映小断层存在位置。在计算时窗大于 $3t/2$ 时，因为时窗大，多个反射同相轴同时出现，由此计算出的相干数据值小的区带可能反映的是同相轴连续，不是反映断层。

应用时要选择不同的相干体计算方向，除突出主构造方向的断层分布外，还要用不同方向的计算突出各个不同方向可能的断层存在及其相互关系。

②边缘检测技术。

可以把地震数据当作一类特殊的图像，寻找地震数据的异常变化带的轮廓（断裂），相当于图像处理的边缘检测。边缘检测一般是通过边缘检测算子，利用梯度最大值或二阶导数过零点来提取图像边缘（位置、方向、幅度）。最基本的方法主要有 Sobel 边缘检测和 Laplacian 边缘检测。

如图 2-4-3 所示为边缘检测原理示意图，图 2-4-3（a）为阶跃状边缘，可以用函数 $f(x, y)$ 描述，P 为边缘点；图 2-4-3（b）为 Sobel 边缘检测原理示意图，对 $f(x, y)$ 取一阶导数 $f'(x, y)$，其中 $f'(x, y)$ 的极大值对应边缘 P 点；图 2-4-3（c）为 Laplacian 边缘检测原理示意图，对 $f(x, y)$ 取二阶导数 $f''(x, y)$，零点对应边缘 P 点。

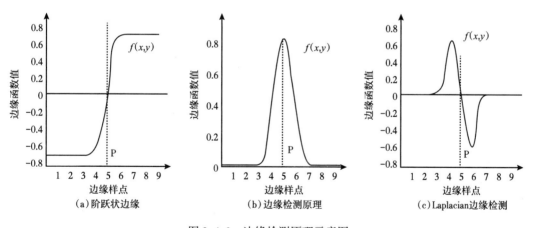

图 2-4-3　边缘检测原理示意图

Sobel 边缘检测一般用两个方向算子，来揭示数据的非相似性。如果中心样点与周围样点是相似的，则中心样点输出近似 0 的值，如果中心样点与周围样点是不相似的，则中心样点输出非 0 的值（图 2-4-4）。

Laplacian 算子为

$$\nabla^2 U = \partial^2 U / \partial x^2 + \partial^2 U / \partial y^2 \qquad (2-4-2)$$

$$\begin{bmatrix} -1 & 0 & 1 \\ -2 & 0 & 2 \\ -1 & 0 & 1 \end{bmatrix} \quad \begin{bmatrix} -1 & -2 & -1 \\ 0 & 0 & 0 \\ 1 & 2 & 1 \end{bmatrix}$$

图 2-4-4 Sobel 边缘检测方向算子

实际应用中一般采用 9 道，Laplacian 算子如图 2-4-5 所示。

$$\begin{bmatrix} -1 & -1 & -1 \\ -1 & 8 & -1 \\ -1 & -1 & -1 \end{bmatrix}$$

图 2-4-5 Laplacian 边缘检测方向算子

③瞬时倾角检测技术。

瞬时倾角检测是在 Inline 和 Crossline 方向计算空间派生的瞬时相位，给定准确相位倾角矢量的组分，最大倾角方向是其方位角，这个矢量的长度给出了最大相位倾角，然后逐点计算倾角，这种计算在 180° 范围内是有效的。超过 180° 时会产生不稳定的结果，因此会产生误导，在这种情况下大量道的倾角扫描变得非常必要。当使用偏移数据时，道距的设计应为消除这种误导出发，在大多数情况下，12.5m 或者 25m 就能满足要求。

地震倾角计算方法是沿着线方向或道方向计算同相轴与水平面的夹角，单位为 ms/道。地震倾角的突变常常是构造曲率突变带，也常常指示断层和裂缝的发育程度。

④蚂蚁追踪技术。

蚂蚁追踪技术就是在地震体中设定大量的电子"蚂蚁"，并让每个"蚂蚁"沿着可能的断层面向前移动，同时发出"信息素"。沿断层前移的"蚂蚁"应该能够追踪断层面，若遇到预期的断层面将用"信息素"做出非常明显的标记。而对不可能是断层的那些面将不做标记或只做不太明显的标记。"蚂蚁追踪"算法建立了一种突出断层面特征的新型断层解释技术。通过该算法可自动提取断层组，或对地层不连续详细成图。具体包含两个步骤。

第一步：包括利用边缘探测手段，增强地震资料中的空间不连续性，并通过噪声压制技术，随意预处理地震资料。

第二步：建立蚂蚁追踪立方体。蚂蚁追踪算法遵循类似于蚂蚁在其巢穴和食物源之间，利用可吸引蚂蚁的信息素（一种化学物质）传达信息，以寻找最短路径的原理。在最短路径上，用更多的信息素做标记，使随后的蚂蚁更容易选择这一最短路径。

⑤地震频率衰减梯度预测技术。

由于裂缝发育带和流体的存在会导致地层的吸收、衰减作用增强，所以可以通过地层的吸收、衰减作用来揭示裂缝发育带和流体的综合效应。

当存在含油气的开启裂缝时，地层吸收作用强，频率衰减梯度大，衰减梯度大小可以揭示裂缝和流体的存在。衰减梯度为负值，绝对大值区，地层吸收作用强。

（3）叠后裂缝预测结果分析。

从实际应用效果来看，相干属性、倾角属性和蚂蚁体相对较好，对属性的优缺点、适用条件、异常引起的原因、效果的影响因素等也做了详细分析（图2-4-6与图2-4-7）。

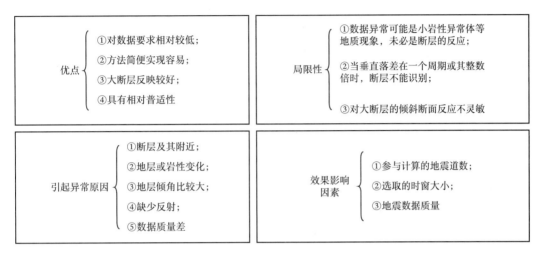

图2-4-6 相干技术方法分析图

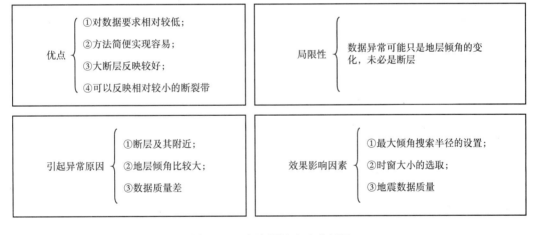

图2-4-7 倾角属性方法分析图

2）叠前裂缝预测研究

总结火山岩气藏开发经验，优选出了一套适合于火山岩气藏的叠前裂缝预测方法和流程（图2-4-8）。

（1）理论基础。

地震叠前裂缝预测技术主要是基于地下介质各向异性理论。当地下介质呈现各向异性时，介质的弹性参数就要发生变化，由此引起弹性波的传播规律也发生变化。

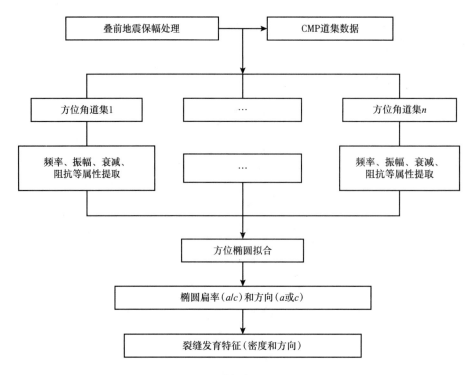

图 2-4-8　叠前裂缝预测流程图

若弹性介质中存在一个二维平面，在平面内沿所有方向的弹性性质都是相同的，而且垂直平面各点的轴向都是相互平行的，则称这样的平面为各向同性面，垂直各向同性面的轴为对称轴，具有各向同性面的弹性介质称为横向各向同性介质，简称 TI（Transverse Isotropy）介质。

当 TI 介质的对称轴与 z 轴重合时，称 VTI 介质，它可近似地表示水平层状介质中周期性沉积的薄互层所表现的横向各向同性。

当 TI 介质的对称轴与 x 轴或 y 轴重合时，称为 HTI 介质，HTI 介质模型可近似表示由于构造应力产生空间排列垂直裂缝系统而引起的各向异性。

均匀岩石中定向排列的垂直裂缝系统即满足 HTI 介质，纵向上是各向同性的，但横向上是各向异性的。三维 P 波叠前裂缝检测技术主要就是利用 P 波属性在 HTI 介质中的规律来检测裂缝的。

（2）理论基础裂缝发育带预测的 AVA 技术。

AVA 是指振幅随方位的变化，主要利用反射振幅随入射方位的变化特征。

Rüger 于 1996 年得到 HTI 介质的 P 波反射系数公式：

$$R_{\mathrm{P}}\left(i,\phi\right)=\frac{1}{2}\frac{\Delta Z}{\overline{Z}}+\frac{1}{2}\left\{\frac{\Delta\alpha}{\overline{\alpha}}-\left(\frac{2\overline{\beta}}{\overline{\alpha}}\right)^{2}\frac{\Delta G}{\overline{G}}+\left[\Delta\delta^{(V)}+2\left(\frac{2\overline{\beta}}{\overline{\alpha}}\right)^{2}\Delta\gamma\right]\cos^{2}\phi\right\}\sin^{2}i+$$
$$\frac{1}{2}\left(\frac{\Delta\alpha}{\overline{\alpha}}+\Delta\varepsilon^{(v)}\cos^{4}\phi+\Delta\varepsilon^{(v)}\sin^{2}\phi\cos^{2}\phi\right)\sin^{2}i\tan^{2}i \tag{2-4-3}$$

式中　R_p——HTI 介质的 P 波反射系数；

　　　Z——P 波阻抗，g/cm^3，m/s；

　　　α——P 波速度，m/s；

　　　β——S 波速度，m/s；

　　　G——剪切模量，Pa；

　　　δ，ε——Thmosen 各向异性参数；

　　　i——入射角，（°）；

　　　ϕ——方位角（°）。

从式（2-4-3）可看出，HTI 介质的 P 波反射系数不仅与 P 波速度、S 波速度、剪切模量、Thmosen 各向异性参数 δ、ε、而且与入射方位、入射角有关。

Rüger 通过不同的模型研究认为，对于较大的固定入射角，HTI 介质的 P 波反射系数随入射方位呈现为椭圆，P 波反射系数总是在 HTI 介质的对称轴方向或者排列片的延伸方向（即裂缝方向）最大或最小。椭圆的长轴、短轴大小之比即扁率始终与裂缝密度呈正比，裂缝密度越大，椭圆愈扁。椭圆的长轴还是短轴方位代表裂缝方位，这由实际地层的各种参数确定。

李向阳（英国爱丁堡华裔教授）研究认为，寻找各向异性特征就是寻找椭圆问题。凡是存在方位各向异性的地方，其振幅一般都表现为椭圆分布。方位各向同性的地方，反射振幅呈圆形分布。对各方位数据的振幅进行椭圆拟合，寻找到椭圆的扁率大小即得裂缝密度。裂缝方向要么是椭圆的长轴方向，要么是短轴方向。怎样才能确定呢？只有用实际井资料通过正演模拟来判断是椭圆的长轴还是短轴方位代表裂缝方位。

（3）理论基础裂缝发育带预测的 FVA 技术。

FVA 技术是利用三维 P 波的频率属性的方位各向异性来检测裂缝。

裂缝储层的地震散射理论研究表明：地震衰减和裂缝密度场的空间变化有关，沿裂缝走向传播时衰减慢，而垂直裂缝方向衰减快。垂直裂缝、斜交分布裂缝和网状结构裂缝是引起地震能量衰减和地震能量不均匀分布的主要因素。因此，可以依据裂缝引起的地震波高频衰减的各向异性所导致的地震反射频率的各向异性特征来检测裂缝。定义频率椭圆的扁率为长轴与短轴之比，该值的大小代表了频率的各向异性强度，间接地提供了含流体的开启裂缝密度大小。

与衰减有关的频率属性主要有以下 3 种。

①最大振幅频率：即最大振幅对应的频率，傅氏功率谱称主频，该参数的高低可能指示了与流体有关的信息。衰减越大，该值愈小。垂直裂缝走向方向的最大振幅频率比平行裂缝走向方向的最大振幅频率低，特别是存在含油气的开启裂缝时，两者的差异越明显。

②地震能量 85% 对应的频率：分析时窗内能量达到总能量 85% 对应的频率。该参数越低，说明地层衰减大，频率信息损失多，指示了与流体性质有关的信息。当存在含油气的开启裂缝时，该参数在垂直裂缝走向方向比平行裂缝走向方向的值低，裂缝密度越大、油气越丰富，两者的差异越明显。

③频率衰减梯度：频率衰减梯度越大，说明频率衰减越大，地层吸收作用越强。当存在含油气的开启裂缝时，该参数在垂直裂缝走向方向比平行裂缝走向方向的值大，裂缝密度越大、油气越丰富，两者的差异越明显。

通过方位角道集数据体提取上述三大类频率属性，求取各属性的方位椭圆，椭圆的扁率越大，指示了含油气的开启裂缝密度越大。因此利用与方位角的各向异性频率分析来检测裂缝，由含油气的开启裂缝造成的地震波的衰减特征，会表现得尤为突出。

（4）叠前 P 波裂缝检测的影响因素。

①地质情况的影响。

P 波叠前裂缝检测技术的原理是利用定向排列的裂缝会造成 P 波属性的方位差异来检测裂缝的。但是 P 波属性的方位差异并不一定只有裂缝才能造成，岩性变化同样能造成 P 波属性的方位差异。如果岩性变化不大的地层导致 P 波属性的方位差异，那么裂缝是最主要的影响因素。因此，在利用该方法时，需注意地质情况的结合。

②处理采集因素的影响。

从理论基础可以看出，叠前裂缝检测是利用三维采集资料的全方位性，来提取 P 波属性的方位各向异性从而达到检测裂缝目的，这就要求求取的不同方位 P 波属性差异只是地层原因导致的，而不是由采集处理等因素导致的。至于现有资料是否满足叠前裂缝检测的要求，还应该从叠前模型正演的研究入手，探讨叠前地震资料预测裂缝的可行性。

二、有效储层预测技术

1. 火山岩有效储层分布控制因素

1）岩性岩相与物性关系

营城组一段的岩性则与火山岩爆发期次、作用强弱、所在位置及成岩作用有关，研究岩性与物性的关系是传统四性关系研究的重要组成部分，可以为岩性划分、储层预测奠定基础。而岩相直接与岩性相关，因此，研究岩相与物性的关系可以为利用岩相分析技术预测储层发育规律提供依据。

如图 2-4-9 与图 2-4-10 所示分别为营城组一段火山岩不同岩性的厚度、孔隙度和渗透率统计图，从图中可以看出：营城组一段火山岩 8 种岩性，从厚度来看，流纹岩占 17%、晶屑熔结凝灰岩占 16%、晶屑凝灰岩占 15%，流纹质熔结凝灰岩占 12%；物性以流纹质凝灰岩、流纹岩为最好，其次是熔结凝灰岩、晶屑凝灰岩。

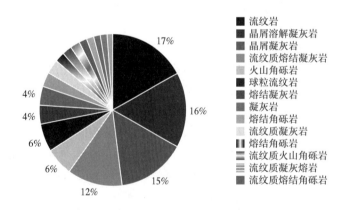

图 2-4-9　A1 区块钻井揭示岩性厚度统计

营城组一段火山岩岩相包括爆发相、溢流相、侵出相、火山通道相及火山沉积相五种。同样，根据单井岩相划分结果，分亚相统计了储层物性参数，如图 2-4-11 与图 2-4-12 所示，从中可以看出：岩相厚度，爆发相占 65%、喷溢相占 23%、火山通道相占 8%、火山沉积相占 3%；岩相物性以喷溢相为最好，其次是火山通道相夹爆发相。

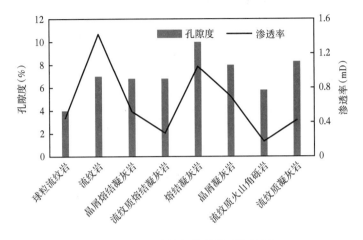

图 2-4-10　岩性与物性关系统计图

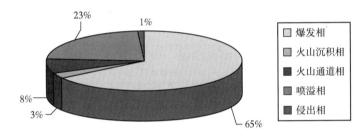

图 2-4-11　A1 区块钻井揭示岩相厚度统计

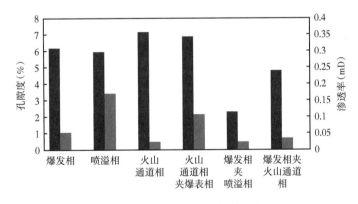

图 2-4-12　岩相与物性关系统计图

2）储集空间类型

火山岩储层的储集空间划分为原生孔隙与次生孔隙两大类（表 2-4-2）。原生孔隙是指岩石在其冷凝固结形成过程中产生的孔隙，如气孔与残余气孔、晶间孔、火山角砾间孔、脱玻化作用形成微孔缝、各种原生裂缝（如冷凝收缩缝、节理、晶间缝与砾间缝）等。次生孔隙的形成原因主要有两种：一种与岩石形成后的物理化学环境与介质条件有关，取决于岩石与流体的相互作用；另一种与构造应力与风化淋滤作用有关。其中，与岩石成岩演化有关的孔隙主要为各种溶蚀孔、溶蚀缝等。与构造应力作用有关的次生孔隙主要是构造裂缝。风化淋滤作用主要形成各种溶蚀孔与溶蚀缝。

表 2-4-2　火山岩储层储集空间类型和特征表

成因类型	孔隙类型	成因	特征	分布
原生孔隙	原生气孔	含挥发分的岩浆喷出地表时由于压力降低挥发分逸散后留下来的未被充填的气孔	气孔的形态有圆形、椭圆形、长条状等不规则形态，大小不等，分布均匀	流纹岩、玄武岩、安山岩等熔岩
	残余气孔	被次生矿物部分充填后的剩余气孔	其形态多为球形、多边形或围边棱角状等不规则形状	流纹岩、玄武岩、安山岩
	矿物裂纹	岩浆喷发时，由于快速冷却和压力释放，矿物斑晶爆裂而在矿物质形成的微裂纹	多位于斑晶矿物表面，呈不规则状	熔岩、火山碎屑熔岩
	火山角砾间孔	在火山作用强烈爆发期，先期已固结的火山岩被后期沿火山通道上升的熔岩流震裂或震碎，角砾相互支撑形成的孔缝	角砾间缝不规则状，依角砾边缘发育，连通性好，配位数高	火山角砾熔岩、火山角砾岩
	原生收缩缝隙	岩浆喷发时，快速冷却，由于矿物与基质内部应力差异导致不均一收缩而成	柱状节理、气孔、球粒、斑晶与基质间的冷凝收缩缝等	流纹岩、珍珠岩、安山岩、玄武岩
次生孔隙	晶内溶蚀孔	长石、石英、辉石、角闪石等矿物或斑晶被溶蚀产生的孔隙	溶孔形状不规则，常沿解理发生溶蚀，如果完全被溶蚀，则成为铸模孔	熔岩、熔结凝灰岩、凝灰熔岩
	基质内溶蚀孔	火山岩基质中易溶组分如微晶长石、暗色矿物和玻璃质等被溶蚀而成	孔径小，分布密，常与裂缝、溶孔连通形成较好储层	熔岩（特别是流纹岩）、火山碎屑熔岩
	次生矿物溶孔	火山岩固结成岩后形成的次生矿物（包括蚀变矿物、胶结物、热液矿物）中的溶蚀孔	孔隙形状不规则，分布无规律	可见于各类火山岩中
	微溶孔	由火山灰溶蚀后形成	孔径小，分布密，常与裂缝、溶孔连通	凝灰岩、凝灰熔岩、沉凝灰岩
	杏仁体溶孔	由火山熔岩中的杏仁体经过部分溶蚀形成	只见于残余气孔与残余杏仁体，形状不规则	主要分布于火山熔岩中，其次火山碎屑熔岩中
	构造裂缝	火成岩成岩后受构造应力作用所产生的裂缝	有高角度、低角度、水平裂缝，常与气孔和基质溶孔连通	见于火山岩构造带的各种岩性中
	残余构造缝	火成岩中的构造裂隙被后期热液不完全充填	不规则形状的晶洞，裂缝壁上生长有次生矿物	见于火山岩构造带的各种岩性中
	风化淋滤孔缝	裂缝被充填后由于溶蚀作用重新开启成为有效储集空间	溶蚀裂缝边缘不规则，溶蚀呈港湾状	风化剥蚀面及火山喷发旋回的上部岩石中

玄武岩、安山岩等中基性熔岩气孔发育，常见长石溶蚀孔、少量碳酸盐溶蚀孔、裂缝。

流纹岩孔隙类型主要以气孔为主，脱玻化微孔、长石斑晶溶孔也较发育。

熔结凝灰岩、凝灰岩孔隙类型以火山灰溶蚀孔、长石晶屑溶蚀孔为主，其最重要的储集空间——火山灰被溶蚀后形成的大量微孔，这些孔隙孔径虽小，但是数量多，连通性好，所以也能形成好的储层。当火山灰被强烈溶蚀时，可形成大的溶洞，这时会形成很好的储层。熔结凝灰岩中浆屑内可含有一定量的不规则状、管状气孔。

火山角砾岩、集块岩主要发育火山角砾间孔缝、火山角砾间溶孔，一般孔隙之间的连通性较差，但如果有后期构造裂缝将其连通，则可以形成良好的储层。

研究区由构造作用产生的裂缝、微裂缝可以出现在各种类型的火山岩中。

在火山熔岩和火山碎屑熔岩中，均发育原生孔隙和次生孔隙的储集空间，原生孔隙是储集空间发育的前提和基础。是否能形成储层，原生孔隙是先决条件，次生孔隙是形成有效储集空间的关键。

3）火山岩成岩作用类型、标志及其对储层物性的影响

对A1区块营城组火山岩钻井岩心样品的成岩作用进行详细的研究，最终把火山岩成岩作用类型分为14种（表2-4-3）。研究火山岩不同成岩阶段、不同成岩作用类型，查明各种成岩作用对火山岩原生和次生孔隙、储集空间构成及其连通性的影响，探讨火山岩成岩演化与储集空间发育及有利储层分布之间的关系。

表2-4-3　火山岩主要成岩作用类型及标志

成岩作用阶段	成岩作用类型		成岩作用标志
早期成岩作用阶段	冷凝固结成岩作用（火山熔岩、火山碎屑熔岩）	挥发分逸出	火山熔岩和火山碎屑熔岩层上部发育的气孔构造
		熔蚀作用	斑晶边部被熔蚀成港湾状，斑晶内部有时可见熔蚀孔
		等容冷凝结晶	火山熔岩和火山碎屑熔岩层顶部发育石泡构造
		准同生期热液沉淀结晶	准同生期热液活动造成气孔和石泡空腔孔充填
		熔结作用	火山碎屑被熔岩物质胶结，发育假流纹构造
		冷凝收缩	火山熔岩和火山碎屑熔岩中发育的冷凝收缩缝
		分熔冷凝结晶	偏基性基质与富硅熔体熔融状态下分离，富硅组分形成中基性岩中的"石英杏仁体"
	压实固结成岩作用（火山碎屑岩、沉火山碎屑岩）	早期压实胶结作用	碎屑颗粒间接触紧密，火山碎屑物质被火山灰和准同生期孔隙流体沉淀胶结
晚期成岩作用阶段	热液作用，淋滤作用，埋藏作用（各种类型火山岩）	充填作用	石英、绿泥石、方解石等矿物充填孔隙
		脱玻化作用	不稳定的火山玻璃（包括火山碎屑岩中的玻屑）逐渐转化为黏土矿物雏晶、蛋白石或沸石
		交代作用	方解石交代碎屑颗粒和部分基质
		机械压实压溶作用	火山碎屑岩和沉火山碎屑岩中刚性颗粒间压实产生碎裂或缝合线构造
		胶结作用	自生黏土矿物分布在粒间孔隙中胶结碎屑颗粒，部分石英晶屑可见次生加大现象
		溶解作用	长石斑晶或晶屑，交代或充填作用形成的方解石、沸石，火山凝灰基质等遭受溶解

松辽盆地营城组火山岩的成岩作用阶段分为早期成岩作用阶段和晚期成岩作用阶段，早期成岩作用阶段的成岩作用按不同岩性的成岩方式不同分为冷凝固结成岩作用和压实固结成岩作用。压实固结成岩作用即火山碎屑岩和沉火山碎屑岩在早期成岩作用阶段发生的早期压实胶结作用，而冷凝固结成岩作用主要发生在火山熔岩和火山碎屑熔岩中，分为熔蚀作用、挥发分逸出、等容冷凝结晶、准同生期热液沉淀结晶、熔结作用、冷凝收缩作用和分熔冷凝结晶；晚期成岩作用阶段火山岩受到热液、淋滤和埋藏作用的影响，其成岩作用类型表现为充填作用、脱玻化作用、交代作用、机械压实压溶作用、胶结作用和溶解作用。

决定火山岩储层特征的主要因素之一就是其成岩作用方式。冷凝固结的岩石，其孔隙度和渗透率等物性特征随埋深的增加变化很小；压实固结的火山碎屑岩类，物性随深度的变化规律类似于沉积岩；而后生成岩作用对火山岩储层物性的影响也很重要，其既可以充填孔隙使储层物性变差，也可以在溶解作用控制下开启部分次生孔隙。松辽盆地营城组火山岩不同岩石类型在不同成岩作用的影响下孔隙发育特征也有所不同。

早期成岩作用主要影响原生孔隙的发育，晚期成岩作用影响次生孔隙的发育。使松辽盆地营城组火山岩储层物性降低的主要成岩作用类型有准同生期热液沉淀结晶、早期压实胶结作用、充填作用、机械压实压溶作用和胶结作用，而挥发分逸出、等容冷凝结晶、冷凝收缩和溶解作用是产生孔隙空间使储层物性变好的主要成岩作用类型。

4）火山岩喷发旋回及火山机构与有效储层关系

（1）火山岩喷发旋回顶部易形成有效储层。

Volcanic cycle—a regular sequence of changes in the behavior of a volcano（火山旋回是指反映某火山的行为变化的一个规则层序）（Jackson，1997）。这一定义虽然简单，但它指出了火山旋回的三个要点：首先，火山旋回是一套规则的、与火山作用有关的岩石序列，应具有一定的叠置关系或规律性；其次，火山旋回是一个火山内部性状变化的外部表象，而且这种变化也应该是遵循一定规律的；第三，同一火山旋回的物质必须源于同一火山。

实际研究中，火山旋回的定义又是服务于研究目的的。例如，研究区域性构造岩浆作用，着眼于区域乃至全球尺度的构造岩浆事件的大的宏观规律，则火山旋回的时空尺度就很宏大，其涵义要超出上述对火山旋回的定义的三项原则，一个火山旋回可能是一个纪或更大的时限跨度。这种火山旋回可以认为是广义火山旋回。而在火山岩储层研究中，火山岩旋回就必须是对储层刻画和储层对比有实际作用的、具有成因联系的、火山成因岩石的叠置序列，可以将其理解为狭义火山旋回。

依据火山旋回的三个基本要素，即共生序列、内在规律的外部结构表现、同源性，最后着重考虑对储层研究的指导作用，采用"组内划段—段内划旋回—旋回内划期次"的方案，进行单井旋回划分。

从单井揭示的火山岩喷发旋回看，不同旋回不同岩性火山岩，顶部旋回储层发育；同旋回同岩性的火山岩，顶部期次储层发育。熔岩通常为喷发末/晚期产物，抗风化、保存好，物性受埋深影响小。旋回顶部暴露时间长，受风化淋滤作用改造强烈，易产生溶蚀孔缝，改善孔缝连通性。旋回顶部形成不整合界面，构成平面上延伸较远的流体运移通道高部位利于成藏（形成构造圈闭）。

（2）近火山口叠合区储集物性最佳，是火山岩气藏发育的最有利部位。

火山口—近火山口相带的特征岩性为角砾/集块熔岩、隐爆角砾岩和珍珠岩，特征岩相为火山通道相、侵出相，该相带的火山岩具有厚度大、倾角大、延伸距离小的特征，储集空间主要为大气孔、气孔被充填后的残余孔、杏仁体内孔和砾（粒）间孔，炸裂缝、构造缝和脱玻化产生的微裂缝，少量溶蚀缝。近源相带的特征岩性为晶屑、岩屑、浆屑凝灰熔岩，特征岩相为楔状和块状喷溢相（具高角度流纹构造）、爆发相（具假流纹构造），该相带火山岩厚度中等、倾角大、延伸较远，储集空间主要为小气孔和晶间孔，构造缝、炸裂缝和溶蚀缝。远源相带的特征岩·性有层状火山碎屑岩、沉火山碎屑岩和平缓层状凝灰熔岩，特征岩相为具层理的火山沉积相和爆发相，该相带的火山岩厚度薄、倾角小、延伸范围大，储集空间主要为微气孔、溶蚀孔和高角度构造裂缝。总体而言，火山口—近火山口相带火山岩在横向和纵向变化快，远源相带火山岩在横向和纵向上分布较稳定。

火山机构中心相带储集性能优势：火山岩厚度大，熔岩比例大，原生孔隙发育；风化淋滤作用时间相对较长，次生溶孔发育；构造应力集中，构造裂缝发育，孔缝连通性好，纵向渗透性好；流体改造作用强（隐爆角砾岩化）。

火山口—近火山口相带储层物性最好，可作为火山岩勘探的首选目标；近源相带储层物性较好，可作为备选目标；远源相带多属于低孔隙度低渗透率储层，目前是勘探的高风险区。

5）构造用作改善储层的储集性能

与常规油气藏不同的是，火山岩储层的有效储集空间以裂缝为主。裂缝不仅为油气迁移提供通道，也为其聚集储存提供了空间；裂缝可以沟通原生孔隙和裂缝、改善火山岩储集性能。

构造裂缝形成的外因是构造应力，构造应力集中的部位容易产生裂缝，裂缝一般主要发育在靠近大断裂附近区域。沿断裂带附近断裂与裂缝发育程度较高，远离断裂带，断裂与裂缝发育程度较低。构造裂缝形成的内因是岩石本身的物理化学性质，不同的岩石类型其裂缝的发育程度也有差异，其中流纹岩、熔结凝灰岩、晶屑凝灰岩岩性致密，构造缝发育，而其他火山岩岩石类型裂缝发育程度相对较低。构造裂缝本身是火山岩储层天然气重要的渗流通道，同时也是地下水和有机酸的重要通道，为溶蚀作用发生起了重要作用。

6）结论

对有效储层的形成分布控制因素进行了分析和总结，认为：

（1）火山岩储层原生孔隙的保存、次生孔隙的形成，以及裂缝的发育等主要受岩性岩相、成岩作用、火山岩喷发旋回、火山机构和构造作用等因素控制；

（2）岩性和岩相决定了火山岩原生孔隙的形成与数量；

（3）成岩作用决定了原生孔隙的保存、次生孔隙的形成；

（4）火山岩喷发旋回和火山机构类型决定有效储层发育部位；

（5）而构造作用对火山岩储层的后期改造，对形成使原生孔隙相互连通的裂缝起着重要作用。

2. 火山岩有效储层分类预测方法研究

火山岩不同于砂岩和碳酸盐，有其独特的火山沉积学特点，正是由于这一特点，导致各种常规储层预测方法在火山岩储层预测中难以取得较好的效果（表2-4-4）。本部分探索了一种基于火山岩特点的"源—体—期次—相"控制下的储层预测方法，并将其与叠前地质统计学反演相融合，取其各自的优点，从而解决了火山岩储层预测难题，实现了火山岩有效储层的分类预测。

表 2-4-4　储层预测方法优缺点统计表

反演方法		优点	缺点
叠后确定性反演		算法简单、计算速度快	反演结果过于依赖模型，反演结果单一
叠前确定性反演	常规确定性反演	完整保留地震特征，多解性小，可同时得到多种属性体	反演结果过于依赖模型，分辨率低，抗噪能力差
	"四控"反演	除具备叠前常规确定性反演的优点外，突出"源—期次—体—相"对火山岩储层分布的控制作用	分辨率较低，不能表征火山岩储层非均质特征
地质统计学反演		较完整地保留地震特征，可同时得到多种属性体，横向变化快，纵向分辨率高	反演过程非常耗时，为了得到可靠的结果，通常需要计算几十甚至上百个实现，在火山岩体处反演结果没有四控反演结果好
叠前联合反演		除具备叠前地质统计学反演的优点外，同时能够较好地反映岩相和火山岩体对有效储层分布的控制作用	反演过程较复杂，计算耗时

　　由于火山岩岩性的多样性，岩性成因的不确定性，岩相分类的复杂性等众多因素影响，常规储层预测方法很难适用于火山岩储层。针对火山岩储层特点，探索利用"源—体—期次—相"四控反演技术（图 2-4-13）预测火山岩有效储层分布。

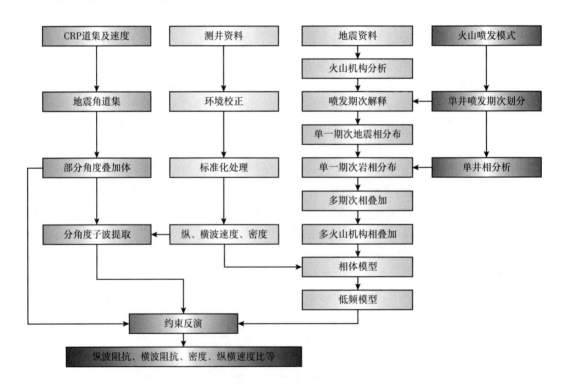

图 2-4-13　"四控"储层预测流程图

1）岩相模型的建立

各个气层组岩相分布图是在岩心相分析的基础上对工区内的单井相进行分析，进而对剖面、平面上的相进行组合和展布分析，结合地层展布、地震相以及地震属性等研究，总结出的时空演化与展布规律，所以岩相分布图是火山岩岩性和储层分布的一个综合响应，本次研究采用岩相约束建模。

（1）在地质框架的约束下，统计每一个气层组井点处井曲线与岩相的关系；

（2）应用在井点处统计得到的关系公式，创建属性体；

（3）应用简单克里金差异法提高属性体与测井曲线的匹配度。

如图 2-4-14 所示，由岩相控制下得到的模型，在岩相的边界处差异明显，但在同一岩相内部，连续性明显变好。

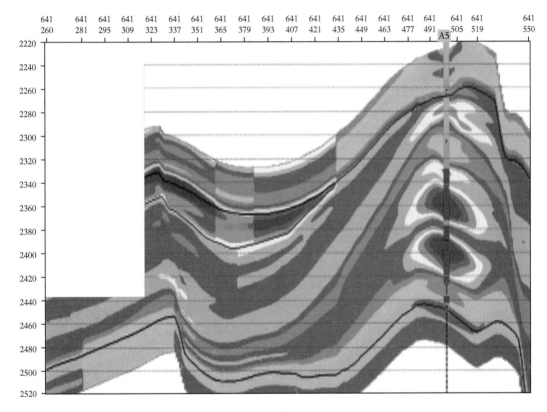

图 2-4-14　过 A1 区块 A5 井相控模型剖面

2）火山体及期次模型的建立

通过前面研究，可知同一火山岩体储层连通性、物性、含气性等基本相似，但不同火山岩体间差异很大。常规层状介质模型手段不适合火山岩体储层的地质特征，初始模型难以真实反映储层的纵横向变化，尤其是不同火山岩体间井资料的相互影响，使每个火山岩体的初始模型更加不准确。为了解决该问题，本次研究采用火山岩体控制建模，并精细解释了每个火山岩体内部的喷发期次，通过火山岩体及期次建模（图 2-4-15），准确地描述储层在火山岩体内部的分布特征。

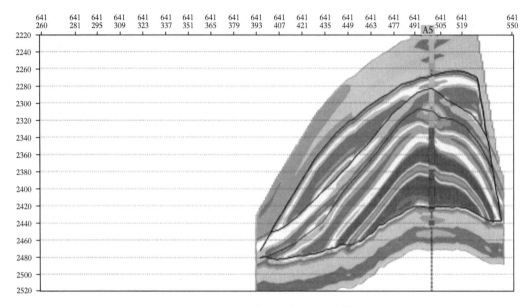

图 2-4-15 过 A1 区块 A5 井火山体控模型剖面

3）相模型与体期次模型相融合

为了获得空间连续的反演体，将体期次模型与相模型进行融合，即在解释有火山岩体的空间使用火山岩体模型，在火山岩体外部使用相模型（图 2-4-16）。

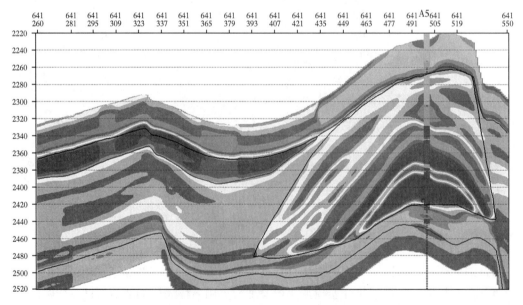

图 2-4-16 过 A5 井火山四控模型剖面

4）"四控"约束下的反演

"源—体—期次—相"四控模型建立好后，进行约束稀疏脉冲反演、叠前确定性反演，获得"源—体—期次—相"四控反演数据体。经过精细调整反演参数，得到"源—体—期次—相"四控反演剖面,如图2-4-17所示为该方法反演后抽取的一条联井剖面,可以看到纵波阻抗与横波阻抗反演剖面基本一致,纵波阻抗与密度反演剖面在营城组一段顶部一致,营城组一段底部差别较大,没有密度反演剖面与有效储层对应关系好。从平面上看,密度切片与产能井的对应关系也要好于纵波阻抗,与岩石物理参数分析结果一致。

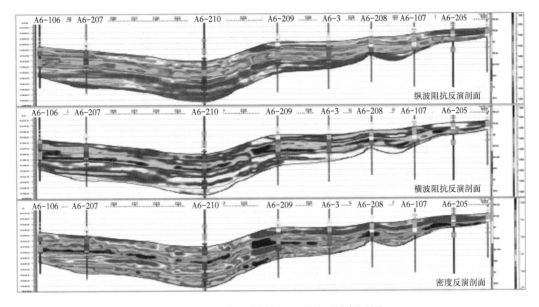

图2-4-17 火山岩储层"四控"反演剖面图

5)联合反演与有效储层分类预测

通过对各种反演结果进行对比分析,"源—体—期次—相"四控叠前反演与叠前确定性反演剖面对比,相同岩相间连通性变好,不同岩相间反演结果变化更加明显,突出了岩相对有效储层分布的控制作用,所以,"源—体—期次—相"四控叠前反演结果要好于叠前确定性反演。将"源—体—期次—相"四控叠前反演剖面与叠前地质统计学反演剖面对比,两个剖面空间变化都比较大,叠前地质统计学纵向分辨率更高,与井的吻合度更好。但在火山岩体区域,四控反演剖面火山岩体边界非常明显,内部储层得到了有效的突出,反演结果更好一些。所以,应该综合应用叠前地质统计学反演和"源—体—期次—相"四控叠前反演结果。

综上分析,可知"源—体—期次—相"四控叠前反演能够更好地表征火山岩相、火山岩体的变化,尤其能够突出火山岩体储层的影响。但叠前地质统计学反演纵向分辨率更高,靠近断层和剥蚀区的区域反演结果更好。综合各种反演方法的优点,按照保留火山岩特征,同时兼顾与井吻合程度,将"源—体—期次—相"四控叠前反演和叠前地质统计学反演结果进行信息融合,得到最终的反演结果。其过程为在火山岩体区域保留"源—体—期次—相"四控叠前反演结果,其他区域采用"源—体—期次—相"四控叠前反演结果作为初始模型,进行横向趋势控制,叠前地质统计学反演结果作为纵向、横向局部调节,用以提高纵向分辨率和横向非均质性,最终得到适合本区地质分析的各参数体(图2-4-18)。

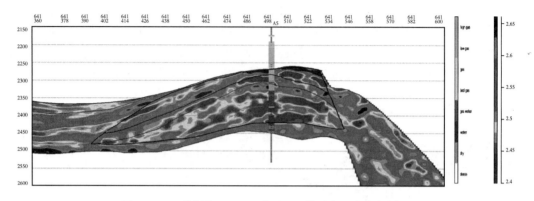

图 2-4-18　徐深气田 A1 区块过 A5 井联合反演密度剖面

在联合反演基础上，参考有效储层划分标准（表 2-4-5）、区域汽水关系以及裂缝预测成果，进行火山岩有效储层的分类预测。

表 2-4-5　有效储层分类标准

储层分类	物性标准				电性标准	
	孔隙度（%）	渗透率（mD）	含气饱和度（%）	平均孔喉半径（μm）	AC（μs/ft）	密度（g/cm³）
I	>10	>0.2	>55	>0.08	≥61.5	≤2.4
II	5~10	0.03~0.2	45~55	0.05~0.08	59~61.5	2.4~2.48
III	3.2~5	0.018~0.03	<45	<0.05	55~59.0	2.48~2.53

6）小结

（1）根据火山岩有效储层分布的控制条件，探索出一套基于"源—体—期次—相"四控反演技术流程。该反演方法能够有效突出火山岩岩相对有效储层分布的影响，在同一岩相内部，有效储层变得相对连续，在不同岩相间变化增大。并通过精细解释的火山岩体和喷发期次的控制，有效地提高了火山岩体由于模型不准确造成反演精度不高的问题。

（2）通过分析叠前地质统计学反演结果和"源—体—期次—相"四控反演结果，认为将两种反演方法综合起来，能够最佳地表征火山岩储层分布特点。

（3）一般地讲，气藏受到局部构造特征和火山岩相带构造特征的控制，在火山岩体、构造有利位置、主断裂附近有效厚度大，含气性好。

第五节　地质建模技术

一、地质建模概念

三维地质建模（3D Geosciences Modeling）是运用计算机技术，在三维环境下，将空间信息管理、地质解释、空间分析和预测、地学统计、实体内容分析以及图形可视化等工具结合起来，并用于地质分析的技术。它是随着地球空间信息及时的不断发展而发展起来的，结合地质勘探、数学地质、地球物理、矿山测量、矿井地质、地理信息系统（GIS）、图形图像和科学计算等学科交叉而形成的一门学科。三维地质建模主要有两个目的：一是为数值模拟提供基础模型；二是用于油藏的整体评价，例如油藏勘探、开发的风险评价。

本书以 Petrel 建模软件为例，遵循三维地质建模的一般规律点 → 面 → 体的步骤，建模思路是：结合构造解释的断层、层位与地质研究的井分层，建立精细的网格化构造模型；在构造模型框架内，粗化井曲线，分析储层的变差函数；将反演数据重采样输入到网格作为约束条件，建立储层模型；以储层模型为基础，建立孔隙度、渗透率、饱和度模型，如图 2-5-1 所示。

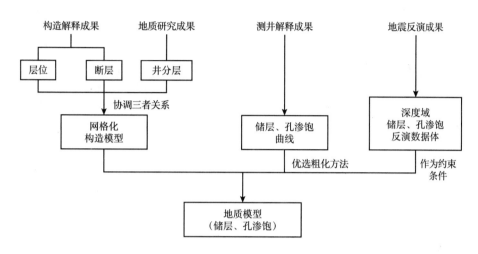

图 2-5-1　井震结合三维地质建模主要流程

二、构造建模

构造模型能够准确反映油藏的构造格架，它不仅能反映断层及各小层的总体形态，而且能对各层构造的细微变化做出精确的定量描述，定量描述油藏外部几何形态，后续的储层模型、数模和油藏分析等提供支持和基础。构造建模内容包括断层模型、层面模型、空间网格模型，是利用研究区块内的井筒地质分层数据、断点数据、地震资料解释的断层和层位数据联合构建起来的，是精细刻画断层与地层组合关系的地层结构模型，同时也是地层构造特征的数字化的体现，它是进一步精细刻画地层构造框架内部储层及其属性参数空间发育特征的基础。

1. 断层模型

断层模型为一系列表示断层空间位置、产状及发育模式（截切关系）的三维断层面。主要根据地震解释数据，包括断层多边形、地震解释断层数据及井断点数据，通过一定的数学插值，并根据断层间的截切关系进行断层面的编辑处理。一般包括以下两个环节。

（1）断层数据准备。

收集工区内的断层数据信息，包括断层多边形、地震解释断层数据，井断点数据等，并根据构造图（平面图和剖面图）落实建模工区内每条断层的类型、产状、发育层位及断层间的切割关系等。

（2）断层面生成。

断层面插值的过程就是将地震解释断层面数据通过一定的插值算法生成断层面。断层模型反映的是三维空间上的断层面，断层建模即建立断层在三维空间的分布模型，是构造建模中最重要的一步。在 Petrel 中断层建模是一个重新描述和刻画断层的过程，描绘断层的数据文件被用来定义断层的初始形状。可以通过使用 Key pillar 来建断层，Key pillar 是在断面中的一条粗略的垂线，由 2 个、3 个或 5 个点（定形点）所定义。一组侧面相连的 Key pillar 就定义出了一条断层的形状和空间展布，如图 2-5-2 所示。

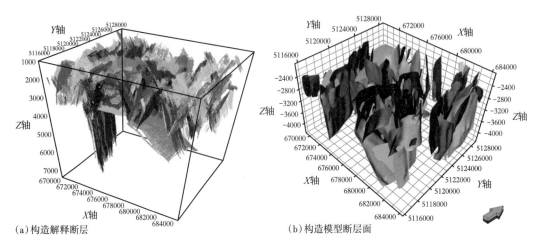

(a) 构造解释断层　　　　　　　　　　　　　　(b) 构造模型断层面

图 2-5-2　D 区块断层模型

2. 层面模型

将构造解释的深度域构造面导入到工区内，根据构造面和断层的错断关系，用断层控制局部，合理调整，建立构造模型。对构造模型进行逐层检验，构造模型层面与构造解释层面变化趋势一致，如图 2-5-3 所示。

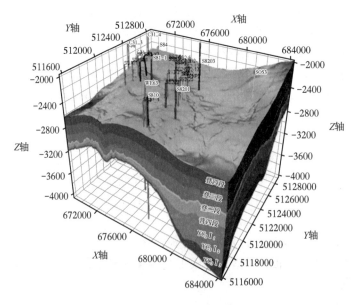

图 2-5-3　D 区块构造模型

由于火山岩储层发育受火山体空间分布控制，除了建立的层面模型以外，还需要根据地震解释的火山体分布空间范围，按照火山体前后叠置顺序，建立火山体模型，为后续体控属性建模提供框架基础，如图 2-5-4 所示。

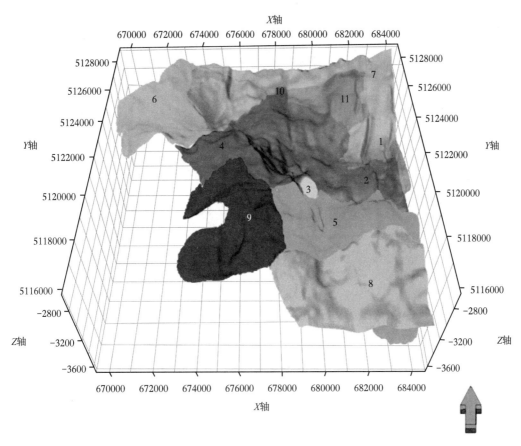

图 2-5-4　D 区块火山体叠置关系图

3. 空间网格模型

空间网格化是建立基于分层和断层的三维网格框架，为后续模型提供理想的三维网格。不同的网格类型、网格尺寸、网格定向、网格规模对模型模拟结果的精度及可靠性都会产生很大的影响。因此，要保证模拟计算结果的正确性与合理性，确定一套合理的网格系统是模拟研究的前提。角点网格是一种新型的网格类型，它用不规则六面体的 8 个顶点坐标描述离散网格的空间位置。由于角点网格的网格线可以是任意走向，因而可以精确描述气藏的几何形状及地质特征，尤其是构造起伏变化大、断层发育的复杂气藏。网格大小的确定要考虑目前的井网密度、地震的道间距、火山体的横向延伸长度和宽度以及数模能够计算的精度。

三、属性建模

属性建模是三维地质建模的核心内容，其目的就是在构造模型框架内，依据储层沉积学理论，以计算机技术为手段，采用科学计算方法，进一步刻画储层及其内部属性参数的空间分布。火山岩属性建模需要建立岩相、储层、孔隙度、渗透率、饱和度模型。在建立属性模型的过程中主要应用到的数据是井点上的属性曲线和对应的属性反演体。建模过程中首先检查井上的属性曲线值，对于离散的属性，如岩相等，应当与岩相分类的范围相符；对于连续的属性，如孔隙度、渗透率等，应当满足合理的值域区间和分布规律，如图 2-5-5 所示。之后后对属性曲线进行粗化处理，将井曲线数值匹配到井轨迹所穿过的地层网格中，使每一个网格单元获得一个属性值，最后对离散化后得到的数据进行变差函数的分析，给出合理的主变程、次变程和垂向变程。

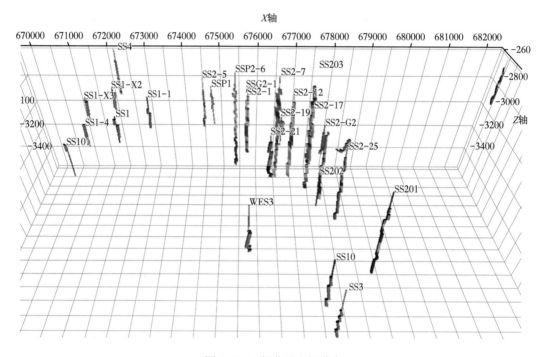

图 2-5-5　粗化后空间分布

1. 岩相模型

在各火山体内部，以粗化岩相数据为基础，以平面相图为约束，通过变差函数分析，建立岩相模型。岩相模型平面上与相图分布相似，纵向上比例与井数据相同，如图 2-5-6 所示。

2. 储层模型

根据火山岩储层综合预测的分析，营城组三段的有利储层敏感曲线为密度曲线，因此以密度曲线为基础，进行数据粗化及变差函数分析，以储层反演的密度体为趋势，应用序贯高斯算法进行模拟，随机实现 10 个密度模型，以适应储层的不确定性，最后将 10 个随机实现的密度模型进行算术平均后得到一个平均密度模型，最大限度接近地下真实情况，避免了偶然的随机结果出现。模型平面有利储层分布与预测的有利储层分布图相似；井剖面与储层反演剖面结果相似，保留了井间的特征，提高了分辨率，如图 2-5-7 与图 2-5-8 所示。

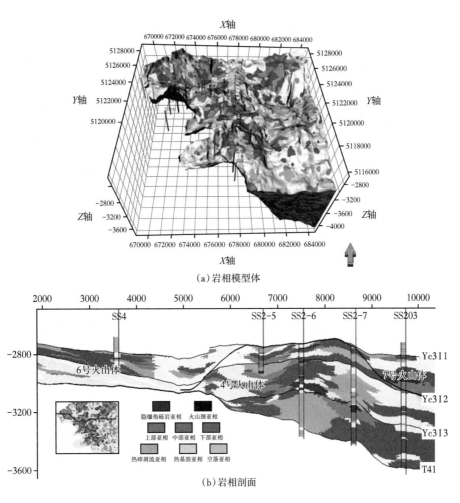

（a）岩相模型体

（b）岩相剖面

图 2-5-6　D 区块岩相模型体及剖面

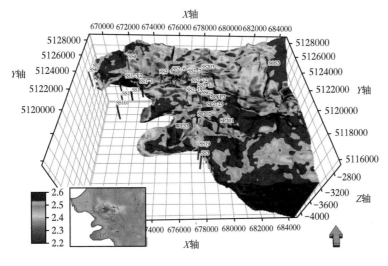

图 2-5-7　D 区块储层模型

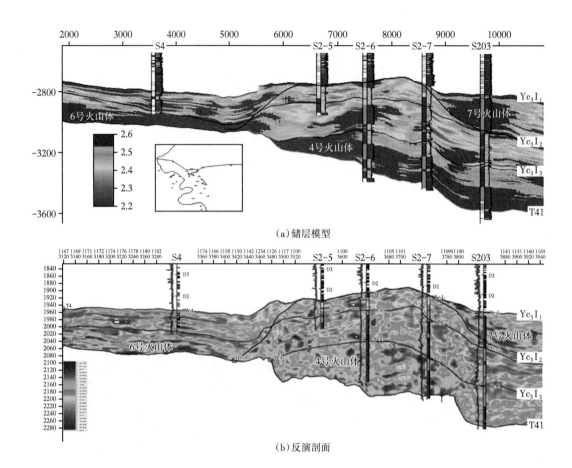

（a）储层模型

（b）反演剖面

图 2-5-8　D 区块的储层模型与反演剖面对比

3. 孔隙度、渗透率、饱和度模型

在储层模型的基础上，粗化孔隙度、渗透率、饱和度数据，去掉曲线的奇异值，使其属性值在合理范围内。以储层模型为趋势，建立孔隙度、渗透率、饱和度模型，如图 2-5-9 所示。

1）孔隙度模型

在储层模型控制的基础上，以反演孔隙度数据体作为协变量约束建立孔隙度模型。首先利用测井方法回归孔隙度曲线，以 D 区块的测井中子和密度曲线建立计算模型：

$$Por = 99.208 - 37.916 \times DEN + 0.272776 \times NPHI$$

式中　Por——孔隙度；

　　　DEN——密度，g/cm^3；

　　　NPHI——中子孔隙度。

将井点的孔隙度数据粗化到模型中，然后对井点孔隙度数据进行变差函数数据分析，主要包括输入、输出、正态变换，变差函数的设置主要包括主变程、次变程及垂向变程，计算时按不同沉积单元选择储层模型，计算方法选序贯高斯—协克里金模拟。

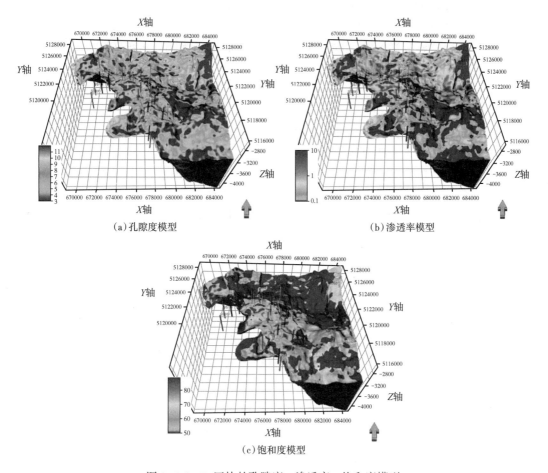

图 2-5-9　D区块的孔隙度、渗透率、饱和度模型

2）渗透率模型

同样建立渗透率曲线，利用岩心分析孔渗数据建立计算模型：

$$PERM = 0.0074 \times e^{0.4247} \times Por$$

式中　PERM——渗透率，mD；

　　　Por——孔隙度。

将井点的渗透率数进行粗化处理，将井曲线数值匹配到井轨迹所穿过地网格中，使得每一个网格单元获得一个渗透率值。对离散化后得到的数据进行变差函数的分析，在储层模型约束条件下，以孔隙度模型作为协变量约束，应用序贯高斯算法进行模拟建立渗透率模型。

3）饱和度模型

同样建立饱和度曲线，采用渗透率与岩心分析束缚水饱和度建立计算模型，计算式为

$$S_g = 100 - 37.564 \times PERM - 0.0812$$

式中　S_g——含气饱和度；

　　　PERM——渗透率，mD。

建模方法与上述渗透率模型基本相似，不再赘叙。

4）净毛比模型

根据火山岩储层分类标准，确定净毛比模型的取值界限为：密度不超过 2.53g/cm³ 且渗透率不低于 0.1mD，建立净毛比模型。

四、裂缝建模

裂缝性储层建模是反映裂缝表征参数和裂缝空间分布的三维定量模型，该模型既能反映裂缝分布规律，又能满足油藏工程研究需要。目前，裂缝描述的软件产品主要有：Petrel 的裂缝模块、RMS 的裂缝模块、Fraca、Fracman 等。本文以 Petrel 软件裂缝建模功能为例，基于叠前裂缝预测的裂缝密度属性体生成 DFN 裂缝模型。

DFN 离散裂缝网络建模是通过展布于三维空间中的各类裂缝片组成的裂缝网络集团来构建整体裂缝模型，实现了对裂缝系统从几何形态直到其渗流行为的逼真细致有效的描述。DFN 离散裂缝建模具有多学科多资料协同的优势，能够把露头、岩心、地震、测井、地质、钻井、生产等资料充分结合进来，从多个角度认识裂缝，可以考虑多条件约束建立裂缝模型，建立的裂缝模型相对合理。DFN 离散裂缝网络建模主要存在三方面的优点：（1）DFN 模型实现了对裂缝系统从几何形态直到其渗流行为的逼真细致而有效的描述；（2）DFN 建模方法提供了一个整合各类裂缝数据的平台，产生出一个能综合反映各类数据所包含的裂缝信息的自洽的裂缝模型；（3）DFN 模型具有动态拟合功能，它通过所计算出的模拟曲线和实测动态曲线进行对比来调整模型参数，从而使建立的模型更加可靠。一般 DFN 离散裂缝网络建模主要流程如图 2-5-10 所示。

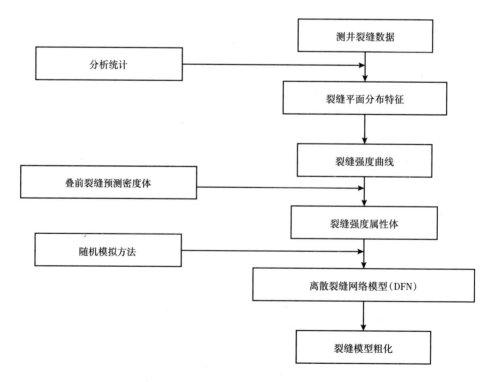

图 2-5-10　DFN 离散裂缝网络建模流程图

1. 裂缝数据分析

对测井裂缝数据进行分析，生成裂缝强度曲线以井点裂缝数据为基础，产生蝌蚪图和玫瑰图，得到各沉积单元的裂缝倾角及方位角信息；然后利用 Petrel 的裂缝强度计算功能，生成表示各井裂缝发育强度的曲线，为下一步裂缝强度在三维及二维空间的描述奠定基础。如图 2-5-11 所示为 A1 井的单井裂缝数据分析，蝌蚪图中蝌蚪的头代表裂缝方位角，蝌蚪尾巴代表倾角，并按照沉积单元生成玫瑰图，就可得到各沉积单元的裂缝分布特征。从裂缝强度曲线可以看出，数据点分布密集的地方裂缝强度相对较大。

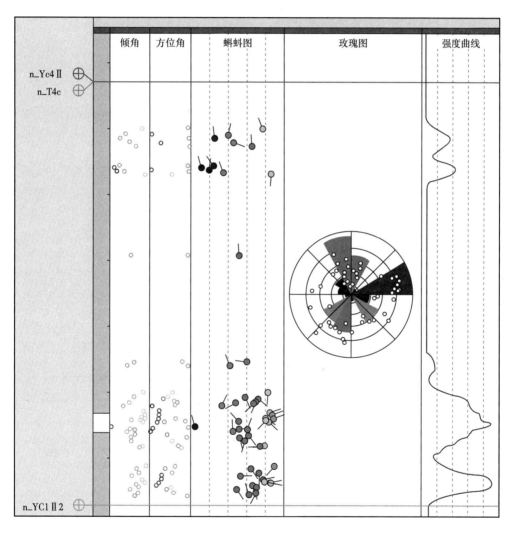

图 2-5-11　A1 井裂缝井数据分析

2. 裂缝属性体

以离散到网格的裂缝强度曲线为基础，以叠前裂缝预测的裂缝密度属性体为约束条件，生成裂缝强度属性体。如图 2-5-12 所示为 Yc1 I 1 沉积单元的裂缝强度属性体，可以看出，强度较大的区域井点分布较密集。

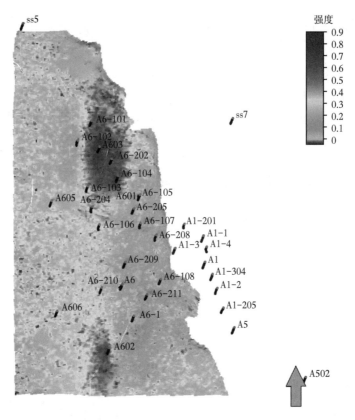

图 2-5-12　裂缝强度属性体（Yc1Ⅰ1）

3. 离散裂缝网络模型（DFN）

应用 Petrel 软件裂缝建模模块，以裂缝强度属性体为重要约束条件，根据井点裂缝数据的分析结果设定各沉积单元的裂缝长度及方位等参数，分别模拟了不同个沉积单元的DFN 裂缝模型，如图 2-5-13，图中颜色代表了裂缝片的开度属性。

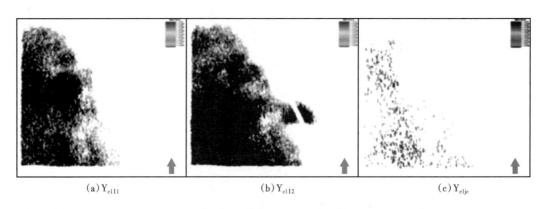

(a) Y_{c1I1}　　　　　　　　　　(b) Y_{c1I2}　　　　　　　　　　(c) Y_{c1jc}

图 2-5-13　研究区各层裂缝模型

4. 裂缝模型分析

从裂缝模型可以看出，不同沉积单元裂缝发育程度迥异，同一沉积单元内的不同区域，裂缝发育强弱也有差异，区块西南部裂缝较西北部裂缝发育较弱。

5. 裂缝属性计算

利用已经建立的离散裂缝网络（DFN）模型，采用科学的计算方法，得到裂缝长度、开度及裂缝渗透率属性值，计算方法如下。

（1）裂缝长度和切深。

$$L = \mathrm{sqrt}(c \times \mathrm{surface\_area})$$
$$a = \mathrm{sqrt}(\mathrm{surface\_area}/c)$$

式中　L——裂缝长度，m；

　　　a——裂缝切深，m；

　　　c——裂缝片的长宽比；

　　　surface_area——裂缝片的总裂缝面积，m²。

图 2-5-14 所示为裂缝长度统计图，裂缝最大长度为 499.99m，平均长度为 163.96m。图 2-5-15 所示为裂缝切深统计图，裂缝最大长度为 250m，平均长度为 81.98m。

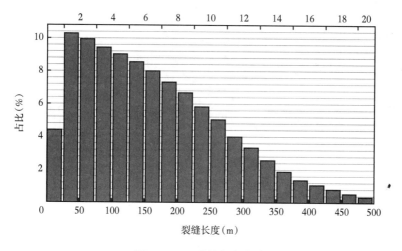

图 2-5-14　裂缝长度统计

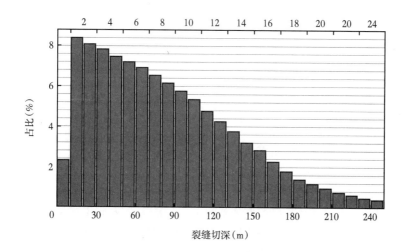

图 2-5-15　裂缝切深统计

（2）裂缝开度。

$$Aperture = sqrt\,(\,surface\_area\,)\,/5000$$

式中 Aperture——裂缝开度，m；

surface_area——裂缝片的总裂缝面积，m^2。

如图 2-5-16 所示为裂缝开度统计图，裂缝开度最大值为 0.07，平均值为 0.02。

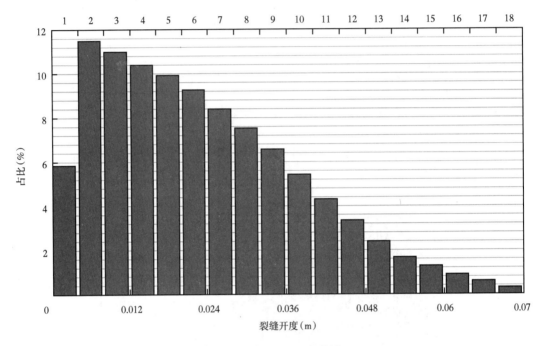

图 2-5-16 裂缝开度统计

（3）裂缝渗透率。

$$Permeability = pow\,(\,Aperture,\,3\,) \times pow\,(\,10,\,9\,)\,/12$$

式中 Permeability——裂缝渗透率，mD；

Aperture——裂缝开度，m。

（4）裂缝模型粗`化。

模型粗化的目的就是将油藏精细地质模型粗化到油藏数值模拟器能接受的网格规模，而前提是要最大限度地保持原来的地质信息。油藏模型网格粗化就是把细网格模型粗化成一个等效的粗网格模型，保持这两个模型系统的油藏物性与渗流特征尽可能相同。由于油藏的非均质性，油藏模型网格粗化既要考虑满足油藏数模软件对网格数的处理能力，又必须尽可能地保留原细网格模型的重要地质特征。

裂缝模型粗化采用软件提供的 Oda 数据统计计算方式进行，建立了裂缝孔隙度模型、裂缝渗透率（I，J，K 方向）模型。以 YC_1I_1 沉积单元为例，如图 2-5-17 至图 2-5-20 所示分别是模型粗化后的裂缝孔隙度模型和 I，J，K 三个方向上的裂缝渗透率模型，如图 2-5-21 所示为粗化后裂缝的 Sigma 因子。从粗化结果来看，模型裂缝孔隙度均小于4%，有效裂缝渗透率主要集中在 0.01~10mD。

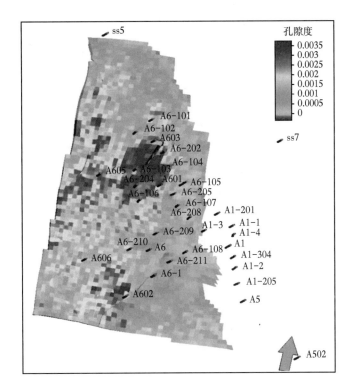

图 2-5-17　裂缝孔隙度模型

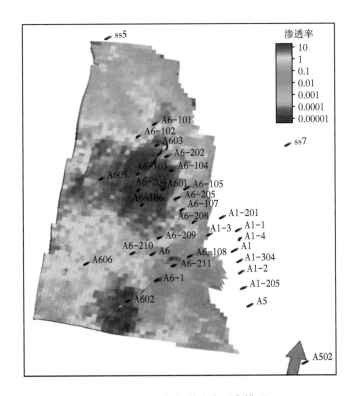

图 2-5-18　*I* 方向裂缝渗透率模型

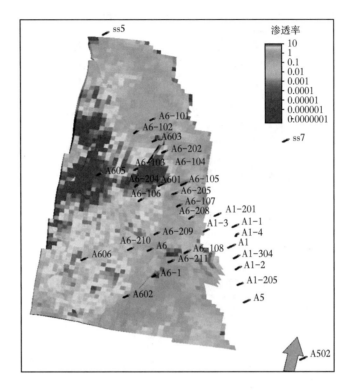

图 2-5-19 *J* 方向裂缝渗透率

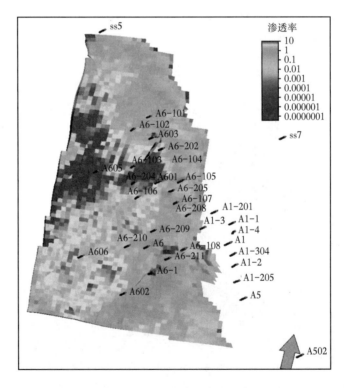

图 2-5-20 *K* 方向裂缝渗透率

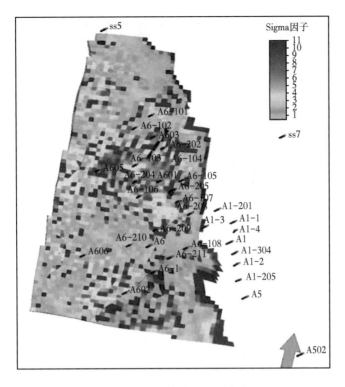

图 2-5-21 裂缝 Sigma 因子

五、模型储量计算

地质储量是油田开发过程中一项基本而重要的参数，其大小直接影响油藏开发效果评价的准确性。容积法是计算油气藏地质储量的重要方法，在油田开发过程中，常常需要用容积法计算不同区块、不同井组、不同沉积单元的地质储量，为选取开发措施提供依据。在用容积法计算地质储量的运算过程中，采用确定区块面积后，根据全区的各项参数平均值来计算区块的地质储量。其计算储量的实质是计算地下岩石孔隙空间内油气的体积，然后用地面体积单位或质量单位表示。气藏容积法储量计算公式为

$$G = \frac{0.01Ah\phi(1-S_{wi})}{B_{gi}} \qquad (2-5-1)$$

式中　G——气藏的原始地质储量，$10^8 m^3$；

　　　A——含气面积，km^2；

　　　h——平均有效厚度，m；

　　　ϕ——平均有效孔隙度；

　　　S_{wi}——平均原始含水饱和度；

　　　B_{gi}——平均天然气体积系数。

在已建立的地质模型中，设置含气边界及气水界面，应用已有的净毛比模型和孔隙度、渗透率、饱和度模型计算不同区块、不同井组、不同沉积单元气藏的地质储量。

第六节　火山岩地应力描述技术

一、地应力基本概念

地球内部的应力统称为地应力，由构造应力、静岩应力、孔隙流体压力和热应力等组成，其中在地壳中任一点的静岩应力、孔隙流体压力和热应力表现为各向同性。在地质学中主要探讨的是由重力和构造运动所造成的应力。由重力引起的应力为静岩应力，其应力大小是深度的函数，即

$$\sigma_1 = \sigma_2 = \sigma_3 = \int_0^Z \rho g \mathrm{d}Z \qquad (2\text{-}6\text{-}1)$$

式中　σ_1，σ_2，σ_3——三向应力，MPa；

　　　　ρ——岩石密度，g/cm^3；

　　　　g——重力加速度，m/s^2；

　　　　Z——深度，m。

然而在地球中并非到处都为静岩应力状态，尤其在地球上部。当岩石处于多向应力状态（即 $\sigma_1 \neq \sigma_2 \neq \sigma_3$）时，通常认为此时存在构造应力。构造应力是指在静岩应力状态之上所附加的一种应力状态，或是地应力中偏离静岩应力状态的部分，它是形成地壳中各种地质构造现象的主要作用力，尤其是构造差应力值大小控制了各种构造变形的强度。

应力在一定空间上的分布称为应力场。在地质历史时期中造成地质构造的应力是古应力，其在空间上的分布则称为古应力场；而现代地壳中存在的或者说正在起作用的称为现代应力场，现代地应力分布一般可用通过现场实测得到。

二、地应力测量方法

油气藏地应力的测量研究包括地应力的主方向和地应力的数值大小两个方面，油田地应力的研究方法一般可以分为两大类，即岩心应力测量和矿场应力测量。

1. 岩心应力测量

岩心应力测量主要是通过钻井取心应用各种室内实验获得应力的大小和方向，如古地磁应力方向测量、波速各向异性应力方向测量、声发射效应应力大小测量、差应变分析应力方向测量等。

1）古地磁应力方向测量

古地磁是由于岩石内存在有磁性矿物颗粒，在凝结成岩或沉积成岩过程中受当时地球磁场影响和磁化，从而定向排列记载下岩石形成的磁场信息。一般称岩石形成之初时被磁化获得的磁性叫作原生剩磁。随着地质事件发生、历史变迁推移，在漫长的时期内岩石内的磁性颗粒会继续受到地磁场影响和磁化，这时岩石获得的剩磁叫作次生剩磁或黏滞剩磁（VRM），现代地磁场黏滞剩磁一般是在近 73 万年内形成的，并与当代地磁场方向一致。由于黏滞剩磁稳定性差，在 100~350℃ 的分段热退磁可将黏滞剩磁清洗掉。将这一温度区间的退磁结果进行矢量合成，可获得低温分量方向，即代表了后期黏滞剩磁方向，它与现代地磁场方向一致，进而转换至现代地理方向。

古地磁应力方向测量是在已知古地磁偏角和岩心水平最大主应力迹线的基础上，测试古地磁方向与迹线的夹角，从而测得水平最大主应力方向，见表2-6-1。

表2-6-1 岩心的古地磁定向实验结果数据

井号	深度（m）	岩样编号	退磁场（Gauss）	磁偏角（°）	磁倾角（°）	最大角度偏差（°）	平均磁偏角（°）	平均磁倾角（°）	标志线方向（°）	校正后标志线方向（°）
A6	3731.94	1-a	0~50	338.2	−11.2	5.3	55.1	77.5	304.9	294.9
		1-b	0~50	119.0	75.6	2.0				
		1-c	0~40	345.2	65.6	3.8				
		1-d	0~50	54.4	77.1	3.1				
A5	3667.64	2-a	0~60	309.9	80.4	8.3	323.4	75.4	36.6	26.6
		2-b	0~60	329.9	70.1	6.1				
		2-c	0~90	182.8	−2.6	11.5				
		2-d	0~60	157.0	46.1	4.7				
A1-203	3520.46	3-a	0~60	103.5	85.8	4.9	96.6	68.2	263.4	253.4
		3-b	0~180	95.8	50.5	1.0				
		3-c	0~60	116.9	−59.9	3.1				
		3-d	0~210	180.9	−63.3	13.1				

2）波速各向异性方向测量

波速各向异性法是通过测得的岩心波速的各向异性来分析地应力方向的一种方法。地层中的岩石是处在三向应力作用状态下的，当钻井取心时岩石脱离应力作用状态，岩心将产生应力释放，在应力释放过程中岩石会形成与卸载程度成比例的微裂隙，且微裂隙发育程度与地应力大小及方向具有内在成因关系，如图2-6-1所示，σ_{max} 为最大主应力方向，σ_{min} 为最小主应力方向。

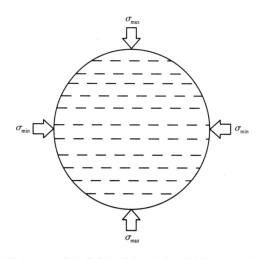

图2-6-1 岩心应力释放产生的微裂隙分布示意图

由于在最大水平地应力方向上岩心的松弛变形最大，因此，这些裂隙将垂直最大水平主应力方向。由于裂隙被空气所充填，岩石与空气的波阻值相差很大，声波在岩石中传播的速度远大于在空气中传播的速度，所以岩心中微小裂隙的存在使得声波在岩心的不同方向上传播的速度不同，且存在明显的各向异性特征，即岩石在最大主应力方向上声波传播速度最慢，在所受应力最小的方向上声波传播速度最快。

通过波速各向异性实验确定出最大水平主应力相对于标志线的方向之后，结合古地磁定向确定的标志线的地理方位，最终确定出最大水平主应力的地理方位，见表2-6-2。

表2-6-2　波速各向异性测试最大水平主应力方向

井号	深度（m）	岩性	最大水平主应力相对方向（°）	标志线与地理北极方位（°）	最大水平主应力方向（°）
A6	3731.94	灰色火山角砾岩	30	294.9	NE84.9
A5	3667.64	灰白色凝灰岩	120	26.6	NE86.6
A1-203	3520.46	灰色流纹质晶屑熔结凝灰岩	0	253.4	NE73.4

3）声发射应力大小测量

声发射是一种普遍的物理现象，大多数固体材料在塑性变形及裂纹产生直到发生断裂的整个过程都伴随声发射现象，对于岩石等脆性材料，声发射现象尤为强烈。声发射现象即材料内部应变能量快速释放而产生的瞬态弹性波现象。岩石对所受载荷的最大值具有"记忆"效应，将取自地下的岩样在实验室条件下单轴加载，观察岩样在加载过程中发出的声信号变化，找出声发射数剧烈变化的点，即Kaiser点，然后利用弹性理论确定岩样在地下所受的水平最大、最小主地应力大小和垂向应力的大小，见表2-6-3。

表2-6-3　声发射测试应力大小

井号	深度（m）	$\sigma_{0°}$（MPa）	$\sigma_{45°}$（MPa）	$\sigma_{90°}$（MPa）	垂向应力（MPa）	最大水平主应力（MPa）	最小水平主应力（MPa）
A6	3731.94	63.4	68.1	77.3	91.81	77.62	63.07
A5	3667.64	75.9	66.7	62.4	90.22	76.29	61.98
A1-203	3520.46	72.7	63.6	60.1	86.6	73.23	59.5

4）差应变应力大小测量

岩心由地下应力状态取出后，因应力解除引起岩心膨胀导致微裂缝产生，这些微裂缝张开的程度和产生的密度、方向与岩心所处原地环境应力场的状态有关，是地下应力状态的直观反映。

对岩心加压进行不同方向的差应变分析，可以得到最大主应力与最小主应力在空间的方向，这种方法称为差应变分析（DSA）。差应变分析法的测试基于下列假设：所有的微裂缝都是由就地压缩应力的释放而产生的，并与主应力方向一致；如果地层是各向同性的，当可以独立地得到一个主地应力值时，主应变比值可以用来获得原地应力的值。

实验室中对岩样进行静水加压，由于应力释放而产生的微裂缝将首先闭合。裂缝闭合后继续加载压力，这时产生的变形是由于岩石固体变形（骨架压缩）而引起的，岩样加载后测得的应变与压力变化关系的典型曲线如图2-6-2所示。曲线分为两部分，第一部分是由于微裂缝闭合和岩石骨架压缩共同引起的应变，第二部分曲线的斜率较小。两部分斜率之差反映了单独由微裂缝闭合而引起的应变。通过区别这些变形可决定微裂缝对方向变形的贡献，也就可以求出最大主应变方向（最大主应力的方向）。

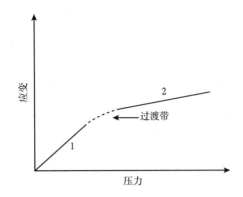

图 2-6-2 典型应变曲线示意图

若材料具备各向同性，则主应变与主应力方向就会具备对应的一致性。根据弹性力学计算出三个主应力的比值，用微裂隙闭合点的压力作为最大主应力或根据样品岩心所在的深度推算垂直应力的大小，就可结合主应力比值估算出该处地应力大小。

2. 矿场地应力测定

矿场应力测量主要是通过矿场钻井、压裂实施过程中应用地球物理方法获得应力大小和方向，如水力压裂应力大小测量、井壁崩落应力方向测量、长源距声波应力测量、地面电位法应力方向测量、井下微地震应力方向测量。

1）水力压裂应力大小测量

水力压裂应力测量是利用一对可膨胀橡胶封隔器在预定的测量深度上，上下封隔一段钻孔，然后向测试层段泵入高压流体直至孔壁岩石发生破坏，从而在孔壁周围地层中诱发形成水力裂缝。根据能量最低原则，裂缝起裂后总是沿着垂直最小主地应力的方向扩展。当注入的流体量足以使裂缝扩展长度约为钻孔直径的 3 倍左右时停泵，关闭水力压裂系统。停泵后裂缝逐渐闭合，当裂缝处于临界闭合状态时，裂缝内的流体压力与垂直于裂缝平面的最小水平主应力相平衡，那么此时所对应的裂缝闭合压力 p_s 就近似等于最小水平主应力 σ_h：

目前还没有直接测量最大水平地应力 σ_H 的方法，σ_H 通常是根据钻孔孔壁岩石的破坏方程来进行计算确定的。若采用拉伸破坏准则，σ_H 就可以由裂缝起裂（破坏）压力、重张压力及岩石拉伸强度（抗张强度）之间的关系来确定，在水力压裂过程中，当钻孔孔壁岩石所受的最大切向应力等于其拉伸强度时，孔壁岩石发生拉伸破坏，裂缝开始起裂扩展。

对于非渗透性压裂流体，有

$$\sigma_H = 3\sigma_h - p_r - p_o \quad (2-6-2)$$

对于渗透性压裂流体，有

$$\sigma_H = 3\sigma_h - 2(1-\eta)p_r - 2\eta p_o \quad (2-6-3)$$

式中　p_r——裂缝重张压力，MPa；

　　　p_o——地层孔隙流压，MPa；

　　　η——孔隙弹性系数，$\eta = \alpha(0.5-\upsilon)/(1-\upsilon)$ 　　（2-6-4）

　　　α——Biot 系数；

　　　υ——岩石材料泊松比。

2）微地震裂缝监测应力方向

微地震裂缝监测是基于地球物理、岩石力学、信号处理及震波传输等理论，在压裂过程进行实时监测，通过对岩石破裂时产生微地震波进行测定，如图 2-6-3 所示，获得压裂产生裂缝的方位（方向）、长度、高度（范围）和产状，同时还能测定天然裂缝方位、几何形态及人工裂缝与天然裂缝的相互关系，进而确定地应力特征，为油气田确定合理井网布局、注水压力、注水方式、油层套管设计、水平井最佳方向及井位提供可靠的依据。

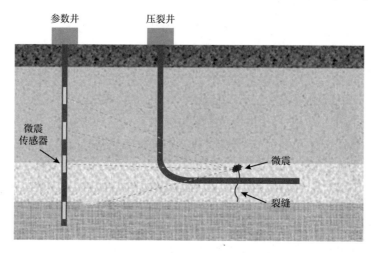

图 2-6-3　微地震井中监测示意图

　　根据最小周向应力理论，摩尔—库仑理论、断裂力学准则等分析岩层破裂形成机理，压裂过程中在井下被压裂地层形成裂缝的同时会诱发微地震，随着裂缝的延展，将产生一系列向四周传播的微震波，微震波被布置在压裂井周围各监测分站接收，如图 2-6-4 所示。根据各分站高精度拾震器监测的微震波的倒时差，可构建一系列方程组，通过求解就可确定微震震源位置。由微震震源的空间分布可以描述井下地层裂缝轮廓，进而给出压裂裂缝延伸的方位、长度、高度及产状等参数。

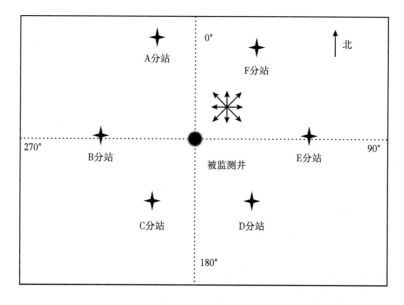

图 2-6-4　压裂井裂缝实时监测技术原理图

通过对 A1-3 井微地震监测数据进行分析，对压裂裂缝解释结论如下：（1）受局部地应力的影响，该井压裂后的裂缝方位为东北向，方位为 51.9°；（2）压裂层段产生的压裂裂缝为垂直缝，东西两翼相比，东翼较长，为 117.3m，西翼缝长为 71.3m，总缝长约188.6m，影响缝高为 33.7m，如图 2-6-5 所示。

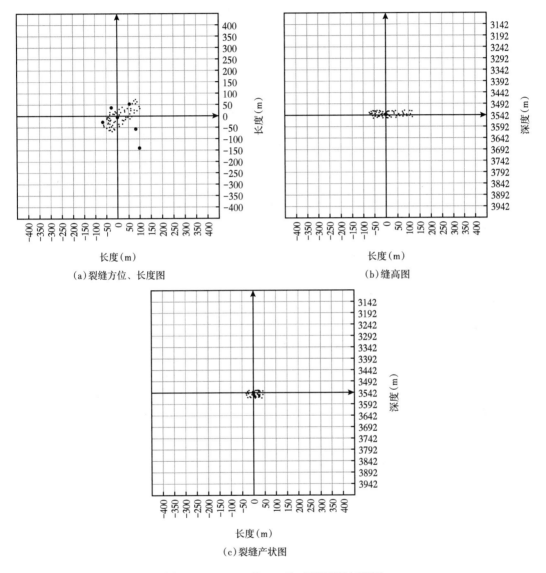

(a) 裂缝方位、长度图

(b) 缝高图

(c) 裂缝产状图

图 2-6-5　A1-3 井 YC$_2$ II$_1$ 层段裂缝解释图

裂缝方位、长度图为俯视图，表示裂缝的方位、长度，是微震点在 X、Y 平面的投影。缝高、裂缝产状图为平视图，表示影响缝高及左右翼情况，说明影响缝高分布，是微震点在与裂缝延伸方向平行 Z 平面的投影。

3）成像测井应力解释

电成像测井是把地层岩性、物性的变化及裂缝、孔洞、层理等地层特征引起的电阻率变化转化成不同角度，并把地层的特征通过图像显示出来。由于钻井导致应力释放，井筒内会产生井壁垮塌及钻井诱导缝，因此可根据成像图上的椭圆井眼长轴方向确定最小水平主应力方向，并通过钻井诱导缝方位确定最大水平主应力方向。

（1）井壁崩落指示最小水平主应力方向。

钻井是在地层三向应力状态下进行的，井孔内的应力在钻井过程中得以释放，但井孔周围的应力依然存在。当井孔周围最大水平主应力与最小水平主应力的应力差大于地层中岩石的剪切强度时，井眼会产生崩落掉块，形成椭圆形井眼。井壁崩落法是目前确定深部地应力方向的重要方法之一，井眼长轴方向与最小水平主应力的方向一致。钻孔崩落的规模（崩落深度与宽度）与地应力大小相关，其中崩落宽度因受岩性影响而误差较大，崩落深度则成为反映地应力大小的一个重要指标。

井壁崩落的方向总是指示最小水平主应力的方向。在FMI图像上，在井壁崩落部分，由于井壁发生应力崩落且井壁凹凸不平，FMI极板与井壁接触不好，故出现呈180°对称的暗色或黑色条带或斑块，在暗色区域内，地质特征不清楚，边界模糊；FMI的对称井径表现为一条井径值与钻头直径接近，而另一条井径值则大于钻头直径；在井壁崩落段，FMI方位曲线较稳定。在CBIL图像上，在幅度和时间图像上同时表示为呈180°对称的暗色或黑色条带或斑块，即幅度图像显示声波幅度衰减，图像显示在崩落方向有井径扩大，如图2-6-6所示。

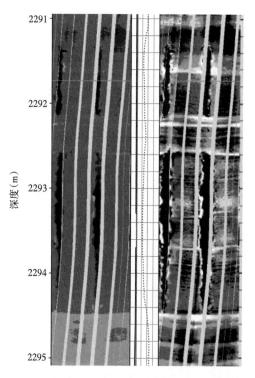

图2-6-6　成像测井井壁崩落

（2）钻井诱导裂缝指示最大水平主应力方向。

钻井诱导缝是钻井过程中由于机械振动诱发井壁产生的裂缝，成因与天然裂缝相似，即外界的应力场必须大于岩石的破裂压力，裂缝起源是应力、孔隙压力和岩石（岩性）作用的结果，裂缝形成是应力、孔隙压力和岩性的函数。钻井诱导缝的独特部分是局部应力场源包含了钻井过程，成因主要包括以下几种：

①由于钻柱重力作用的诱导，即在钻头或取心钻头下可能产生裂缝，上覆地层在钻头下突破被钻穿时将发生这种情况，地层应力将使岩石向钻开的空隙中推进或膨胀；

②由于静水压力，裂缝受井眼环境影响而加宽，这些裂缝具有与人工压裂作业相似的特征，伴随着岩心筒上下跳动也可能引起裂缝，这些裂缝趋向于沿着井眼而在具有不同岩石力学特征的层界面处消失；

③由于扭应力或者钻头旋度的影响，当诱导缝以一锐角穿过井眼时将发生散裂，这是因为钻头在破碎面上具有刀口作用；

④当地层水平应力具有各向异性从而形成水平方向最大和最小的应力矢量场，就会产生诱导裂缝，且这些裂缝的走向沿着当前最大水平应力方向。

由井壁切向应力分析可知，在最大水平主应力方向上有最小的井周切向应力，当钻井液柱压力大到一定程度时，该最小井周切向应力将变成负值，即由压性应力变为张性应力。一旦该张性应力超过岩石抗张强度，就在井壁产生张性的诱导压裂缝，所以诱导缝的走向就是最大水平主应力的方向。钻井诱导裂缝是重钻井液与地应力之间的不平衡性造成的，径向延伸虽不像天然裂缝那样远，但张开度和纵向延伸都可能较大，因而在 FMI 图像上有明显异常。通常可以利用下面图像特征来识别诱导压裂缝：

①它们总是以 180° 或近于 180° 之差对称地出现在井壁上；

②当井身垂直时，它以一条高角度张性裂缝为主，在两侧有两组羽毛状的微小裂缝，或彼此平行，或共轭相交，这取决于三轴向地应力之间的关系，即上覆岩层压力为中间主应力时呈平行状，上覆岩层压力为最大主应力时呈共轭交叉状；当井身倾斜时，压裂缝全部变成同一方向，且彼此平行的倾斜缝；

③在双侧向测井曲线上出现特有的"双轨"现象，即深、浅双侧向曲线表现为大段平直的正差异，其电阻率数值较高；

④对于垂直井眼，压裂缝总是出现在最大水平主应力方向上；对于倾斜井眼，当井眼长短轴之比大于最大、最小水平主应力之比时，压裂缝在最大水平主应力方向上；当井眼长短轴之比小于最大、最小水平主应力之比时，则压裂缝在最小水平主应力方向上；此外，应注意压裂缝与井壁椭圆形崩落图像的差别，它总是以两条呈 180° 对称且较粗的高电导异常带出现。

总之，压裂缝的一般特征是平行于井轴纵向延伸，成对出现，且呈 180° 对称分布，该压裂缝的走向就是最大水平主应力的方向。在成像图上成对称分布的两条黑色的条带，它们平行井轴，延伸较长，方位基本稳定；宽窄有较小的变化，但无天然裂缝的溶蚀扩大现象，如图 2-6-7 所示。

三、地应力计算模型

1. 岩石力学参数计算

地层岩石是地应力的载体，岩石力学性质对地应力的传递、衰减、集中、分散都会产生很大的影响。岩石力学参数与岩体中赋存的地应力密切相关，因此，在进行地应力计算时必须考虑岩石力学参数的影响。岩石的力学参数主要有：泊松比 μ、杨氏弹性模量 E、剪切弹性模量 G、体积弹性模量 K_b、体积压缩系数（C_b、C_{ma}）、Biot 弹性系数 α 和岩石机械强度参数（单轴抗压强度 C_0、岩石的抗剪强度 τ_S 和岩石的抗张强度 σ_t 等）。其中，杨氏弹性模量 E 和泊松比 μ 两个参数是独立的，其他参数都可以通过这两个参数转换得到。

岩石力学参数的常用测定方法有动态法和静态法两种。静态法是通过对岩样进行静态加载其变形得到，所得弹性参数称之为静态参数；

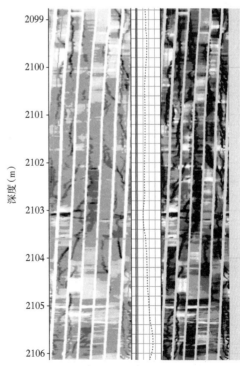

图 2-6-7　钻井诱导缝

动态法则是通过测定超声波在岩石中的传播速度转换得到，所得弹性参数称之为动态参数。相对于岩心实验法而言，由于测井资料具有纵向分辨率高、连续性好和经济可靠等特点，基于测井数据可以很容易地获得连续的岩性剖面和岩石力学参数剖面。

岩石的动力学参数是通过测定声波在岩样中的传播速度转换而得到的。如果有地层的纵波时差 Δt_c、横波时差 Δt_s 等测井资料，再结合体积密度测井资料可得到动态弹性参数，见表 2-6-4。

表 2-6-4 岩石动态弹性参数

动态弹性参数	含义	计算公式	参数说明
泊松比（μ）	纵向应变与横向应变之比	$\mu = \dfrac{\Delta t_s^2 - 2\Delta t_c^2}{2\left(\Delta t_s^2 - \Delta t_c^2\right)}$	Δt_s——横波时差，μs/ft Δt_c——纵波时差，μs/ft
剪切模量（G）	施加的应力与切向应变值比	$G = \rho_b \beta / \Delta t_s^2$	ρ_b——密度，g/cm^3 β——弹性系数 Δt_s——横波时差，μs/ft
杨氏模量（E）	单向应力与法向应变之比	$E = 2G(1 + \mu)$	G——剪切模量，GPa μ——泊松比，无量纲
体积弹性模量（K_b）	流体静压力与体积应变之比	$K_b = \rho_b \left(\dfrac{1}{\Delta t_c^2} - \dfrac{4}{3\Delta t_s^2}\right) \times \beta$	Δt_s——横波时差，μs/ft Δt_c——纵波时差，μs/ft ρ_b——密度，g/cm^3 β——弹性系数
地层压缩系数（C_b）	体积形变与流体静压力之比	$C_b = 1/K_b$	K_b——体积弹性模量，GPa
骨架压缩系数（C_{ma}）	骨架体积变化与流体静压力之比	$C_{ma} = \dfrac{1}{\rho_{ma}\left(\dfrac{1}{\Delta t_{mac}^2} - \dfrac{4}{3\Delta t_{mas}^2}\right) \times \beta}$	Δt_{mac}——最大纵波时差，μs/ft Δt_{mas}——最大横波时差，μs/ft ρ_{ma}——骨架密度，g/cm^3
Biot 弹性参数（α）	与孔隙压力成立比例	$\alpha = 1 - C_{ma}/C_b$	C_{ma}——骨架压缩系数 C_b——地层压缩系数

如果 ρ_b 以 g/cm^3 为单位，Δt 以 μs/ft 为单位，则 E、K_b、G 需要乘一个换算因子 $\beta = 9.290304 \times 10^7$ 的弹性系数，E、K_b 和 G 三个模量单位为 MPa

岩石的动态弹性模量是利用弹性波在岩石中的传播速度而计算得出的应力—应变关系，而静态弹性模量是岩石在静载荷作用下应力—应变的比例系数。实验研究表明，对于一块完整的岩石来说，其动、静力学参数十分接近，基本可以相互转换。

根据地下岩层的应力形变和作用机理，特别是在应力幅值、加载速度和所引起的岩石形变等方面，更接近岩石的静态测试条件，因此在地应力计算中通常采用岩石的静态弹性参数。为了解决这一问题，引入岩石完整系数 k：

$$k = \left(v/v_{ma}\right)^2 \tag{2-6-5}$$

式中　v——岩层声速；

　　　v_{ma}——岩石骨架声速。

实验结果表明，k 值和岩石的动静力学参数的比值 D（常称为折减系数）具有良好的相关性。这样，由声波测井资料计算出岩体完整系数 k，进而求出折减系数 D，再由岩石动力学参数就可以转换为岩石静力学参数。

2. 地应力计算

1）垂向应力计算

对于垂向应力 $\sigma_{\text{v}}(z)$ 的确定，普遍采用了垂向主应力为一主应力且等于上覆岩层重力的假设，即：

$$\sigma_{\text{v}}(z) = \int_0^z \rho_{\text{b}} g \mathrm{d}z \qquad （2\text{-}6\text{-}6）$$

式中　ρ_{b}——岩石体积密度，g/cm^3；

　　　g——重力加速度，m/s^2；

　　　z——深度，m。

2）水平应力计算

目前计算最大水平主应力 σ_{H} 和最小水平主应力 σ_{h} 有以下 4 种经验模型。

（1）单轴应变模型。

单轴应变模型主要有金尼克模型、Mattews 和 Kelly 模型、Terzaghi 模型、Anderson 模型及 Newberry 模型等。这类模型假设地层在沉积过程中水平方向的变形受到限制，应变为 0，水平方向的应力是由覆岩层重力产生的。其中较为常用的模型为 Anderson 模型与 Newberry 模型。

① Anderson 模型。

该模型利用 Biot（1954）多孔介质弹性变形理论导出：

$$\sigma_{\text{H}} = \sigma_{\text{h}} = \frac{\mu}{1-\mu}\left(p_{\text{o}} - \alpha p_{\text{p}}\right) + \alpha p_{\text{p}} \qquad （2\text{-}6\text{-}7）$$

式中　p_{p}——孔隙压力，MPa；

　　　p_{o}——上覆岩层压力，MPa；

　　　μ——泊松比；

　　　α——比奥特数，也称有效应力系数，为 0~1 之间小数。

② Newberry 模型。

Newberry 针对低渗透且有微裂缝的地层，修正了 Anderson 模型：

$$\sigma_{\text{h}} = \frac{\mu}{1-\mu}\left(p_{\text{o}} - \alpha p_{\text{p}}\right) + p_{\text{p}} \qquad （2\text{-}6\text{-}8）$$

单轴应变模型意味着两水平方向地应力大小相等，均小于垂向应力大小，与大部分地应力实测结果不符，主要是未考虑水平方向构造应力的影响。

（2）莫尔—库仑地层破坏经验关系式（Mohr-Coulomb 应力模型法）。

此经验关系式以最大、最小主应力之间的关系给出。其理论基础是莫尔—库仑破坏准则，即假设地层最大原地剪应力是由地层的抗剪强度决定的。在假设地层处于剪切破坏临界状态的基础上，给出了地应力经验关系式：

$$\sigma_1 - p_{\text{p}} = C_{\text{o}} + N_{\varphi}\left(\sigma_3 - p_{\text{p}}\right) \qquad （2\text{-}6\text{-}9）$$

其中:

$$N_\varphi = \tan^2\left(\pi/4 + \phi/2\right)$$

式中　N_φ——三轴应力系数;

　　ϕ——岩石内摩擦角,(°);

　　σ_1,σ_3——最大和最小主应力,MPa;

　　C_o——岩石单轴抗压强度,MPa。

此经验关系式有一定的物理基础,比较适合疏松砂岩地层,但其地层处于剪切破坏的临界状态的假定,没有普适意义。该模型不考虑地层的形变机理和主应力方向,因此,它既可以用于拉张型盆地也可以用于挤压型盆地。

(3)黄氏模型。

1983 年黄荣樽在进行地层破裂压力预测新方法的研究中,提出了一个新的地应力预测经验关系式:

$$\sigma_h - \alpha p_p = \frac{\mu}{1-\mu}\left(\sigma_V - \alpha p_p\right) + \beta_1\left(\sigma_V - \alpha p_p\right) \qquad (2\text{-}6\text{-}10)$$

$$\sigma_H - \alpha p_p = \frac{\mu}{1-\mu}\left(\sigma_V - \alpha p_p\right) + \beta_2\left(\sigma_V - \alpha p_p\right) \qquad (2\text{-}6\text{-}11)$$

该经验关系式[式(2-6-10)与式(2-6-11)]认为地下岩层的地应力主要由上覆岩层压力和水平方向的构造应力产生,在同一断块内,系数 β_1、β_2 为常数,即构造应力与垂向有效应力成正比。

该经验关系式考虑了构造应力的影响,可以解释在我国更常见的三向应力不等且最大水平应力大于垂向应力的现象。但该经验关系式没有考虑岩石刚性对水平地应力的影响,对不同岩性岩石中的地应力的差别考虑不充分。

(4)组合弹簧经验模型

1988 年,在分析黄氏经验关系式存在的不足的基础上,假设岩石为均质、各向同性的线弹性体,并假定在沉积和后期地质构造运动过程中,地层和地层之间不发生相对位移,所有地层两水平方向的应变均为常数。由广义虎克定律得

$$\sigma_h - \alpha p_p = \frac{\mu}{1-\mu}\left(\sigma_V - \alpha p_p\right) + \frac{E\varepsilon_h}{1-\mu^2} + \frac{vE\varepsilon_H}{1-\mu^2} \qquad (2\text{-}6\text{-}12)$$

$$\sigma_H - \alpha p_p = \frac{\mu}{1-\mu}\left(\sigma_V - \alpha p_p\right) + \frac{E\varepsilon_H}{1-\mu^2} + \frac{vE\varepsilon_h}{1-\mu^2} \qquad (2\text{-}6\text{-}13)$$

式中　ε_h,ε_H——岩层在最小和最大水平应力方向的应变。

在同一断块内 ε_h,ε_H 为常数。此模型的物理基础可以形象地比喻为两个平行板之间的一组弹簧,具有不同刚度的弹簧代表具有不同弹性参数的地层。在两板受到力的作用时,只发生横向位移不发生偏转,从而使各弹簧的水平位移相等,刚度大的弹簧将受到较大的应力,即杨氏模量大的地层承受较高的应力。

此经验关系式[式(2-6-12)与式(2-6-13)]意味着地应力不但与泊松比有关,而且

与地层岩石的杨氏模量有关，地应力与杨氏模量成正比。用此式模型可对有的砂岩地层比相邻的页岩层有更高的地应力的现象做出解释。

组合弹簧经验关系式有一定的物理基础，但其各岩层水平方向应变相等的假设的合理性还有待验证，在构造运动剧烈的地区，此前提条件的应用受到挑战。另外，该模型忽略了岩层的非线弹性特性，也没有考虑热应力的影响。

在确定最小水平主应力基础上，研究井眼的实际坍塌形状与地应力的关系可以估算最大水平主应力。在各向同性的岩石中，井眼坍塌的几何形状（深度、宽度）与水平地应力大小有关。由此出发，一些研究者根据井眼坍塌实际形状提出了一些值得借鉴的计算地应力幅度大小的方法，如建立双井径模型来计算表征水平地应力非均质性的应力非平衡系数：

$$\lambda = \frac{\sigma_{H}}{\sigma_{h}} = 1 + K\left[1 - \left(\frac{D_{min}}{D_{max}}\right)^{2}\right]\frac{E}{E_{ma}} \qquad (2\text{-}6\text{-}14)$$

式中 λ——应力非平衡系数；

D_{min}，D_{max}——双井径的最大值和最小值，cm；

E，E_{ma}——杨氏模量和岩石骨架杨氏模量，GPa；

K——刻度系数，取 1~3。

因此计算徐家围子断陷水平主应力的计算模型如下：

$$\sigma_{h} = \frac{\mu}{1-\mu}\left(p_{o} - \alpha p_{p}\right) + p_{p} \qquad (2\text{-}6\text{-}15)$$

$$\sigma_{H} = \lambda \cdot \sigma_{h} \qquad (2\text{-}6\text{-}16)$$

式中 p_{p}——孔隙压力，MPa；

p_{o}——上覆岩层压力，MPa；

μ——泊松比；

α——比奥特数。

四、三维地应力场模拟

1. 应力场模拟方法及原理

有限差分法（FDM）的基本概念是将特定主体的每一单元假定一个合适的（较简单的）近似解，直接在网格节点上离散偏微分方程中的各个导数项，不考虑间断，基于"离散逼近"的基本策略，通过采用较多数量的简单函数的组合来"近似"代替非常复杂的原函数，然后进行求解；然后推导求解整个网格节点总的极限运动值，从而得到问题的解。有限差分法（FDM）是计算机数值模拟以来最早使用的方法，一直受到用户与研究人员的广泛青睐与使用。该方法将求解域划分为差分网格，网格划分通常采用三角划分法，通过网格划分将有限个网格节点代替连续的求解域。不同的划分方法构成不同的差分格式。差分方法采用泰勒级数展开，共三种形式，主要适用于结构性网格，网格的步长一般根据实际问题情况和柯朗稳定条件来决定。

2. 应力场数值模拟及分析

近年来发展起来的快速拉格朗日分析法——FLAC$_{3D}$（Fast Lagrangian Analysis of Continua in 3 Dimensions），是一种新型的计算机软件分析方法，最早渊源于流体动力学，最早应用于固体材料力学研究领域。FLAC$_{3D}$ 由 FLAC 二维分析软件发展而来，可以模拟空间土体、煤岩体或其他介质的物理力学特性，尤其是能模拟达到应力极限时的塑性流变特性。FLAC$_{3D}$ 通过调整三维网格中多面体的单元来拟合实际的结构，是由固体力学模拟土、石塑性特性从二维显式有限差分程序扩展到三维空间领域发展而来，能进行土质、岩质以及其他材料的三维结构受力特性模拟及塑性流动分析，能有效模拟岩土体以及其他材料的弹塑性、大变形等三维力学性能。在应用方面，FLAC$_{3D}$ 自 20 世纪 90 年代初引进国内以来，广泛应用于土木、采矿、水利水电工程、机场工程等众多领域，并取得了丰硕的成果。

1）地质模型建立

地质模型是在综合研究地质规律的基础上建立的，包括构造演化、裂缝的分布特征与成因等，然后利用地震、测井和钻井资料，建立模拟的地质体。本书以 Petrel 模型为基础，确定模型的边界尺寸、岩层分层信息及主要断层信息。

2）岩石物理力学参数确定

模型各层物理力学参数的确定主要依据对岩石力学三轴实验测试结果及单井剖面计算结果的综合分析，对每个层位的岩石力学参数取平均值，作为该地层的力学参数。

由于断层的岩石力学参数不易直接获得，目前较为成熟且符合实际情况的处理方式是将断层及周围岩石单元作为断层带处理，将断层两侧适当范围内的岩石力学参数按一定比例降低，断层区的弹性模量通常比正常地层的弹性模量小，通常为正常地层的 50%~70%，而泊松比则比正常沉积区岩石地层的泊松比大，通常两者的差值为 0.02~0.10。总之，断层的泊松比和弹性模量与断裂带的复杂程度相关，构造复杂程度越大，其弹性模量的取值就越小，相反泊松比取值越大，见表 2-6-5。

表 2-6-5　地应力场数值模拟材料物理力学参数取值表

序号	地层	弹性模量（GPa）	泊松比	密度（g/cm³）	内聚力（MPa）	内摩擦角（°）	Biot 系数
1	YC$_4$I$_1$	54.46	0.233	2.61	35.28	41.63	0.42
2	YC$_4$I$_2$	55.31	0.237	2.30	38.77	40.26	0.39
3	YC$_1$I$_1$	54.62	0.227	2.45	29.56	46.39	0.42
4	YC$_1$I$_2$	58.27	0.226	2.53	37.54	41.04	0.34
5	YC$_1$II$_1$	54.26	0.231	2.36	29.67	47.02	0.43
6	YC$_1$II$_2$	53.03	0.241	2.52	29.18	46.37	0.41
7	YC$_1$III	51.77	0.246	2.41	26.89	50.6	0.34
8	断层带	32.17	0.349	2.00	12.43	28.88	0.63

3）边界条件设定

根据实验测量的地应力大小和方向，采用 FLAC$_{3D}$ 软件施加模型的边界条件和载荷进行地应力平衡分析。在软件的计算过程中，边界条件和载荷会产生作用外力，而地应力是作为单元内力处理的。地应力平衡分析是指当边界条件和载荷作用的外力与产生及预加的内力达到平衡时，计算得到一个平衡态。

根据研究区古地磁、波速各向异性测量方法，确定研究区域最大水平主应力的方向，即数值模拟中最大水平主应力方向的取值，并假定主应力方向不随深度变化。依据声发射Kaiser效应实验结果，确定研究区域最大、最小水平主应力梯度。这种加力方式基本与三维地质模型实体在地壳中受力情况基本吻合。

以A1区块为例，根据实验测试结果，获得现今构造应力场的边界条件：模型四周施加的最大水平主应力为68~84MPa，最大水平主应力方向为73.4°~119.6°，最小水平主应力为56~72MPa。模型四周边界约束法向位移和水平面内的切向位移，下表面约束法向位移，上表面施加上覆重力载荷（其数值等于上覆岩石重力所产生的应力），所有单元施加重力载荷。

4）模拟结果分析

采用Griddle插件进行网格剖分，采用四面体网格，网格密度为60m，将建立的计算模型导入FLAC$_{3D}$6.0软件中，建立一套地应力场三维FLAC$_{3D}$模型，通过多元线性回归，确定边界荷载施加条件，获得现今地应力场的分布规律。根据Eclipse模拟出的2004—2019年期间不同时间节点的地层孔隙压力结果，模拟随着地层孔隙压力变化下的地应力场变化规律，获得不同时间节点地应力场的分布情况，如图2-6-8所示。

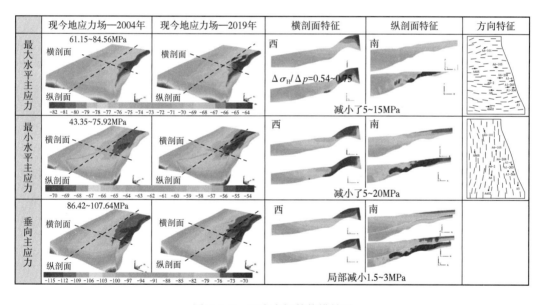

图2-6-8　地应力场数值模结果

如图2-6-8所示，整体特征表现为：平面上在断裂带附近的构造高部为应力低值区，呈辐射状逐渐增大，纵向上随深度增加而应力值逐渐增大；断裂附近应力值明显小于周边；最大主应力方向为近东西向。气藏投入开发前，原始状态下最大水平主应力量值为61.15~84.56MPa，最小水平主应力量值为43.35~75.92MPa，垂直主应力量值为56.92~119.42MPa。而从2004年A1区块投入开发后，随着地层孔隙压力逐年降低，地应力值也相应减小。

综合分析表明，火山岩气藏开发中导致现今地应力场变化的主要影响因素为孔隙压力。根据胡克定律与有效应力原理可知，地应力与地层孔隙压力呈正相关性，即孔隙压力降低，地应力相应减小，有效应力增大。有效应力增大导致储层内部孔隙、裂缝及喉道的体积缩小，增加气体渗流阻力，使气井的产能下降，如图 2-6-9 所示。

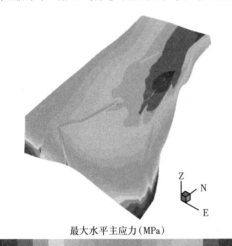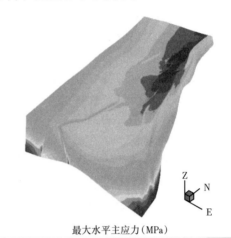

最大水平主应力（MPa）　　　　　　　　　　　最大水平主应力（MPa）

－115 －112 －109 －106 －103 －100 －97 －94 －91 －88 －85 －82 －79 －76 －73 －70　　　－115 －112 －109 －106 －103 －100 －97 －94 －91 －88 －85 －82 －79 －76 －73 －70

（a）2004年　　　　　　　　　　　　　　　　　（b）2009年

图 2-6-9　营城组一段最大水平主应力数值模拟图

在气田的开采过程中，随着储层中流体的产出，储层孔隙内的流体压力将不断地降低，因而净上覆岩层压力会随着孔隙压力降低而不断增加。实验设定围压为 85MPa，通过改变内压模拟孔隙压力的变化。通过实验得到火山岩储层渗透率随净上覆岩层压力的变化规律：随着净上覆岩层压力升高，岩石的渗透率开始下降，当净上覆岩层压力小于 65MPa 时所有样品（中基性和酸性）的渗透率值呈幂函数降低，R^2 均大于 0.98，此时渗透率急剧下降；当净上覆岩层压力大于 65MPa 时，大部分样品的渗透率值随着净上覆岩石压力的增加而呈幂函数降低或呈直线降低，其渗透率下降程度变小。其原因是：火山岩孔隙度低、孔隙类型多、结构复杂，开始增加净上覆盖压力时，岩石变形快，渗透率变化大；当净有效覆盖压力增大到 65MPa 以后，其渗透率下降程度变小，如图 2-6-10 所示。

3. 地应力研究在气田开发中的应用

徐家围子断陷营城组火山岩储层以低孔低渗透为主，具有多期次喷发、岩性岩相多变、物性差、非均质性强的特点，且单井自然产能低，绝大部分需要人工压裂才能获得高产气流。目前实施水平井开发调整并加以大规模缝网压裂，通过人工压裂缝沟通天然裂缝改善火山岩储层渗流能力，已取得较好的成效。无论是天然裂缝还是人工压裂缝其形成机理和延伸方向均受地应力场控制，对地应力的认识在深层致密气勘探及水平井设计上越发重要，同时气田生产过程中地应力的变化会引起储层的应力敏感、裂缝导流能力的下降等问题，因此，在气井压裂后生产管理也要充分考虑地应力变化对生产动态的影响。可见，地应力的研究工作在徐深气田的井网部署、开发调整、优化压裂设计中密不可分。

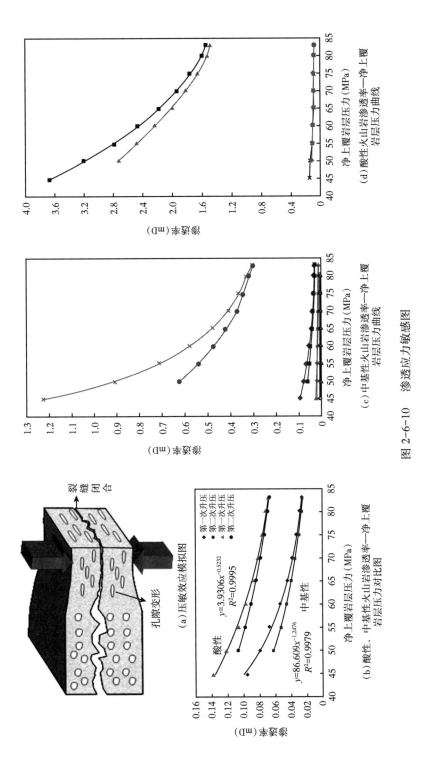

图 2-6-10 渗透应力敏感图

　　研究区的现今最大水平主应力（压应力）为近东西向，水平井轨迹延伸方向在优化设计中应垂直于水平最大主应力方向，即以近南北向为主。徐深气田营城组火山岩天然裂缝发育方向以近南北向和近东西向为主，其次是北北西向、北北东向；水平井压裂形成的人工压裂缝受现今最大水平主应力方控制，其延伸方向平行于现今最大水平主应力方向，与研究区内的近南北向裂缝组系形成纵横交错的裂缝网格，可大大改善储层连通性。同时，在井网部署过程中应适当增加东西向井距以扩大井网控制范围，避免井网过小影响采收率。

　　油气勘探开发过程中不仅需要宏观、区域地应力场，也需要微观、局部的地应力场，且地层的裂缝及地应力展布也是随着油气田开发不断变化的，还应加强不同组系裂缝渗流响应及流固耦合等方面研究，为进一步寻找剩余油气、开发调整等提供依据。

第三章 火山岩气藏的渗流机理与开发规律

通过渗流实验研究了火山岩气藏单相及气水两相渗流规律，厘清了火山岩气藏滑脱效应等非线性渗流机理，研究了气体在压差作用下裂缝与基质不同组合方式及裂缝和基质各自供排气渗流规律；建立考虑火山岩气藏非线性渗流机理的产能模型，评价了启动压力梯度、滑脱效应等对气井产能的影响规律。

第一节 火山岩气藏气水两相渗流规律研究

火山岩气藏储层中存在原生水，而且部分气藏还存在边水或底水，在开发过程中有可能产生凝析水。火山岩气藏储层含水饱和度较高，严重影响气体的有效渗透率，在开发过程中必须考虑。含水条件下的储层气体渗流机理复杂，气体渗流规律受到气藏赋存水的影响，表现出不同于常规单相气体渗流的非线性渗流特征。

利用物理模拟与核磁共振实验相结合，研究不同含水饱和度条件下气水两相渗流规律，为含水火山岩气藏的高效开发提供一定的理论指导作用。

一、火山岩气藏气水两相气体渗流实验

研究不同含水饱和度下火山岩岩心气体（氮气）流量与压力梯度的关系。借鉴 Klinkenberg 的思想研究气体渗透率与平均压力曲线（简称克氏曲线）与含水饱和度的关系，选用了 10 块不同渗透率类别的岩心进行实验，岩样饱和水采用模拟地层水，含水饱和度约 10%~70%，实验流体为高纯氮气（N_2 含量不低于 99.999%）。岩心来自大庆徐深气田火山岩气藏样品。岩心出口端压力为大气压。岩心长度 5cm，直径 2.5cm。

1. 实验流程

实验流程图如图 3-1-1 所示。

2. 实验步骤

（1）统计岩心的直径、长度、干重等信息；

（2）将岩心抽真空后，在环压为 5MPa 盛有地层水的中间容器中放置 24h，使岩心充分饱和地层水后称重，并记下岩心完全饱和水时的重量；

（3）按照流程安装设备，并检查仪器工作状况；

（4）将饱和了地层水的岩心放入岩心夹持器中，用手摇泵为岩心夹持器提供一个稳定的环压；

（5）记录压力传感器和热式流量计的零点；

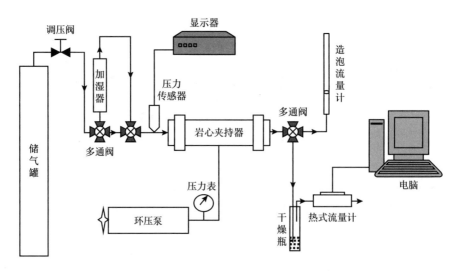

图 3-1-1　火山岩岩心气体渗流流态实验流程示意图

（6）打开气源，调节调压阀，用较低压力驱替岩心，保持一定的时间，直到压力和流量不再变化，记下流量和压力，当流量大于 0.3mL/min 时用与电脑连接的热式流量计计量流量，当流量小于 0.3mL/min 时用满刻度为 0.5mL 的造泡流量计进行精确计量；

（7）减小岩心进口压力，重复步骤（6）；

（8）关气源，泄环压，取出岩心，并迅速地称出岩心的重量，记下岩心的湿重后用保鲜膜包好或再放回到岩心夹持器中，以防止岩心中水分的散失；

（9）重复步骤（3）~（8），测量不同含水饱和度或围压下的启动压力；

（10）整理实验数据，得出结论。

3. 实验样品

本次实验所用样品均取自大庆油田徐深气田，共 10 块（8 块火山岩和 2 块砾岩），测试样品基础物性参数见表 3-1-1。

表 3-1-1　岩石物理性质测试报告

井号	样品编号	岩性分类	长度（cm）	直径（cm）	水测孔隙度（%）	气测渗透率（mD）
C14	1	流纹岩	2.957	2.538	7.57	0.031
C14	6	流纹岩	2.99	2.539	12.73	0.374
A6-105	45	晶屑凝灰岩	3.314	2.550	6.03	0.012
A1-304	46	晶屑凝灰岩	3.092	2.542	9.52	0.167
A1-304	72	熔结凝灰岩	3.158	2.542	8.88	0.028
A1-2	230	火山角砾岩	3.084	2.541	4.37	0.760
E21-1	90	角砾熔岩	3.292	2.542	10.01	0.157
A1-101	67	角砾熔岩	2.962	2.540	12.78	0.922
C13	补3	砂砾岩	3.232	2.538	6.05	0.279
C13	补6	砂砾岩	3.102	2.536	7.29	1.639

4. 实验结果

大量实验表明，含水火山岩岩心气体渗流的基本曲线特征为凹形曲线至直线，如图 3-1-2 至图 3-1-5 所示。

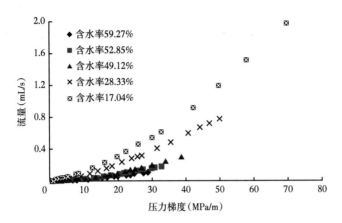

图 3-1-2　C14 井 6# 流纹岩样品压力梯度与流量的关系曲线

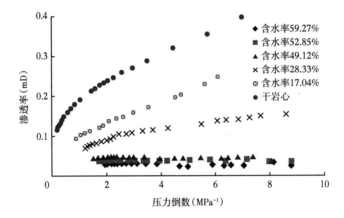

图 3-1-3　C14 井 6# 流纹岩样品不同含水饱和度下的克氏曲线

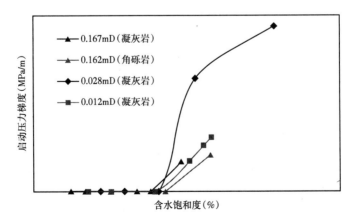

图 3-1-4　含水饱和度与启动压力梯度的关系曲线

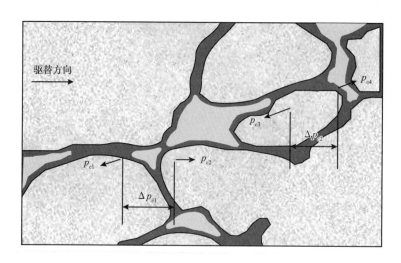

图 3-1-5　启动压力的叠加效应

从图 3-1-2 至图 3-1-5 中可以看出：对于每一组岩心气体渗流曲线，当压力梯度增大时，气体渗流曲线弯曲程度减弱；含水饱和度越高，曲线弯曲程度越大，气体渗流的非达西现象越明显。高含水饱和度的岩心样品渗流曲线曲率随压力梯度增大而下降较明显。

从图中可以发现：（1）各岩心克氏曲线大致以临界含水饱和度为界限分为两种渗流形态。当含水饱和度 S_w 小于临界含水饱和度时，气体渗流遵循其本身的非线性渗流特征，此时，岩心中的水所起的主要作用是占据孔隙空间，降低气体的表观渗透率。当含水饱和度较高（$S_w \geqslant$ 临界含水饱和度）的情况下气体渗透率与平均压力倒数的关系曲线不同于常规克氏曲线，出现了类似于液体在低渗透储层中的渗流特性，表观渗透率随压力的增大而增大，此时，岩心中的水所起的主要作用是阻滞气体的流动，使得气体渗流出现"启动压力梯度"的特征。

（2）对于同一块岩心来说，含水饱和度越高，启动压力梯度越大（图 3-1-5）。

这个现象的产生机理是毛细管压力在每个喉道处的叠加效应。在较高含水饱和度下，岩心中的气体并不能形成连续相，而是被分割成许多小气泡进行流动，这些小气泡在每个喉道处都产生贾敏效应，于是毛细管压力便在驱替方向上被"叠加"起来。含水率越高，岩心越长，这种叠加效应越容易产生，启动压力值也越大，宏观上就表现为岩心含水饱和度越高，启动压力梯度值越大。

二、火山岩气藏启动压力梯度作用机理

1. 气藏启动压力梯度的产生机理

气藏的启动压力梯度不同于低渗透油藏的启动压力梯度，气藏的启动压力是气液两相（或三相）的毛细管压力的表现，气藏的启动压力又称为阈压。

对于绝大多数气藏，气是非润湿相，气体主要存在于孔道中间。如图 3-1-6 所示，气体沿着喉道 1 和喉道 2 进入孔道，气体会形成气泡。然后孔道里的大气泡会在流动产生的

剪切力的作用下被分割成小气泡，从喉道3和喉道4中流出。被分割下来的小气泡在通过喉道3和喉道4时，需要克服毛细管压力的作用，这样整个岩心的气体有效渗透率就会降低。当所有的通道都被阻塞时，渗透率降低为零，启动压力梯度就产生了。

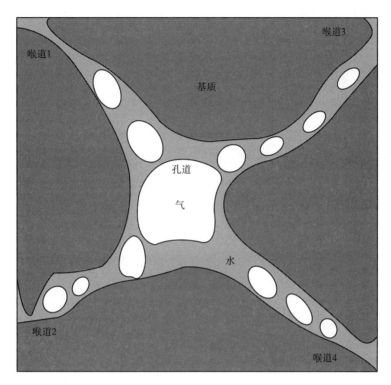

图 3-1-6　启动压力梯度产生机理

对于气藏来说，由于岩石喉道壁面对气体的作用力很小，因此当气体在岩石中渗流时，孔道固壁附近的气体不能像液体那样被岩石"束缚"住。气体分子与多孔介质的孔道固壁不会产生单相启动压力，而是会产生滑脱现象，所以完全不含水的气藏岩心没有启动压力梯度现象。

2. 启动压力梯度影响因素

1）启动压力梯度与渗透率的关系

由 36 块全直径岩样实验研究结果（图 3-1-7）表明，储层渗透率对启动压力梯度有明显的影响。岩石空气渗透率越小，启动压力梯度越大。当空气渗透率小于 0.2mD 时，启动压力梯度随空气渗透率的减小而急剧增大。对于火山岩全直径岩样，当岩石空气渗透率小于 0.2mD 时，启动压力梯度为 0.0024~0.0072MPa/cm，岩样所占的比例为 0.74，启动压力梯度比较大；当岩石空气渗透率大于 0.2mD 时，启动压力梯度为 0.0003~0.0022MPa/cm，岩样所占的比例为 0.26，启动压力梯度比较小。按本次实验中岩样渗透率的数值大小取值，当岩石空气渗透率为 0.2mD 时，合适井距为 380m，启动压力 39.31MPa；渗透率为 1mD 的储层，合适井距为 650m，启动压力 39MPa。

2）启动压力梯度与束缚水饱和度的关系

束缚水饱和度与启动压力梯度的关系如图 3-1-8 所示，可以看出：束缚水饱和度对启动压力梯度也有明显的影响，火山岩岩心启动压力梯度随着束缚水饱和度的增大而增大。因此，高束缚水饱和度的火山岩气藏气井保持连续稳定生产的流动压差相对更大，因此，启动压力梯度是低渗透气藏气井低产的原因之一。

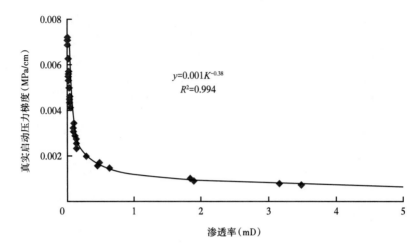

图 3-1-7　全直径岩心启动压力梯度与渗透率关系

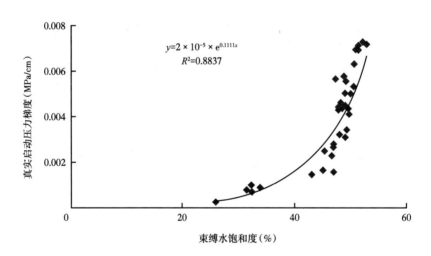

图 3-1-8　束缚水饱和度与启动压力梯度的关系

3）储层类型对启动压力的影响

储层类型对启动压力梯度具有至关重要的作用。一般来讲，孔隙型岩心产生启动压力梯度时的含水饱和度远低于裂缝型岩心，而且在相同的渗透率和含水饱和度下，孔隙型岩心产生的启动压力梯度值远大于裂缝型岩心。所以，孔隙型储层比裂缝型储层更容易产生启动压力梯度。

由图 3-1-9 至图 3-1-12 可看出，在 Klinkenberg 坐标下，含水岩心的渗流特点明显，在较低含水饱和度下，含水岩心的渗流曲线主要表现为滑脱效应；在较高含水饱和度下，不同储层类型岩心的含水渗流曲线具有不同的特点：

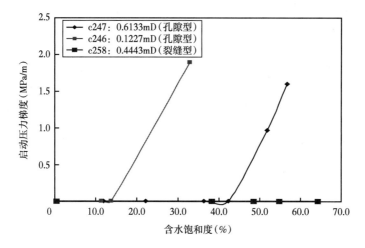

图 3-1-9　不同类型岩心的启动压力梯度

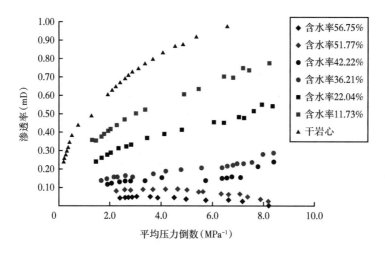

图 3-1-10　孔隙型岩心（C247）的含水渗流曲线

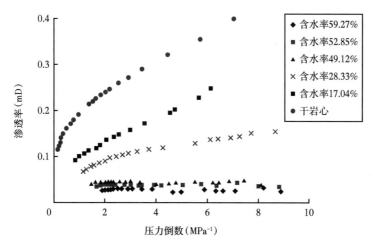

图 3-1-11　裂缝型岩心（180A）的含水渗流曲线

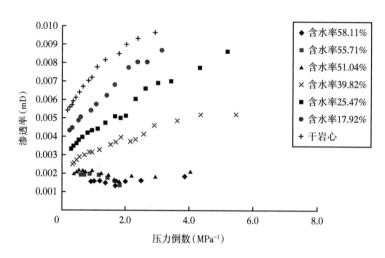

图 3-1-12　裂缝—孔隙型岩心（C256）的含水渗流曲线

（1）对于孔隙型岩心，在高含水饱和度下，岩心的渗透率一直随着驱替压力的降低而降低，直至出现启动压力；

（2）对于裂缝型岩心，在较高含水饱和度下，岩心的渗透率并不随着驱替压力的降低而降低，而是维持一个恒定的值，这个渗透率值实际上就是岩心中裂缝的渗透率；

（3）对于裂缝和基质提供的渗透率都占较大比例的裂缝—孔隙型岩心，在较高含水饱和度下，渗透率先随着驱替压力的降低而降低，然后维持一个恒定的值。

由以上分析可见，岩心在较高含水饱和度下的渗流曲线特征比较复杂，其机理为在较高含水饱和度下，含水岩心渗透率随驱替压力降低而变化的曲线形态由岩心的孔隙结构决定。对于裂缝来说，由于其渗流空间比较均匀，没有孔道和喉道的突变，因此，当气水在裂缝中渗流时，不容易被小气泡阻塞渗流通道，水因驱替压力降低而进行的回吸也较弱，所以裂缝的渗透率基本上不随驱替压力的降低而降低。而当气水在孔喉交错的孔隙型岩心中渗流时，随着驱替压力的降低，气泡会滞留在岩石的孔隙中，堵塞喉道。喉道越细，毛细管压力越大，气泡通过喉道需要的驱替压力越大，所以随着驱替压力的降低，岩心中的喉道由细到粗被小气泡所堵塞，岩心的渗透率就降低了。由此可见，在较高含水饱和度下，含水岩心的渗透率随驱替压力降低而变化的形态与岩心的喉道半径分布密不可分。

第二节　火山岩气藏供排气机理研究

火山岩气藏的供排气过程与气体在碎屑岩储层中的运移过程基本相同，只是流动赖以存在的环境和介质有所不同。鉴于火山岩气藏储层裂缝较为发育的特点，重点研究了气体在压差作用下裂缝与基质不同组合方式及裂缝和基质各自供排气渗流规律。

一、火山岩气藏供排气机理实验

1. 实验思路

火山岩气藏孔洞缝发育，存在大孔大缝、中孔小缝和小孔微缝，因此生产过程中呈现阶段"接力"排供气的特点。初期：流体从大孔大缝流向井筒。中期：中孔中缝与大孔大缝间的流体发生质量交换，参与渗流，渗流范围扩大。后期：小孔小缝与较大规模尺度孔缝间的流体发生质量交换，渗流范围进一步扩大。"接力"式排供气示意图如图3-2-1所示，DX1001井现场实际产气情况（图3-2-2）也说明了这一特征。

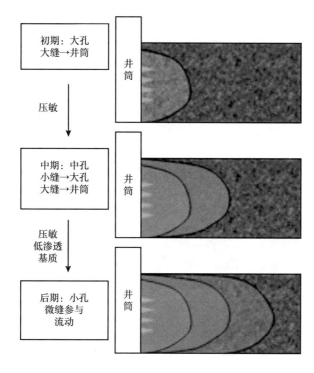

图 3-2-1　"接力"式排供气示意图

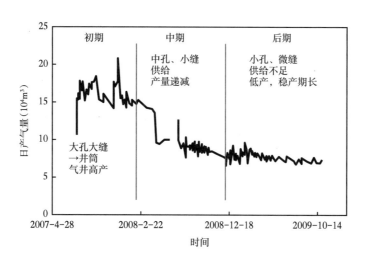

图 3-2-2　DX1001 井现场实际产气情况

针对火山岩气藏多重介质的"接力"式排供气机理，建立了一套实验流程和装置，为火山岩气藏的高效开发提供理论基础（图3-2-3和图3-2-4）。

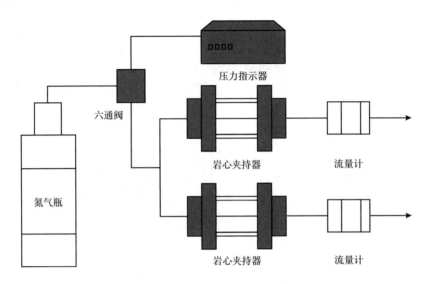

图 3-2-3　裂缝与基质并联实验流程图

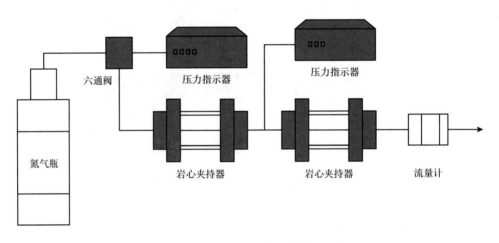

图 3-2-4　裂缝与基质串联实验流程图

2. 实验岩样

实验共取大庆徐深气田火山岩储层岩心 12 块，其中压裂造缝岩心 5 块、火山岩基质岩心 7 块。所有岩心水测孔隙度范围是 3.361%~10.197%，气测渗透率范围是 0.005~1.705mD。

3. 实验步骤

实验温度为恒温（20℃），岩心围压为 10MPa，实验气体为 N_2，岩心入口端气体驱替压力 0~4MPa，岩心出口端为大气压。实验步骤如下：

（1）按流程图连接好仪器设备，调节各仪器设备进入实验状态；

（2）将实验用岩心放入岩心夹持器，利用围压泵，给岩心夹持器内岩心提供一个稳定的围压 10MPa；

（3）打开气源并给一定驱替压力，检查实验流程，保证无漏气后开始实验；

（4）调节进口压力至设定值，等待一段时间，当出口端流量稳定后，记录进口端压力和出口端流量；

（5）根据实验需要，重复步骤（4），直至所需实验点测试完毕；

（6）实验数据整理分析。

二、火山岩气藏供排气机理

1. 裂缝与基质供排气能力分析

利用裂缝岩心和基质岩心并联实验，得到了不同压力梯度下裂缝和基质的气体流量。实验中裂缝和基质的气体流量代表着它们的供排气速度，反映了它们的供排气能力（裂缝渗透率 K_f =1.705mD，基质渗透率 K_m =0.079mD）。

根据实验分析（图3-2-5）表明：（1）对于基质，气体流速随驱替压力的增加而增加，但增加幅度小；（2）对于裂缝，气体流速随驱替压力的增加而增加，且增幅较大；（3）相同驱替压力下，裂缝中的气体流速远大于基质中的气体流速。结合现场火山岩气藏单井产量低的现象，可通过加大生产压差或者压裂等提高储层的渗透率的技术手段来加以改善。

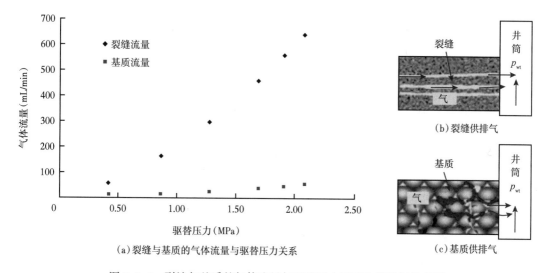

图3-2-5 裂缝与基质的气体流量与驱替压力关系和供排气机理图

进一步分析表明，在火山岩气藏供排气机理实验中存在着优势通道：裂缝和基质并联，气体会选择在阻力较小的裂缝中流动，也就是气体通过不同的多孔介质渗流时会选择阻力较小的多孔介质通过；基质和裂缝并联时，裂缝是相对于基质的优势通道，裂缝与基质的渗透率级差越大，裂缝相对于基质的供排气能力越强。

基质和裂缝并联时，利用基质的流量占并联总流量的百分比与裂缝（基质）渗透率的关系来反映供排气机理实验中的优势通道。如图3-2-6和图3-2-7所示，相同的压力梯度条件下基质不变，裂缝的渗透率变大时，基质的气体流量呈幂指数而非线性减小；裂缝不变，基质的渗透率变大时，基质的气体流量呈对数而非线性变大；裂缝与基质的渗透率级差越大，通过基质的气体流量占并联总流量的比例越小，通过裂缝的气体流量所占比例越大。

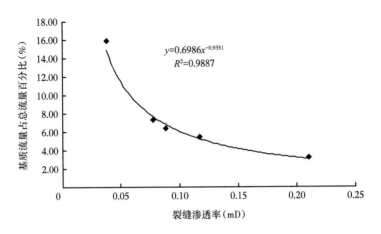

图 3-2-6　基质流量占总流量百分比与裂缝渗透率关系图（同基质异裂缝）

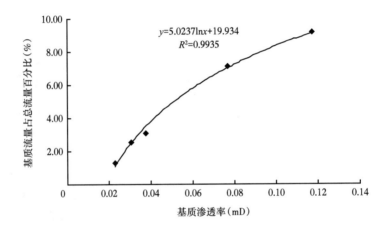

图 3-2-7　基质流量占总流量百分比与基质渗透率关系图（同裂缝异基质）

2. 供排气能力影响因素研究

1）渗透率和驱替压力对供排气能力的影响

在裂缝和基质并联的情况下，裂缝不变而改变而基质的渗透率时，随着基质渗透率的增大，基质的供排气速度呈对数性增大；基质所受驱替压力越大，供排气速度越大；基质不变仅改变裂缝的渗透率时，随着裂缝渗透率的增大，裂缝的供排气速度呈线性增大；裂缝所受驱替压力越大，供排气速度越大。实验表明：裂缝和基质的供排气能力受自身渗透率和驱替压力的影响（图 3-2-8 和图 3-2-9）。

当裂缝和基质串联组成供排气系统时，在基质作为气源、裂缝作为排气通道的情况下，串联系统供排气的速度随着基质渗透率的增大呈对数性增大；相同基质渗透率条件下驱替压力越大，串联系统供排气的速度越大。随着作为气源的基质的渗透率呈倍数增加，整个串联系统供排气的速度呈对数性增加；串联系统供排气速度的增幅大于基质渗透率的增幅（图 3-2-10 和图 3-2-11）。

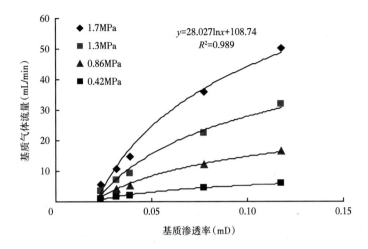

图 3-2-8　基质气体流量与渗透率和驱替压力的关系（同裂缝异基质）

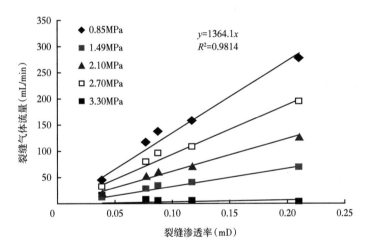

图 3-2-9　裂缝气体流量与渗透率及驱替压力关系图（同基质异裂缝）

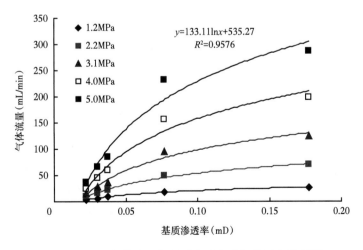

图 3-2-10　气体流量与基质渗透率及驱替压力关系图

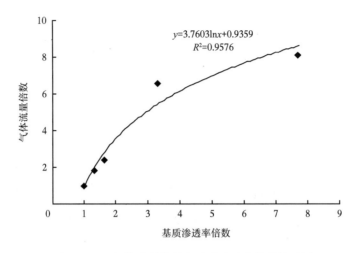

图 3-2-11　气体流量倍数与基质渗透率倍数关系图

串联系统供排气的速度随着作为排气通道的裂缝的渗透率的增大呈对数性增大；相同裂缝渗透率条件下驱替压力越大，供排气速度越大。随着作为排气通道的裂缝的渗透率呈倍数增加，整个供排气的速度呈对数增大；但供排气速度的增幅小于裂缝渗透率的增幅，这进一步说明基质的渗透率在整个供排气系统中决定着供排气的速度（图 3-2-12 和图 3-2-13 ）。

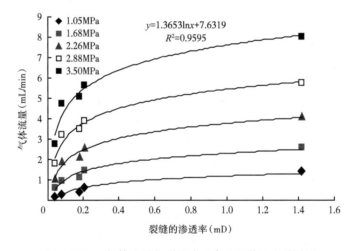

图 3-2-12　气体流量与裂缝渗透率及驱替压力关系图

2）压力梯度对供排气能力的影响

通过不同压力梯度下，气体通过基质流量占总流量比例来反映压力梯度对系统供排气能力的影响。

如图 3-2-14 所示，基质和裂缝并联，基质不变仅改变裂缝条件下，随着压力平方差梯度的增大，基质气体流量占并联总流量的比例呈逐渐变小的趋势，变化幅度较小。如图 3-2-15 所示，裂缝不变而改变基质的渗透率时，随着压力平方差梯度的增大，同样基质气体流量占并联总流量的比例变化幅度较小，但基质渗透率不同时，基质气体流量占总流量的比例变化不一：基质渗透率较小时，基质流量占总流量比例随压力平方差梯度的增大而变小；基质渗透率较大时，随压力平方差梯度的增大基质流量占总流量比例先减小后增大乃至逐渐增大。

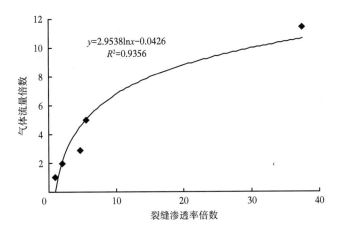

图 3-2-13　气体流量倍数与裂缝渗透率倍数关系图

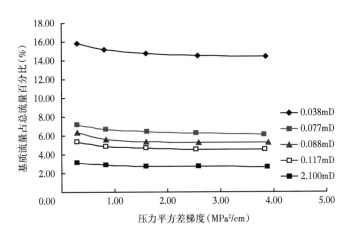

图 3-2-14　裂缝不同时，基质流量占总流量比例与压力梯度的关系图（同基质异裂缝）

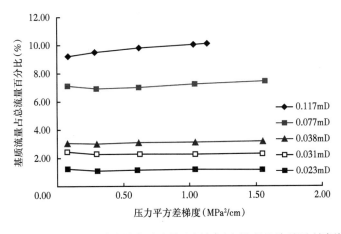

图 3-2-15　基质不同时，基质流量占总流量比例与压力梯度的关系图（同裂缝异基质）

实验表明，基质和裂缝并联时，基质与裂缝供排气能力之间的比例基本上不受压力梯度的影响，但当基质渗透率增大到一定程度后，随着压力梯度的增大基质的供排气能力会明显增强。

3）裂缝与基质位置对供排气能力的影响

对裂缝与基质位置不同时，裂缝和基质组成串联系统的供排气能力进行了对比研究。

如图3-2-16所示，当压力平方差梯度一定时，裂缝作为气源和基质作为气源对供排气速度的影响不大，裂缝作为气源的供排气速度略大于基质作为气源的供排气速度；随着压力梯度的增大，两种方式下的供排气速度都呈线性增大。

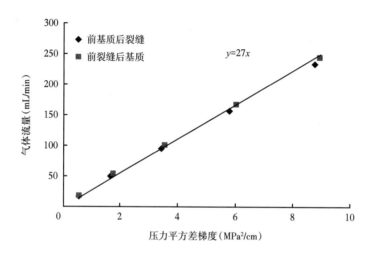

图3-2-16　裂缝与基质位置不同时，气体流量与压力梯度关系图

4）含水饱和度对供排气能力的影响

利用含水裂缝和含水基质并联实验研究表明：裂缝和基质并联时，随着驱替时间的增加，裂缝的含水饱和度明显降低，裂缝的供排气速度随着含水饱和度的降低呈指数性增大；基质的含水饱和度降低较少，基质的供排气速度随着含水饱和度的降低呈线性增大（图3-2-17至图3-2-19）。

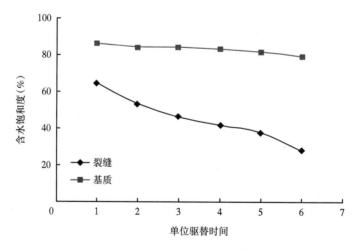

图3-2-17　含水饱和度与驱替时间关系图

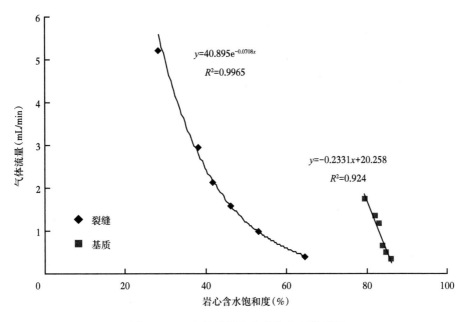

图 3-2-18　气体流量与含水饱和度关系图

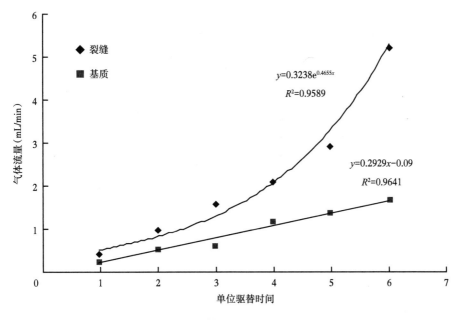

图 3-2-19　气体流量与驱替时间关系图

利用含水裂缝岩心和含水基质岩心的串联实验研究表明：在基质作为供气气源、裂缝作为排气通道的情况下，当串联系统有一定流量后，随着驱替时间的增加，裂缝与基质的含水饱和度都会降低，裂缝的含水饱和度变化幅度大于基质；串联系统的供排气速度随着裂缝（基质）含水饱和度的降低呈线性增大（图 3-2-20 至图 3-2-22）。

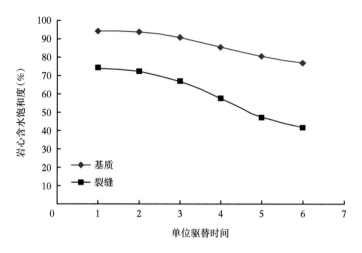

图 3-2-20　含水饱和度与驱替时间关系图

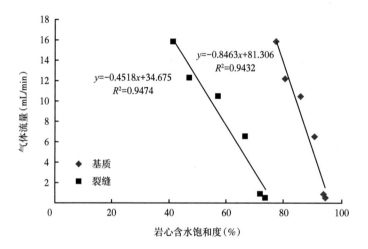

图 3-2-21　气体流量与含水饱和度关系图

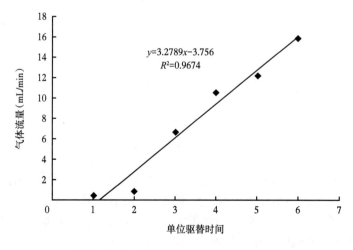

图 3-2-22　气体流量与驱替时间关系图

第三节　微观渗流机理对产能的影响研究

一、火山岩气藏产能模型的建立

在火山岩气藏中，气体滑脱效应、启动压力等特殊渗流机理对气藏气井产能具有较大的影响，用常规的气藏产能评价方法进行评价的结果误差较大。基于火山岩气藏非线性渗流机理，建立同时考虑启动压力梯度、气体滑脱效应的产能方程。

1. 启动压力梯度的影响

利用气体状态方程、动量方程及渗流力学的基本原理，推导启动压力梯度的表达式。首先由气体状态方程 $pV = nZRT$ 得

$$\frac{R}{M} = \frac{p}{\rho_g TZ} = \frac{p_{sc}}{\rho_{gsc} T_{sc} Z_{sc}} \quad (\text{通常 } Z_{sc} = 1) \tag{3-3-1}$$

式中　R——普适气体常数，J/（mol·k）；

$\quad\quad M$——气体摩尔质量，g/mol；

$\quad\quad p$——压力，MPa；

$\quad\quad T$——温度，K；

$\quad\quad Z$——偏差系数；

$\quad\quad \rho_g$——气体密度，g/cm³；

$\quad\quad p_{sc}$——标准状态下压力，MPa；

$\quad\quad \rho_{gsc}$——标准状态下气体密度，g/cm³；

$\quad\quad T_{sc}$——标准状态下温度，K；

$\quad\quad Z_{sc}$——标准状态下偏差系数。

则气体在气藏中流动的质量通量为

$$F = \rho_{gsc} q_{sc} = A\rho_g v_g = 2\pi rh \frac{pM}{RTZ} \frac{k_g}{\mu_g} \frac{dp}{dr} \tag{3-3-2}$$

令

$$\psi(p) = \int_{p_o}^{p} \frac{2p}{\mu Z} dp \tag{3-3-3}$$

式中　p_o——任一参考压力，MPa。

将式（3-3-3）两边同时对 r 微分得

$$\frac{d\psi}{dr} = \frac{2p}{\mu Z} \frac{dp}{dr} \tag{3-3-4}$$

再将式（3-3-1）与式（3-3-2）代入式（3-3-4）得

$$\frac{p_{sc} q_{sc} T}{T_{sc}} \frac{dr}{r} = \pi k_g h d\psi \tag{3-3-5}$$

式中　ψ——拟压力，MPa；

将式（3-3-5）积分整理得

$$q_{\text{sc}} = \frac{T_{\text{sc}}}{p_{\text{sc}}T}\frac{\pi k_{\text{g}}h\left(\psi-\psi_{\text{wf}}\right)}{\ln\left(\dfrac{r}{r_{\text{w}}}\right)} = \frac{T_{\text{sc}}}{p_{\text{sc}}T\overline{Z}}\frac{\pi k_{\text{g}}h\left(p^2-p_{\text{wf}}^2\right)}{\overline{\mu_{\text{g}}}\ln\left(\dfrac{r}{r_{\text{w}}}\right)} \tag{3-3-6}$$

式中　$\overline{\mu_{\text{g}}}$——气体黏度，mPa·s；

　　　T——温度，K；

　　　p——压力，MPa；

　　　k_{g}——气相渗透率，mD；

　　　h——厚度，m；

　　　r——波及半径，m；

　　　r_{w}——井筒半径，m；

　　　ψ_{wf}——井底拟压力，MPa；

　　　p_{wf}——井底流压，MPa。

已知考虑启动压力梯度的运动方程为

$$\vec{v}_{\text{g}} = \frac{k_{\text{g}}}{\mu_{\text{g}}}\left(\frac{\text{d}p}{\text{d}r}-\lambda_{\text{g}}\right) \tag{3-3-7}$$

设函数

$$\dot{p} = p-\lambda_{\text{g}}r \tag{3-3-8}$$

将式（3-3-8）两边微分得

$$\frac{\text{d}p}{\text{d}r}-\lambda_{\text{g}} = \frac{\text{d}\dot{p}}{\text{d}r}\left(仅当\frac{\text{d}\dot{p}}{\text{d}r}>0时成立\right) \tag{3-3-9}$$

则原非达西方程变为拟达西流动方程：

$$\vec{v}_{\text{g}} = \frac{k_{\text{g}}}{\mu_{\text{g}}}\frac{\text{d}\dot{p}}{\text{d}r} \tag{3-3-10}$$

标准状态下，$T_{\text{sc}}=293\text{K}$，$p_{\text{sc}}=0.101325\text{MPa}$，同时采用目前气田上实际使用的单位，考虑表皮效应的影响，由前面推导可得到含常启动压力梯度的产能方程为

$$q_{\text{sc}} = \frac{0.0785k_{\text{g}}h\left[\left(p-\lambda_{\text{g}}r\right)^2-\left(p_{\text{wf}}-\lambda_{\text{g}}r_{\text{w}}\right)^2\right]}{T\overline{Z}\overline{\mu_{\text{g}}}\left[\ln\left(\dfrac{r}{r_{\text{w}}}\right)+s\right]} \tag{3-3-11}$$

式中　q_{g}——气体流量，$10^4\text{m}^3/\text{d}$；

　　　s——表皮系数；

　　　λ_{g}——气体启动压力梯度，MPa/m；

　　　$\overline{Z}$——偏差系数。

真实常启动压力梯度 λ_{g} 可以采用岩心实验方法求出。

2. 气体滑脱效应的影响

气测渗透率与流动平均压力存在如下关系：

$$K_g = K_\infty \left(1 + \frac{b}{p_m} \right) \qquad (3\text{-}3\text{-}12)$$

式中　K_g——气测渗透率，mD；

　　　K_∞——等效液体渗透率或平均压力为无穷大时测得的气相绝对渗透率，mD；

　　　b——滑脱因子，MPa；

　　　p_m——平均压力，MPa。

由式（3-3-12）不难发现，可以通过分析平均压力 p_m 与气相绝对渗透率之间的关系来分析气体渗流是否产生了滑脱效应以及其对气相渗透率的影响程度。

气体分子滑脱效应在运动方程中的表现即为视渗透率的增加。在单相渗流时，可以通过修正有效渗透率来达到增加视渗透率的目的；在气—水两相渗流情况下，采用修正相对渗透率的方法来达到增加视渗透率的目的。相对渗透率的概念可以将达西定律扩展到孔隙空间中有两种或两种以上流体存在与运动的情况。

气—水两相流动时，考虑滑脱效应的气相相对渗透率的计算公式为

$$K_{rg}(S_w, p_m) = K_{rg\infty}(S_w) \left[1 + \frac{b(S_w)}{p_m} \right] \qquad (3\text{-}3\text{-}13)$$

式中　S_w——含水饱和度。

由 Rushing 考虑气—水两相流动拟合的经验公式可知，气体滑脱因子可用式表述：

$$b(S_w) = \alpha_1 \left(\frac{K_\infty}{\phi_g} \right)^{-\alpha_2} \qquad (3\text{-}3\text{-}14)$$

即：

$$b(S_w) = \alpha_1 \left(\frac{K K_{rg\infty}(S_w)}{\phi_g} \right)^{-\alpha_2} \qquad (3\text{-}3\text{-}15)$$

其中 $\phi_g = \phi(1 - S_w)$

式中　α_1 和 α_2——通过实验数据拟合得到的常数；

　　　ϕ_g——气体有效孔隙度；

　　　ϕ——气体总孔隙度。

将式（3-3-15）代入式（3-3-13）可得气相相对渗透率的最终表达式为

$$K_{rg}(S_w, p_m) = K_{rg\infty}(S_w) \left[1 + \alpha_1 \left(\frac{K K_{rg\infty}(S_w)}{\phi_g} \right)^{-\alpha_2} / p_m \right] \qquad (3\text{-}3\text{-}16)$$

用考虑滑脱效应时的相对渗透率函数 $K_{rw}(S_w, p_m)$ 和 $K_{rg}(S_w, p_m)$ 取代常规气水运动方程中的相对渗透率函数 $K_{rw}(S_w)$ 和 $K_{rg}(S_w)$，即可得到考虑滑脱效应情况下的气、水运动方程。由于滑脱效应对水相渗流不会产生影响，故有

$$K_{rw}(S_w, p_m) = K_{rw\infty}(S_w) \qquad (3\text{-}3\text{-}17)$$

替换后气、水的运动方程变为

$$v_g = -\frac{KK_{rg\infty}(S_w)}{\mu_g}\left\{1+\alpha_1\left[\frac{KK_{rg\infty}(S_w)}{\phi_g}\right]^{-\alpha_2}/p_m\right\}\nabla\Phi_g \qquad (3\text{-}3\text{-}18)$$

$$v_w = -\frac{KK_{rw}(S_w)}{\mu_w}\nabla\Phi_w \qquad (3\text{-}3\text{-}19)$$

式中 $\nabla\Phi_g$——气体压降梯度，MPa/m；

$\nabla\Phi_w$——液体压降梯度，MPa/m。

根据考虑启动压力梯度时的推导过程可得到考虑气体滑脱效应时的产能方程为

$$q_{sc} = \frac{0.0785K_{g\infty}h}{\bar{\mu}_g\bar{Z}T}\frac{\left(p^2-p_{wf}^2\right)\left\{1+\alpha_1\left[\frac{KK_{rg\infty}(S_w)}{\phi_g}\right]^{-\alpha_2}/p_m\right\}}{\ln\left(\frac{r}{r_w}\right)+s} \qquad (3\text{-}3\text{-}20)$$

3. 紊流效应的影响

根据火山岩气藏流态分析表明非达西渗流的作用非常显著，从理论上分析，即流速越大雷诺数越大，当流速（雷诺数）超过临界流速（临界雷诺数）时，流态由层流转化为紊流。把多孔介质看作由毛细管束构成，渗透率越低毛细管越小；同样，储层中可动水越多，气相的渗透率越低，渗流空间越小。在流量一定的条件下渗透性差或可动水饱和度高的地层毛细管中的流速大，从而得到：在其他因素不变的条件下，产量越高，非达西效应（紊流）越强；渗透性越差，非达西效应（紊流）越强；可动水饱和度越高，非达西效应（紊流）越强。其次，从实际测试资料解释可知，表皮系数是产量的线性函数，这一结果也表明了火山岩气藏的高速非达西渗流的特征。研究高速非达西渗流，最重要的是确定紊流系数。

Forchheimer 通过实验提出二次方程来描述非达西流动，对于平面径向流，有

$$\frac{dp}{dr} = \frac{\mu_g u_g}{K_g} + \beta\rho_g u_g^2 \qquad (3\text{-}3\text{-}21)$$

式中 μ_g——气体黏度，Pa·s；

u_g——气体渗流速度，m/s；

β——描述孔隙介质紊流影响的系数，称为速度系数，m^{-1}。

气水混合流动时，气水接触面的气体流动受液体黏滞力的影响，几乎与液体同步流动，而远离气水接触面的气体流速较高，产生紊流效应，将式（3-3-21）中右边的第二项，即非达西流动部分的压降单独表示为

$$dp_{non} = \beta\rho_g u_g^2 dr \qquad (3\text{-}3\text{-}22)$$

将 $\rho = \dfrac{M_{air}\gamma_g p}{ZRT}$，$u_g = \dfrac{q}{2\pi rh}$，$q = B_g q_{sc} = \dfrac{p_{sc}ZT}{T_{sc}p}q_{sc}$ 代入式（3-3-22），并对其积分（$r_w \to r_e$，$p_{wf} \to p_e$），取标准状态，忽略 $1/r_e$（$1/r_e \approx 0$），推导可得

$$\Delta p_{non}^2 = \frac{2.828 \times 10^{-13} \beta \overline{\gamma_g} \overline{ZT}}{r_w h^2} q_{sc}^2 = B q_{sc}^2 \qquad (3\text{-}3\text{-}23)$$

或

$$\Delta p_{non}^2 = \frac{12.73 q_{sc} T \overline{\mu_g} \overline{Z}}{K_g h} D q_{sc} \qquad (3\text{-}3\text{-}24)$$

其中

$$D = 2.191 \times 10^{-14} \frac{\beta \overline{\gamma_g} K_g}{\overline{\mu_g} h r_w} \qquad (3\text{-}3\text{-}25)$$

式中　B——二项式方程中非达西流动系数，$MPa^2/(10^4 m^3/d)^2$；

　　　D——惯性或紊流系数，$d/(10^4 m^3)$；

　　　$\overline{\mu_g}$——气体黏度，$mPa \cdot s$；

　　　$\overline{Z}$——气体偏差因子；

　　　$\overline{\gamma_g}$——气体相对密度；

　　　T——温度，K；

　　　p——压力，MPa；

　　　K_g——气相渗透率，mD；

　　　h——厚度，m；

　　　r——波及半径，m；

　　　r_w——井筒半径，m；

　　　R——普适常数，取 $0.008315 MPa \cdot m^3 \cdot (kmol \cdot K)^{-1}$；

　　　q_{sc}——气体流量，$10^4 m^3/d$；

　　　β——速度系数，m^{-1}。

Δp_{non}^2 可视为一种压力扰动，流量一旦变化，Δp_{non}^2 立即变化，这一附加压差可以合并到产能方程中，并引入视表皮系数 $s' = s + D q_{sc}$，则产能方程可写成

$$q_{sc} = \frac{T_{sc}}{p_{sc} T} \frac{\pi K_g h (m - m_{wf})}{\ln \dfrac{r}{r_w} + s + D q_{sc}} = \frac{0.0785 K_g h (p^2 - p_{wf}^2)}{T Z \overline{\mu_g} \left(\ln \dfrac{r}{r_w} + s' \right)} \qquad (3\text{-}3\text{-}26)$$

$$B = \frac{2.828 \times 10^{-13} \beta \overline{\gamma_g} \overline{ZT}}{r_w h^2} \qquad (3\text{-}3\text{-}27)$$

变形即可得到速度系数的表达式：

$$\beta = \frac{3.536 \times 10^{12} h^2 r_w B}{\overline{\gamma_g} \overline{ZT}} \qquad (3\text{-}3\text{-}28)$$

如果已知二项式中非达西流动系数 B 或速度系数 β，即可得到紊流系数 D。

综合以上推导分析结果，考虑启动压力梯度、滑脱效应及紊流效应，建立了气藏的产能方程：

$$q_{sc} = \frac{T_{sc}}{p_{sc}T} \frac{\pi K_{g\infty} h(m - m_{wf})\left[1 + \dfrac{b(S_w)}{p_m}\right]}{\ln\dfrac{r}{r_w} + s + Dq_{sc}} = \frac{T_{sc}}{p_{sc}TZ} \frac{\pi K_{g\infty} h(\dot{p}^2 - \dot{p}_{wf}^2)\left[1 + \dfrac{b(S_w)}{p_m}\right]}{\mu_g\left(\ln\dfrac{r}{r_w} + s + Dq_{sc}\right)}$$

$$= \frac{0.0785 K_{g\infty} h\left[(p - \lambda_g r)^2 - (p_{wf} - \lambda_g r_w)^2\right]\left(1 + \dfrac{b(S_w)}{p_m}\right)}{TZ\mu_g\left(\ln\dfrac{r}{r_w} + s + Dq_{sc}\right)}$$

（3-3-29）

二、滑脱效应对气井产能的影响

不同压力条件下，滑脱效应对气井产能的影响程度不同。高压条件下，滑脱效应对产能的影响可忽略不计；在低压（5~10MPa）下，滑脱效应对产能有一定影响，影响程度为3%~7%，如图3-3-1和图3-3-2所示。

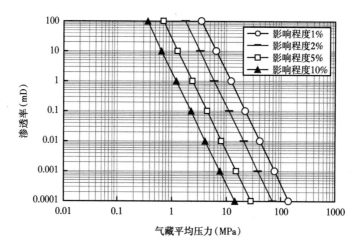

图 3-3-1　气体滑脱效应对产量影响的理论图版

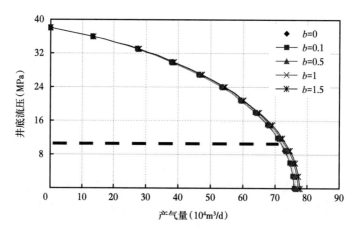

图 3-3-2　$K=0.43$mD 时气体滑脱效应对 IPR 曲线的影响

三、启动压力梯度对气井产能的影响

与滑脱效应相比，启动压力梯度对气井产量影响较大。当启动压力梯度 λ 从 0.07MPa/m 增加到 1MPa/m 时，无阻流量降低 22.5%；对于渗透率为 0.43mD 的火山岩气藏，启动压力梯度约为 0.35MPa/m 时，考虑启动压力梯度的影响，产量减少近 12%，如图 3-3-3 和图 3-3-4 所示。

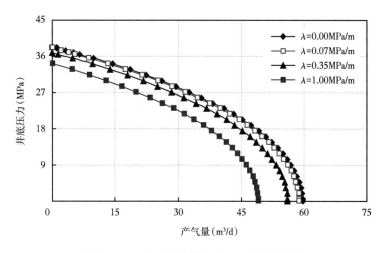

图 3-3-3　启动压力梯度对 IPR 曲线的影响

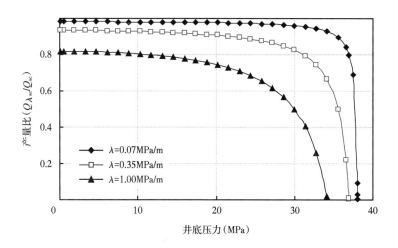

图 3-3-4　启动压力梯度对产能比的影响

第四章　火山岩气藏动态描述

动态描述主要是在地质静态认识的基础上，以气井的产量和压力等动态资料为基础，应用现代试井、现代生产动态及多种气藏工程方法研究井控区域特征。通过多年的火山岩气井开发，在储渗结构、驱动类型、井控动态储量、指标预测等方面取得了多个认识。

第一节　火山岩储层储渗结构模式动态描述

不同储渗结构储层中的气井具有不同的动态特征，通过对气井动态特征的分析研究以及不稳定试井曲线对储层渗流状态的识别，综合各种动态、静态特征实现对储层储渗结构特征有效的识别。

一、火山岩储层储集空间结构

徐深气田火山岩储层发育有基质、孔隙、天然裂缝等各类储集空间类型，各类储集空间类型相互组合，形成不同的储渗结构体。储层中既有致密基质（或致密孔渗）（渗透率不高于 0.1mD，孔隙度不超过 4%）、低孔渗体（渗透率 0.1~1.0mD，孔隙度 4%~8%），又存在高孔渗体（渗透率不低于 1.0 mD，孔隙度不低于 8%）和天然裂缝。在长井段取心中（表 4-1-1），致密基质的样品数占总样品数近 80%，这种以致密基质为主，其间分布高、低孔渗的储渗结构形式，使得火山岩气井有较复杂的产能与动态特征。

表 4-1-1　渗透率与孔隙度分布表

渗透率（mD）	占比（%）	孔隙度（%）	占比（%）
≤0.1	80	≤4	66
0.1~1.0	15	4~8	26
≥1.0	5	≥8	8

二、不同储集空间类型动态与产能特征

1. 高孔渗体动态与产能特征

（1）高孔渗体发育层段射孔后可以获得较高的初期产能。

以钻遇高孔渗体厚度为主的井，一般射孔后直接获得工业气流，而且随着钻遇高孔渗体厚度的增大，气井初期产能具有增大的趋势（图 4-1-1）。目前火山岩储层中许多以钻遇高孔渗体厚度为主的直井或者水平井都采用射孔完井的方式，如已开发的 D 区块中高孔渗体分布广泛，射孔完井的井较集中。

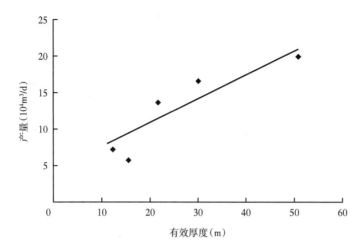

图 4-1-1　气井产量与有效厚度关系图

（2）高孔渗发育区压力补充迅速，气井的动态特征稳定。

气井位于高孔渗分布范围广、连续性好的区域内，高孔渗既是渗流通道，又是物质基础。气井持续开井中产量稳定，压力下降缓慢，关井后压力迅速恢复到平稳，表现出很强的供气能力。这部分气井的双对数试井曲线在续流段过后先出现球型流动特征，然后出现拟径向流动特征。球型流动特征体现了储层存在打开不完善的影响，但是球型流动到径向流动特征也体现了储层的无阻挡的多向供气特征。一般压力恢复测试中（关井 60 天）较长时间难以见到边界反应，气井不但高产而且可以长期稳产；反之，高孔渗仅在井附近发育，规模小，这类井射孔初期有较高的产能，但开井后产量与压力迅速下降，不能支持长期稳定生产，试井双对数曲线较早出现阻流边界反应。

2. 低孔渗—致密基质动态与产能特征

（1）低孔渗—致密基质发育层段需要压裂改造。

①压裂井的初期产能受沟通高孔渗体的规模影响。

火山岩储层中以低孔渗—致密基质为主体的井（层）需要进行压裂改造。由于低孔渗—致密基质中发育有零散分布的高孔渗体，因此压裂具有改造低孔渗—致密基质和沟通高孔渗体的双重作用。

首先，火山岩气井的压后产量与压裂规模之间表现出复杂的关系（图 4-1-2）。一部分井表现为压裂规模越大，气井产量越高，但大部分井表现为气井产量与压裂规模无关，表明不是增大压裂规模就能增加气井的产量。此外，大部分井压裂前后的产量相关性很差。许多压后获得高产的井并不一定是射孔后产量高的井，说明压裂的增产机理不仅是改造作用，还有沟通作用，单纯采用压裂规模的大小难以准确衡量气井初期产能的高低。

其次，从气井初期产能与储层关系看，射孔完井的开采高储渗体的井初期产能与井点处的有效厚度相关性较好（图 4-1-1），而压裂改造的以低孔渗—基质为主要储层的井产能与井点处的测井解释的地层系数相关性较差，而与表征整个流动区域的试井解释的地层系数具有较好的相关性（图 4-1-3），表明井点处的物性参数不能准确代表压裂后整个井控流动区域的物性参数。

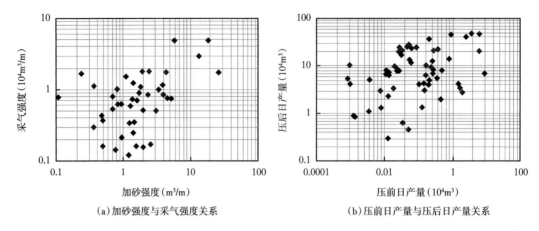

(a) 加砂强度与采气强度关系 (b) 压前日产量与压后日产量关系

图 4-1-2 压裂井加砂强度与采气强度、压前与压后产量关系

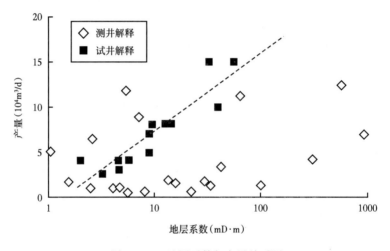

图 4-1-3 地层系数与产量关系图

最后，采用 McGuire 与 Sikora 层状均质地层模型，作的垂直裂缝井增产倍数图（图 4-1-4），许多井出现较大的误差，在横坐标中的裂缝导流能力与地层渗透率比值相同的情况下，纵坐标（压裂前后采气指数比）的实际值远高于（或低于）理论值，这种现象也说明火山岩储层横向、纵向变化大，非均质性极强，气井压裂增产倍率不符合基本的压裂改造机理。

②压裂改造有助于增加单井的经济可采储量。

一是通过沟通作用扩大了单井控制范围。在火山岩储层中，空间上广泛分布的低孔渗—致密基质中还分散着高孔渗体和天然裂缝，在大规模的压裂改造下，形成的压裂裂缝对高孔渗体和天然裂缝起到了很好的沟通作用，正是通过这种沟通作用进一步扩大了单井的控制范围。

二是通过改造作用延长了开采时间。压裂裂缝延伸距离远，导流能力强，相当于扩大了井筒半径，缩短了气体在低孔渗体中流动距离，减小了能量损失，减小了生产压差，使得气井开采至废弃产量的时间延长，采出气量增加。

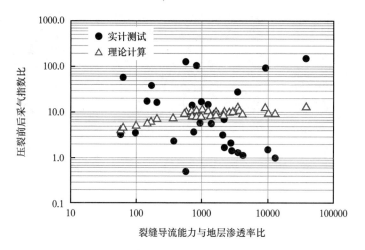

图 4-1-4 气井（垂直裂缝）增产倍数图

设定井口最低外输压力为 6.4MPa，利用试井技术模拟了不同渗透率下气井产量分别为 $1.0×10^4m^3/d$、$2.0×10^4m^3/d$、$3.0×10^4m^3/d$ 等 3 种临界产量下，压裂前后采收率的增加幅度，模拟表明，压裂改造对于渗透率小于 1.0mD 以下的低孔渗、致密基质增加经济可采储量的作用明显，而且产气量越低，对低孔渗—致密基质的动用越明显（图 4-1-5）。

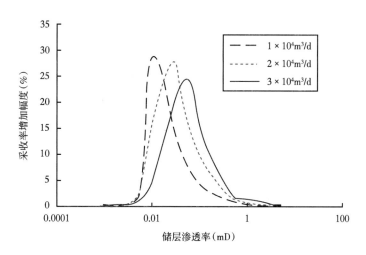

图 4-1-5 不同渗透性储层压裂前后采收率增加幅

（2）低孔渗—基质具有阻流与供给的双重作用。

①阻流与持续供给特征。

阻流特性：低孔渗—致密基质渗透性低，受到启动压力梯度的影响，渗流阻力大，流体流动需要克服一定的阻力，流动缓慢；对于其中已动用的部分来讲，未动用的部分就形成了持续存在的阻流边界。数值试井模拟研究表明：随着压裂井所处储层渗透率的降低，压降漏斗向外的扩散变慢，表明储层的供给能力减弱，为保持一定的产量，需要增大生产压差，气井井底压力下降加快（图 4-1-6），气井持续稳产时间变短。

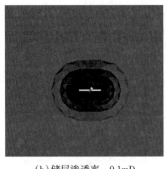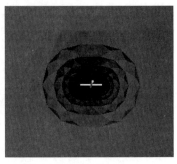

（a）储层渗透率：0.01mD　　　（b）储层渗透率：0.1mD　　　（c）储层渗透率：1.0mD

图 4-1-6　不同渗透率储层内气井压裂改造后地层压力分布形态图

持续供给特征：低孔渗—致密基质有持续供给能力的直接体现就是，以低孔渗—基质为供气主体的气井随着开发时间的延续，采出气量的增加，单位压降采气量增加，井控动态储量增加（见本章第三节），表明越来越多的低孔渗—致密基质参与到供气中。

②低孔渗—致密基质供给能力有差异，气井表现出不同的动态特征。

气井开井后产量稳定，压力迅速下降，或产量与压力同时下降；关井后压力逐渐恢复，但长时间难以恢复到平稳，这是火山岩气藏中以低孔渗—致密基质发育为主的储层中气井的典型动态特征。由于低孔渗—基质本身存在非均质性，供气能力差异很大（图 4-1-7），正是这种差异使得处于低孔渗—致密基质中的气井的开井压力下降速度、关井压力恢复速度并不一致。

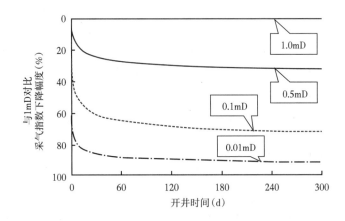

图 4-1-7　不同渗透率储层气井采气指数下降幅度

③低孔渗—致密基质的补充增加了井控储量，但气井提高产量难度大。

低孔渗—基质的逐步补给作用，使得气井的动态储量可以逐渐增加，但是井控动态储量增加的气井的产量不能提高。虽然井控动态储量增加，但是地层压力在下降，而且增加的储量以相对的更低孔渗—致密基质为主，受到决定气井产量的地层压力和物性两个关键因素的影响，气井增加储量，不一定能增加产量，增加的储量需要在低产量阶段采出。

3. 天然裂缝动态与产能特征

岩心观察、成像测井、地球物理研究等都已经表明，火山岩储层中分布着广泛的天然裂缝。这些裂缝彼此是连通的，还是孤立的，决定着天然裂缝自身能否在火山岩气藏开发中起到主体渗流通道的作用。

（1）总体上，天然裂缝自身难以形成维持气井稳产的有效能力。

①天然裂缝为主体渗流通道的动态表现形式。

通过气井的初期产能、生产动态特征与试井解释的综合分析，可以判断出天然裂缝在开发中的作用。

首先，处于天然裂缝处的井，由于天然裂缝具有相对较高的导流能力，如果天然裂缝具有较广泛的连通性，那么气井在射孔后可直接获得工业气流，但天然裂缝本身储集能力有限，持续开采后出现压力（或产量）的迅速跌落。

其次，从双对数试井曲线形态看，天然裂缝为主体渗流通道的气井的压力恢复双对数试井曲线主要具有如下3种典型特征（图4-1-8）：第一是线性流动特征，主要表现为压力恢复双对数试井曲线呈现平行的双轨特点，出现这种现象的主要原因是储层中发育的方向性裂缝导致渗透率出现各向异性，沿着主裂缝方向渗透性极高，垂直主裂缝方向渗透性极低，从而出现线性流特点；第二是双孔特征，主要表现为压力恢复双对数试井曲线中的导数曲线出现下凹，主要原因天然裂缝是主要的渗流通道，孔隙为主要储集空间，流体从孔隙进入裂缝，再由裂缝进入井筒，二者的共同作用，使得流动出现双孔介质特征；第三是视均质流动特征，主要表现为双对数试井曲线中导数曲线出现水平特征，导致这种特征的原因是天然网状裂缝发育，连通好。

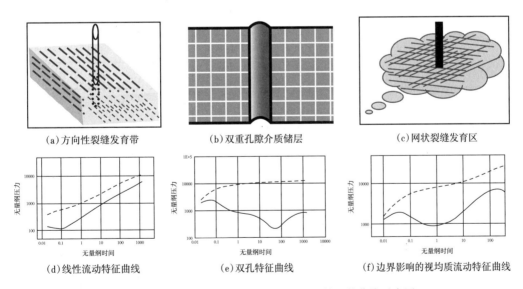

（a）方向性裂缝发育带　　　（b）双重孔隙介质储层　　　（c）网状裂缝发育区

（d）线性流动特征曲线　　　（e）双孔特征曲线　　　（f）边界影响的视均质流动特征曲线

图 4-1-8　不同形态裂缝发育区气井双对数试井曲线示意图

②一般仅依靠火山岩储层中的天然裂缝，不能保证气井具有工业产出。

首先，火山岩气井射孔后普遍低产。许多位于裂缝发育区的气井必须压裂改造，表明天然裂缝自身不能保证气井具有工业产出。但位于裂缝发育带附近气井压裂后高产量井较多，表明天然裂缝起到重要的辅助流动通道作用。其次，从射孔后获得工业气流井的动态特征和试井曲线的描述看，少数井出现线性和双孔流动特征，天然裂缝形成的视均质流动特征极少见到（D区块气井射孔后出现了视均质流动特征，但该区块从试气到试采再到投产，气井表现出的动态特征的稳定性不是天然裂缝系统所能维系的）。因此，火山岩储层中天然裂缝虽然发育，但总体上天然裂缝之间连通性较差，储集能力低，仅靠天然裂缝本身不能使气藏有效开发，但天然裂缝可以起到辅助流动通道作用。

（2）天然裂缝是重要的辅助渗流通道。

除了少部分区块发育有规模较大的高孔渗体外，其余大部分区域的火山岩气藏储层是以低孔渗—致密基质发育为主。储层渗流阻力大，利用恒速压汞等岩心实验表明，火山岩储层孔隙受到喉道的控制，低孔渗—致密基质区有效喉道以细喉道（2.5~0.35μm）、微喉道（0.35~0.12μm）为主，有效喉道控制的孔隙体积不足50%（表4-1-2）。火山岩气藏储层束缚水饱和度25%~93.7%，平均68.1%。气体流动中带动了束缚水的运动，小的喉道加上较高的含水饱和度，使得气体在孔道中的流动阻力大，存在启动压力梯度影响。实验表明裂缝不发育岩心的启动压力梯度要比裂缝发育岩心的启动压力梯度高得多（表4-1-3），这意味着裂缝不发育火山岩储层的开发难度要比裂缝发育火山岩储层的开发难度大。气体能够较迅速地到达井底，储层中的天然裂缝起到了重要的作用。

表4-1-2　恒速压汞实验有效喉道控制孔隙体积比例统计表

储层（样品数）	控制孔隙体积（%）											
	大喉道（>10μm）			中喉道（10~2.5μm）			细喉道（2.5~0.35μm）			微喉道（<0.35μm）		
	最小值	最大值	平均值	最小值	最大值	平均值	最小值	最大值	平均值	最小值	最大值	平均值
Ⅰ（5）	0.00	3.20	1.34	5.28	26.77	13.95	14.54	37.06	23.66	3.94	38.51	25.92
Ⅱ（7）	0.00	0.00	0.00	0.00	1.61	0.36	8.41	20.15	14.25	4.00	54.88	37.19
Ⅲ（12）	0.00	0.00	0.00	0.00	0.00	0.00	0.00	5.28	1.63	0.78	57.26	20.05

表4-1-3　不同孔隙类型岩心启动压力梯度对比

孔隙类型	渗透率（mD）	束缚水饱和度（%）	启动压力梯度（MPa/cm）
裂缝发育岩心	7.03	34.19	0.0009
裂缝不发育岩心	0.05	48.93	0.0047

三、火山岩储层储渗结构模式

在对火山岩储层不同储集空间类型动态与产能特征分析的基础上，通过流动形态和产量、压力变化特征的结合，识别气井井控流动区域内储层储渗结构特征。压力恢复试井研究表明，火山岩储层具有以下几种流动形态：径向流动、球型及半球型流动、线性流动、受阻或变畅流动、拟稳定流动等。气井的动态特征表现为：定产量生产中流压持续下降或流压缓慢下降，关井后压力迅速恢复或压力缓慢恢复。这些表现都反映出火山岩储层储渗结构的复杂。通过气井的渗流形态与动态特征的结合，识别出了四种类型的储渗结构形式（表 4-1-4、图 4-1-9）。

表 4-1-4　徐深气田火山岩储层不同储渗结构特征对比表

类型	储层特征	完井方式	开井动态	关井特征	流动形态	比例（%）
低—致密孔渗连续分布	Ⅱ类、Ⅲ类储层发育区，且天然裂缝一定程度发育	压裂	气井压力（或与产量）持续下降	井底压力长期缓慢恢复	压裂后线性流动特征	70
高孔渗体连续分布	Ⅰ类储层发育区，或者Ⅱ类储层中天然裂缝较发育	射孔	产量稳定，压力稳定（或下降缓慢）	关井后压力迅速恢复，短时间达到平衡	射孔后径向流动	12
高孔渗体局部连续	井点处以Ⅱ类、Ⅲ类储层发育为主，距离井井远处Ⅰ类储层（或Ⅱ类储层中天然裂缝）发育	压裂	开井初期产量稳定，压力下降缓慢，一般持续时间短，然后压力（或产量）迅速下降	初期压力恢复迅速，后呈现长期恢复特点	压裂后径向流动—流动受阻	14
方向性裂缝带发育	Ⅱ类、Ⅲ类储层发育为主，气井井点处及周围天然裂缝发育、连续性好	射孔	压力（或与产量）持续下降	压力缓慢恢复，长时间难以平稳	射孔后线性流动特征	4

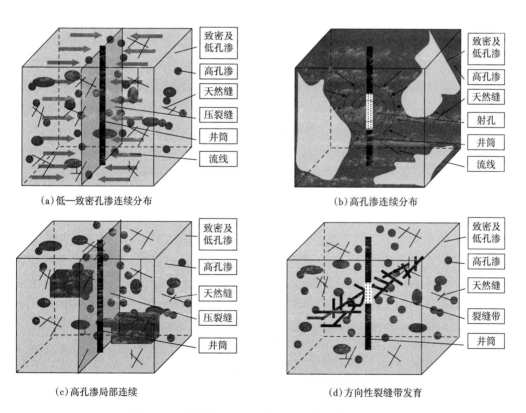

（a）低—致密孔渗连续分布　　　　（b）高孔渗连续分布

（c）高孔渗局部连续　　　　（d）方向性裂缝带发育

图 4-1-9　徐深气田火山岩储层不同储渗结构模式图

1. 低孔渗体连续分布

气井井控流动区域的储层中以低孔渗—致密基质发育为主，低孔渗—致密基质在空间上连续分布；高孔渗体规模小，呈零散分布；天然裂缝不连续，零散分布于低孔渗—致密基质中［图4-1-9（a）］。地质综合研究表明，气井一般多位于Ⅱ类、Ⅲ类储层发育区，且天然裂缝一定程度发育。

这类气井射孔后普遍低产，需要压裂改造达到工业气流。压裂后气井采气指数下降快，30天内下降幅度接近70%（图4-1-10）；开井生产中气井压力下降（或者产量与压力同时下降），关井后井底压力具有长期缓慢恢复特点。双对数试井曲线呈现典型的线性流动特征［图4-1-11（a）］。

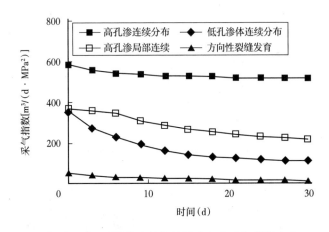

图4-1-10　不同储渗结构储层中气井采气指数变化

气井虽然钻遇了高孔渗体和天然裂缝，但由于高孔渗体和天然裂缝规模小，彼此间连通性差，因此气井射孔后产能很低。大型压裂改造以后，压裂裂缝长度达到百米以上，压裂裂缝不但改善了近井周围的渗流条件，而且沟通了周围的高孔渗体和天然裂缝，因此大幅度提高了气井的早期产能。但气井长期的物质保障主要存在于广泛分布的低孔渗—致密基质之中，持续开井后，逐渐表现出低孔渗—致密基质供给特征。关井后，低孔渗—致密基质持续向井底补充，由于低孔渗—致密基质渗透性差，气井压力缓慢恢复。

不稳定试井测试中，压裂裂缝本身及与周围高孔渗体和天然裂缝的沟通作用影响，沿着压裂裂缝伸展方向形成了一定规模的高渗透区，在初期，高渗透区中的气体以线性流动的形式向井下迅速流动，高渗透区中压力下降后，低孔渗—致密基质向高渗透区补充，主流线垂直于高渗透区，气体呈现线性流动特征，由于低孔渗—致密基质内压力向周围扩散缓慢，使得不稳定试井测试中拟径向流动不易出现，双对数试井曲线表现出长期线性流动特征。

2. 高孔渗体连续分布

气井井控流动区域的储层中高孔渗体在空间上连续分布、规模大、连通性好；低孔渗—致密基质以不连续的形式分布在高孔渗体周围；天然裂缝有发育，但规模小、连续性差［图4-1-9（b）］。地质综合研究气井一般多位于Ⅰ类储层发育区，或者Ⅱ类储层中天然裂缝较发育区域。

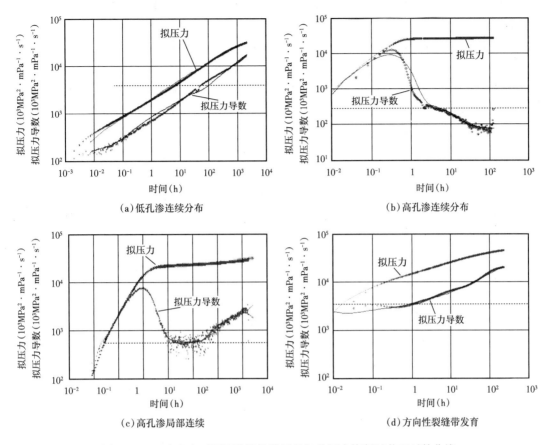

图 4-1-11　火山岩不同储渗结构储层的气井压力恢复试井双对数曲线

这类气井一般射孔后可以达到工业气流，生产中气井采气指数较稳定（图 4-1-10）。开井生产中一般产量稳定，气井压力下降缓慢，关井后压力迅速恢复，短时间达到平衡。试井曲线呈现典型的球型（或半球型）加拟径向流动特征［图 4-1-11（b）］。

由于气井钻遇的高孔渗体规模大、连通性好，高孔渗体既是气体渗流通道，又是气体储集的空间。射孔后，由于高孔渗体中压力传导迅速，能量补充快，气井开井后井底压力迅速稳定，关井后压力迅速恢复平稳。

高孔渗体空间上分布规模广。由于纵向上厚度大，气井又多采用射孔完井，存在打开程度不完善的影响，气体从横向、纵向向井底流动，近井附近双对数试井曲线出现球型（或半球型）流动特征。又由于高孔渗体平面分布范围广，随着测试时间的延续，气井呈现拟径向流动特征。

3. 高孔渗体局部连续

气井井控流动区域的储层中低孔渗—致密基质广泛分布、连续性好；但高孔渗体在局部空间上连续分布，且有一定的规模；在整个井控流动区域中天然裂缝呈不连续分布［图 4-1-9（c）］。一般气井井点处以Ⅱ类、Ⅲ类储层发育为主，距离井较远处Ⅰ类储层（或Ⅱ类储层中天然裂缝）发育。

气井钻遇低孔渗—致密基质发育区域后，射孔后不能获得工业气流，需要压裂改造。

压裂后短期内气井采气指数稳定，持续生产后，采气指数下降（图4-1-10）。开井初期产量稳定，压力下降缓慢，但一般持续时间短，然后压力（或产量）迅速下降；关井初期压力恢复迅速，后井底压力呈现长期恢复特点。试井压力恢复双对数曲线不出现压裂裂缝线性流动特点，而是在井筒储存过后出现似均质径向流动特征，流动性变好，但持续时间较短，随后气体流动受阻，压力导数曲线上翘，呈现阻流边界影响特征［图4-1-11（c）］。

气井钻遇低孔渗—致密基质发育区后，必须压裂改造，压裂裂缝勾通局部一定规模分布的高孔渗体，在短时间内，高孔渗体起到气井产能的主要支撑，气井采气指数稳定，低孔渗—致密基质供气后，气井采气指数下降。由于压裂裂缝沟通的高孔渗体中流动变畅，压力传导快，直接掩盖了压裂裂缝产生的线性流动特征。又由于高储渗体是有限规模的分布（试井解释延展在百米左右）、因此压力很快传导到高储渗体边缘。由于低孔渗—致密基质的供给能力迅速降低，造成压力导数曲线上翘。

有些气井直接钻遇了一定规模的高孔渗体后，射孔后获得工业气流，双对数试井曲线出现径向流动特征，但径向流时间短，很快流动受阻，出现外围低孔渗—致密基质边界反映，表明高孔渗体规模有限。

4. 方向性裂缝带发育

气井井控流动区域中某一方向上天然裂缝发育，连续性好，天然裂缝周围低孔渗—致密基质广泛分布，高孔渗体发育差［图4-1-9（d）］。一般地质综合研究气井井点处及周围天然裂缝发育好。

这类气井射孔后获得工业气流，但气井采气指数普遍较低，一般低于$50m^3/(d \cdot MPa^2)$（图4-1-10）。开井后，气井压力持续下降，关井后井底压力缓慢恢复，长时间难以平稳。压力恢复双对数试井曲线在持续流动段过后表现为线性流动特征［图4-1-11（d）］。

气井钻遇连续发育的方向性裂缝带后，由于方向性连通的裂缝中储集有一定量的气体，因此射开后气井瞬时获得工业气流。但裂缝的储集规模有限，持续开井后以低孔渗—致密基质供给为主。天然发育的方向性裂缝是气体向井筒流动的通道，连续发育的低孔渗—致密基质是气井长期生产的物质基础。气体的流动受到钻遇的连续发育的方向性天然裂缝影响，压力恢复双对数试井曲线表现出线性流动特征。

第二节　火山岩气藏驱动类型动态识别技术

气藏的驱动类型反映了气体由储层流到井底的主要能量形式，根据气藏压力和储气孔隙体积的变化，气藏的驱动类型主要分为弹性气驱和弹性水驱，极少数为刚性水驱。徐深气田火山岩气藏弹性气驱与弹性水驱气井并存。依据气藏物质平衡理论结合气井开采动态，综合分析了火山岩气井的驱动类型特征。

一、驱动类型识别典型方法

1. 视地层压力

视地层压力法通过建立视地层压力与累计采气量关系曲线，依据曲线偏移幅度判断气藏驱动类型（或气井驱动方式）（图4-2-1）。常规弹性气驱气藏气井的视地层压力与累计采气量之间是一条直线。水驱气藏开发中由于地层水侵入储气孔隙，导致地层压力下降减缓，气井视地层压力与累计采气量显示为向上偏转曲线。徐深气田火山岩气藏中弹性气驱气井周围储层中低渗透—致密孔渗连续发育，由于低渗透—致密储层中的气体具有逐步补给的特点，导致气井的井控动态储量逐步增加，致使气井地层压力下降减缓，弹性气驱气井视地层压力与累计采气量之间也表现为向上偏转曲线，气井的井控动态储量稳定后，则视地层压力与累计采气量又呈直线关系。由于火山岩中强水驱一般发生在气藏开发早期，而弹性气驱和弱水驱气井也由于低渗透—致密储层的补给作用，视地层压力曲线也在早期发生偏移，因此单从视地层压力曲线偏移不能确定气井的驱动类型，需要综合不同方法。

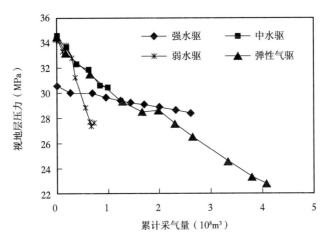

图 4-2-1　不同驱动类型气井压降曲线

2. 相对压力系数

相对压力系数中，常规弹性气驱气藏的视相对压力系数与井控动态储量采出程度之间，呈现斜率为 –1 的直线（图 4-2-2），水驱气藏中因地层水侵入储气孔隙影响，相对压力系数与采出程度关系曲线位于斜率 –1 线以上；火山岩强水驱气井的相对压力系数曲线

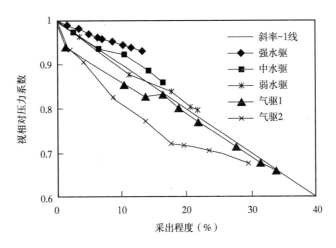

图 4-2-2　不同驱动类型气井视相对压力系数与采出程度关系

开发初期在-1线之上；中水驱气井由-1线逐步过渡到-1线以上；弹性气驱气井，由于井控动态储量逐步增加的影响，相对压力系数与井控动态储量采出程度的关系曲线开始位于斜率-1线以下，随着井控动态储量逐步增加到趋于稳定，曲线逐步接近斜率-1线，直至与斜率-1线重合；弱水驱气井相对压力系数与采出程度的曲线开始位于斜率-1线以下，发生水侵后，曲线偏转至斜率-1线以上。

3. 视地质储量

视地质储量法中建立视地质储量与累计采气量关系曲线（图4-2-3），常规（定容）弹性气驱气藏中随着累计采气量的增加，视地质储量始终为水平直线。水驱气藏发生水侵后，随着累计采气量的逐步增加，视地质储量呈现为向上偏离水平直线段的曲线。火山岩气藏中弹性气驱气井，由于气井周围低渗透—致密气体的补给影响，随着累计采气量的增加，视地质储量同样向上偏离水平段。火山岩气藏中，弹性水驱气井与弹性气驱气井的视地质储量法主要区别在于，弹性水驱（中、强水驱）气井的曲线回归后与Y坐标轴交点代表井控动态储量，弹性气驱（或弱水驱）气井的曲线回归后与Y坐标轴交点代表气井主流区储量，弹性气驱气井随累计采气增加视地质储量值逐渐平稳代表气井最终的井控动态储量。

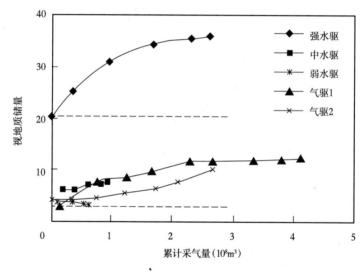

图 4-2-3　不同驱动类型气井视地质储量

二、驱动类型识别特殊方法

1. 气井开采动态特征

气井开采过程中应随时通过水气比及水样矿化度的变化分析是否发生了水侵。由于火山岩中不同驱动类型气井周围储层储渗结构的差异，使得气井具有不同的开采动态特征，因此可以将气井开采动态特征作为判断驱动类型的一种必要条件。强水驱型气井周围高孔渗连续发育、储层物性好、压力传导快，受地层水能量补充影响，气井开井中，油压下降比较缓慢，关井后油压可迅速恢复到稳定（图4-2-4）。中水驱气井关井后油压存在一个较快的上升过程，然后逐步恢复接近稳定。弹性气驱气井周围储层中低渗透—致密孔渗连续发育、物性差，一般开井油压以较快速度持续下降到一定范围才逐步减缓（或在较低的产量下缓慢下降），关井后由于周围气体缓慢向井底补给，油压处于缓慢恢复中，不易达到稳定，而出现弱水驱后，油压恢复逐步趋于稳定。

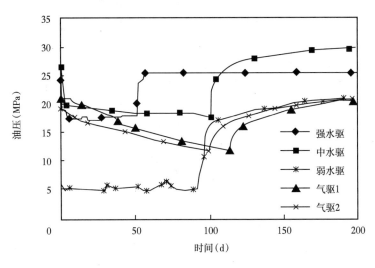

图 4-2-4　不同驱动类型气井开采压力曲线

2. 单位产量视压力降

统计建立了亿立方米气总视地层压降幅度分布图（图 4-2-5），从每采出亿立方米气视地层压力下降幅度分布看，不同的驱动方式气井具有一定的差异：强水驱气井一般在 $Y=2.8\times G^{-0.6}$ 线以下，逐步减缓；中水驱气井由 $Y=2.8\times G^{-0.6}$ 线上转到线下，逐步减缓；弹性气驱及弱水驱一般在 $Y=2.8\times G^{-0.6}$ 线以上，逐步减缓，弹性气驱气井伴随井控动态储量趋于恒定，单位产量的视压力降趋于稳定。

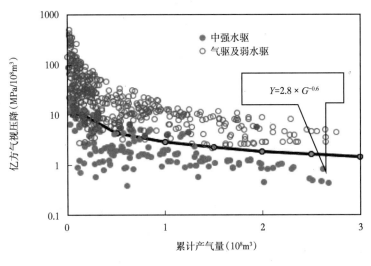

图 4-2-5　单位产量视压降图

3. 单位压降产气量

单位压降产气量指单位总的地层压降下的累计产气量。火山岩气藏随着开采时间的延续，弹性气驱和弹性水驱型气井的单位压降采气量逐步增加（图 4-2-6）。弹性水驱气井，受到地层水体侵入储气孔隙影响，地层压力下降减缓引起单位压降产气量逐渐增加。弹性气驱（或弱水驱）气井，伴随气井井底压力的下降，周围的低渗透—致密孔渗中气体不断补给，压力波及体积增大，引起地层压力下降减缓，单位压降产气量逐渐增加。强水驱型气井的地层压力下降幅度小，因此单位压降产气量高，初期达到 $1000×10^4 m^3/MPa$ 左右，随开采时间延长迅速上升到数千万；中水驱气井可以逐步增加到 $1000×10^4 m^3/MPa$ 左右；弹性气驱（或弱水驱）气井由于储层物性差、产量低，单位压降产气量初期相对低（一般不超过 $1000×10^4 m^3/MPa$），随开采时间延长逐步增加，达到一个较高值后变缓。强水驱气井单位压降产气量逐步增加，一般在 $Y=1600×G^{0.65}$ 线上；中水驱气井逐步增加，一般在 $Y=1600×G^{0.65}$ 附近；弹性气驱及弱水驱单位压降产气量逐步增加，一般在 $Y=1600×G^{0.65}$ 线下。

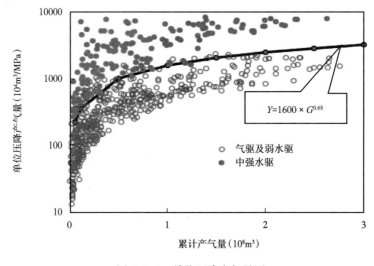

图 4-2-6　单位压降产气量图

4. 压力恢复双对数试井曲线

压力恢复双对数试井曲线是储层及其内部流体渗流特征的直接反映，徐深气田火山岩气藏中，中强水驱的气井的周围都存在高孔渗连续发育区域，而低渗透—致密孔渗连续发育区域内的气井多为弹性气驱或弱水驱。因此，压力恢复双对数试井曲线可以作为识别不同驱动类型的一种必要条件（图 4-1-11）。

高孔渗连续发育区域内，气井的双对数试井曲线多出现径向流动特征，如果高孔渗区域范围有限，则径向流动特征持续时间短，随后压力导数曲线上翘，呈现阻流边界影响特征。如果气井井底发生底水锥进，压力恢复双对数试井曲线在井筒存储期过后，出现球形（或半球形）流动，然后出现径向流动特征。

低渗透—致密孔渗连续发育区域内，气井因压裂双对数试井曲线表现线性流动特征，或因阻流边界影响曲线出现持续上翘特点。同样方向性裂缝连续发育的气井，以低渗透—

致密孔渗供气为主，压力恢复双对数试井曲线表现出线性流动特征；如果方向性裂缝延伸长度有限，则导数曲线上翘，显现阻流边界影响。

第三节　火山岩气藏井控动态储量评价技术

井控动态储量相对于容积法的地质储量而言，一般主要采用气井（或气藏）开发生产中的产量和压力等动态数据计算得到，并已经在常规和非常规气田开发中广泛应用。相关技术方法有物质平衡法、弹性二相法、不稳定晚期法、压力产量递减法、试凑法、产量累积法、现代产量递减法等。通过对多种方法比较，总结了适合徐深气田火山岩气井的井控动态储量评价方法，同时论述了火山岩气井的动态储量特征。

一、动态储量评价方法简介

1. 物质平衡方法

弹性气驱气井主要采用压降方法，在直角坐标系中做视地层压力与累计采气量关系曲线，曲线趋势线与横坐标交点代表井控动态储量（图4-2-1）。水驱气井主要采用视地质储量方法，做视地质储量与累计采气量或时间关系曲线，曲线回归线与纵轴交点代表井控动态储量（图4-2-3）。分区有补给气井可采用双区物质平衡方法，以分析整个供气过程。

适用条件：具有两次以上的关井地层压力测试资料的气井，具有一定采出程度。视地质储量法关井测压越早回归得到储量的精度越高。

数据要求：初始地层压力、具有关井测压（地层压力）数据，产气量、产水量数据。

徐深气田适用特点：气井一般有初始地层压力；许多井井底压力需通过井口压力折算，部分井底积液井影响压力折算精度；低渗透—致密层的气井关井后压力长时间难以恢复稳定，需要较长期观测后接近真实动态储量。

压降曲线呈上翘特点，显示储层有能量缓慢补给。传统方法是过原始压力点做曲线切线的平行线，由于切线选取的不唯一性，使得相同的数据产生多解性。在徐深气田中应用发现，采用初始压力和末点压力两点连线消除多解性，同时体现了储量逐步增加的特点，逐步接近真实储量。但低渗透—致密气井难以测得稳定的地层压力，影响储量评价；视地质储量方法，体现了水驱气藏特点，水侵量影响直线段确定，导致动态储量出现偏差；如果气井周围同时存在水驱和气体缓慢补给，则影响物质平衡法结果判断。

2. 现代生产动态分析

近年来，生产数据分析技术取得了巨大进展，其中最重要的有三项：（1）数据分析时考虑了流动压力的变化，不再受传统的定流压条件限制；（2）通过引入物质平衡等效时间函数，实现了定产量与定压力分析方法的统一；（3）采用拟时间函数消除了天然气物性随压力变化的影响。

与试井分析类似，基于模型的现代分析方法的关键是模型的诊断与选择。根据诊断情况选择一个合适的模型，输入诊断和分析结果，最后与流动压力或产量历史进行拟合，校正和微调模型。模型历史拟合的效果将说明生产数据的诊断和分析是否一致和有效。现代分析方法能够处理变压力、变产量数据，并应用不同的模型来计算储层渗透率、井的表皮系数、裂缝半长、井控半径、井控地质储量等参数，具体方法包括：Fetkovich、

Blasingame、NPI 、A-G 等方法（图 4-3-1 ）。

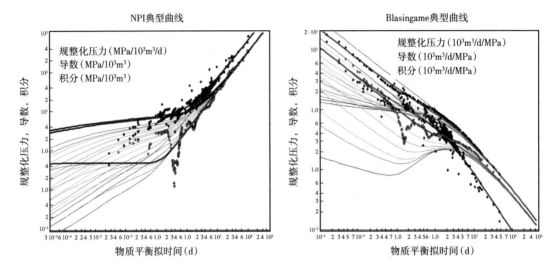

图 4-3-1　现代生产动态曲线

数据要求：初始地层压力；气井基本连续生产，具有全过程的产量和压力（流动压力）数据；Fetkovich 方法要求气井定井底压力生产。

徐深气田适用特点：气井一般有初始地层压力，气井具有全过程的产量和井口压力数据，流动压力需要通过井口压力折算，部分井底积液井影响压力折算精度。

现代生产动态分析能体现绝大部分低渗透—致密气井的流动形态；气井开井时间越长，逐渐出现边界控制特点，储量越接近真实值；普遍采用井口压力折算井底评价，具有储层中部压力测试数据最好；如果无全过程的压力历史检验，存在多解性。

3. 动态物质平衡

动态物质平衡主要包括流动物质平衡、MATTAR、A-G 等方法（图 4-3-2 ）。

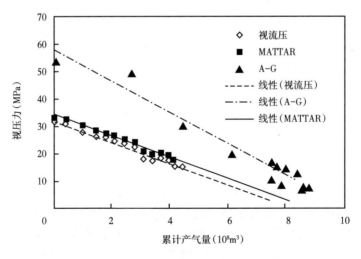

图 4-3-2　动态物质平衡曲线

对于流动物质平衡法，气井进入拟稳态以后，储层中的各点压力同步下降，因此可以采用气井井底流压的下降代表地层压力的下降。具体就是过原始视地层压力点做视流压的平行线，该线与横坐标轴（累计产气量）的交点代表井控动态储量。

流动物质平衡需要定产量生产，而 MATTAR 方法主要针对变产量生产情况，利用规整化拟压力，总压降分解为衰竭开采形成的压降和气体从地层流向井底的压力损失，通过试算求出动态储量。

A-G 方法，针对变产量情况，通过规整化拟时间，规整化拟压力与累计产气量评价，绘制相关曲线求动态储量。

适用条件：不关井生产，较连续的产量与压力数据；气井达到边界控制流动段；流动物质平衡方法要求气井定产量生产，其他方法适用变产量气井。

数据要求：原始地层压力，连续开井生产的产气量和流动压力数据。

徐深气田适用特点：气井一般有原始地层压力；气井具有全过程的产量和井口压力数据；气井的流动压力需要井口压力折算，部分井井底积液影响压力折算精度；气井多为变产量、变压力生产。

传统的流动物质平衡方法，受间歇开、关井，变产量影响，适用条件改变；MATTAR、A-G 方法，考虑了变产量与变压力，适用性较好；受间歇生产影响，数据波动，不易出现直线段；井底积液影响压力折算，出现结果或高（或低）偏差。

4. 不稳定分析法

不稳定分析法主要是指不稳定试井、弹性二相法、产能方程曲线等方法。

不稳定试井：自 20 世纪 80 年代 Bourdet 发明试井导数分析方法以来，以解析解模型为基础的图版拟合分析方法在试井解释中占据了主导地位。该方法的最大优势在于几种典型的流动形态和生产状态（不含定流压的边界控制流），在不稳定压力的导数曲线中均存在直观的特征。这样，根据一口井的不稳定试井测试数据，在结合地质学、地震、岩心分析等静态资料后，很容易地通过其导数曲线特征识别确定完整的解释模型，并计算给出各种参数的数值大小，进而实现对油气井和油气藏的定量描述。

弹性二相法：依据压力降落试井中的压力变化的一种分析方法，主要针对定容封闭气藏（或气井），达到拟稳定阶段后，地层中各点压力同步下降，流压的平方与时间成线性关系，从而求得动态储量。

产能方程曲线：对于不考虑水体影响的气井，利用物质平衡方程和二项式产能方程建立关联，假定一个动态储量，求出气井流动压力与实际流动压力对比，反复修改动态储量，直到获得满意的流动压力值。

适用条件：对于不稳定试井，要求不稳定晚期压力波已传播到地层边界，但还未形成等速度的变化；对于弹性二相法，要求气井达到拟稳定生产状态，具有稳定产量条件下的压力降落测试资料；对于产能方程曲线，要求定容封闭气藏（井），有稳定的产能方程。

数据要求：初始地层压力；连续稳定的产量、流压数据；弹性二相法需要拟稳定生产状态起始时地层压力；不稳定试井解释一般需要开展压力恢复测试，且评价储量需要见到明显的边界反映；产能方程曲线需要建立稳定的产能方程。

徐深气田适用特点：气井一般有初始地层压力；气井具有全过程的产量和井口压力数

据；连续的流动压力需要通过井口压力折算，部分井井底积液影响压力折算精度；气井变产量、变压力生产；低渗透—致密储层压力恢复很长时间难以测到全部边界反映，导致不稳定试井方法计算储量误差极大；弹性二相法需要气井进入拟稳态后稳定产量生产，但实际气井频繁开关井，以调整产量，无法满足适用条件（图 4-3-3）；气井开采中压力很难稳定，无法建立稳定的产能方程，影响产能方程曲线法应用。

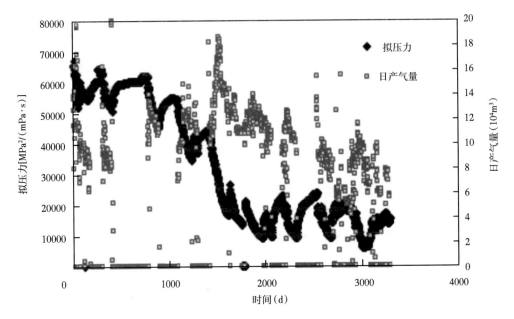

图 4-3-3　徐深气田气井弹性二相曲线

5. 经验统计法

经验统计法主要是指 Arps 方法、累计产量、数学模型等方法。

Arps 方法是最早的生产数据系统分析方法，是由 Arps 于 20 世纪 50 年代提出来的一种经验方法。它具有无需了解油气藏或井的具体参数的优势，只需要使用一个经验曲线拟合产量来预测井的未来动态。该方法主要评价气井的可采储量。

累计产量法，一种经验方法，气井进入递减期，产量持续递减时适用，采出程度大于50% 以上效果较好。

数学模型法，一种全过程的产量拟和与预测方法，通过建立产量与时间关系的一种数学模型。该方法主要评价气井的可采储量。

适用条件：气井处于边界控制流动状态（定压力降产量生产），产量进入递减期。

数据要求：连续的产量数据。

徐深气田适用特点：气井具有连续的产量数据，但产量进入递减期的气井，受间歇生产影响，难以达到稳定的边界控制流动状态（定压力降产量生产），使得 Arps 方法拟合结果误差较大；累计产量方法一般需要气井进入开采末期精度较好，但目前许多气井远没进入这个时期，结果误差较大（图 4-3-4）；数学模型法主要受适用条件和拟合精度影响，储量误差大。

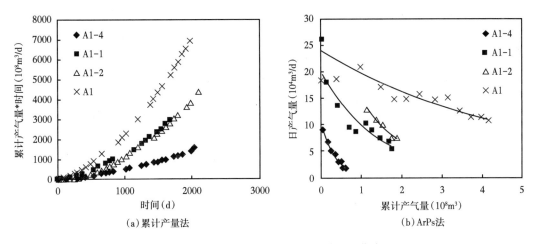

(a) 累计产量法　　　　　　　　　　(b) ArPs法

图 4-3-4　徐深气田气井经验统计方法曲线

二、动态储量评价方法优化

以气井驱动方式为基础，通过五大类评价技术（物质平衡方法、现代生产动态分析、动态物质平衡法、不稳定分析、经验统计法）对比，优化动态储量评价方法。按照气井驱动方式（类型），将气井划分为弹性气驱气井，受地层水影响部分弹性气驱气井逐步转化为弱水驱，因此这类井可以考虑为已见地层水和未见地层水，其余为中、强水驱气井。

火山岩动态储量评价结果显示，受适用条件和数据精度影响，各个技术系列不同程度存在误差（表 4-3-1），其中弹性气驱气井以物质平衡方法、现代生产动态分析、动态物质平衡方法误差最小；经验统计方法受开采阶段限制，结果普遍偏小；不稳定分析方法误差最大。弹性气驱—弱水驱气井未见水时按照弹性气驱考虑，出地层水后，受到水侵影响，各方法的误差有所增加；中、强水驱气井以（水驱）物质平衡方法为最优，其余各个方法都有较大的偏差。

表 4-3-1　动态储量评价技术系列在徐深气田误差对比

气井驱动 方式		主要技术系列误差范围（%）				
		物质平 衡方法	现代生 产动态	动态物 质平衡	经验 统计	不稳 定分析
弹性气驱		-15~15	-15~15	-15~15	-30~10	-70~70
弹性气驱— 弱水驱	未见水	-15~15	-15~15	-20~20	-30~10	-70~70
	已见水	-20~20	-20~20	-20~20	-30~10	-70~70
中、强水驱		-15~15	-30~30	-40~40	-30~10	-70~70

动态储量评价的 5 个技术系列进一步细分为 15 种具体方法，经过实践检验，将各个具体方法划分为好、中、差三类。好：方法适用性强，结果可靠性高。中：结果可参考，一般不建议单独使用。差：结果参考性差（或无结果）（表 4-3-2）。

表 4-3-2　动态储量计算方法在徐深气田应用效果表（1）

技术系列		计算方法	适用条件	数据要求	徐深气田对应特点	徐深气田应用效果
物质平衡	1	视地层压力—累计采气量关系方法	（1）具有两次以上的关井地层压力测试资料的气藏或气井；（2）具有一定采出程度	（1）初始地层压力、产气量数据；（2）具有关井测压（地层压力）数据；（3）产气、水量数据	（1）气井一般有原始地层压力；（2）关井井底压力需通过井口压力折算；（3）低渗透气井压力难以恢复稳定；（4）部分井底积液井影响压力折算精度	好
	2	视地质储量方法				好
现代生产动态分析	3	Fetkovich方法	（1）具有一定的生产数据资料，不需要关井测压；（2）变产量变压力、处于边界流控制状态的气井	（1）初始地层压力；（2）气井基本连续生产，具有全过程的产量和压力（流动压力）数据；（3）Fetkovich方法要求气井定井底压力生产	（1）气井一般有初始地层压力；（2）气井具有全过程的产量和井口压力数据；（3）流动压力需要井口压力折算；（4）部分井底积液井影响压力折算精度	差
	4	Blasingame方法				好
	5	NPI方法				
	6	A-G方法				好
动态物质平衡	7	Agarwal-Gardner	（1）气井达到边界控制流动段；（2）流动物质平衡方法要求定产量产	（1）初始地层压力；（2）连续开井生产的产量和流压数据	（1）气井一般有初始地层压力；（2）气井具有全过程的产量和井口压力数据；（3）流动压力需要井口压力折算；（4）气井变产量、变压力生产；（5）部分井底积液井影响压力折算精度	好
	8	MATTAR方法				好
	9	流动物质平衡法				中
不稳定分析法	10	弹性二相法	气井达到拟稳定生产状态，具有稳定产量条件下的压力降落测试资料	（1）初始地层压力；（2）连续稳定的产量、流压数据；（3）弹性二相法需要拟稳定生产状态起始时地层压力；（4）不稳定试井解释一般需要压力恢复测试；（5）产能方程曲线需要建立稳定的产能方程	（1）气井一般有初始地层压力；（2）气井具有全过程的产量和井口压力数据；（3）流动压力通过井口压力折算；（4）气井变产量、变压力生产；（5）压力恢复难以测到边界；（6）部分井底积液井影响压力折算精度；（7）气井无稳定的产能方程	差
	11	不稳定试井解释	不稳定晚期压力波已传播到地层边界			差
	12	产能方程曲线	定容封闭气藏（井），有稳定的产能方程			差
经验统计	13	Arps方法	（1）气井处于边界控制流动状态（定压力降产量生产）；（2）产量进入递减期	连续的产量数据	（1）连续的产量数据；（2）产量进入递减期的气井，受到间歇生产影响，难以达到稳定的边界控制流动状态（定压力降产量生产）；（3）受到间歇开关井影响，规律不清，拟合精度低	中
	14	累计产量				中
	15	数学模型				差

从对火山岩气井的井控动态储量评价过程看，单一方法的结果存在时效性、不确定性大的特点，因此一般需要多方法对比，综合确定一个合理的动态储量。一口井的井控动态储量确定的流程是：（1）识别驱动方式；（2）确定技术系列；（3）比选适合方法；（4）优化储量结果。

三、井控动态储量特征

以储层储渗结构为基础，按照动态储量的变化特点把火山岩气藏井控动态储量分为"低渗透—致密增长型"与"高渗稳定型"两种类型。

1.低渗透—致密增长型（即低渗透—致密孔渗连续发育储层内，气井动态储量逐步增加）

（1）低渗透—致密层受到压裂改造影响，井控动态储量具有"双区"供气结构，压降曲线不同于定容气井。

依据定容封闭气藏物质平衡理论，弹性气驱气井的视地层压力随累计采气量增加呈直线下降（图4-3-5）。但是火山岩气藏弹性气驱气井随着累计采气量的增加，气井的视地层压力的变化偏离直线关系，下降速度减缓，表明随着开采时间的延续，火山岩储层具有能量缓慢补给的特点，导致火山岩气井视压降偏离常规的定容封闭气藏物质平衡规律。

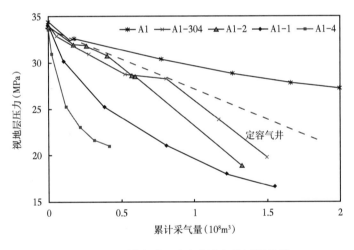

图4-3-5　低渗透—致密孔渗气井压降曲线

火山岩储层普遍需要压裂改造。压裂后压裂裂缝沟通周围的高孔渗体和天然裂缝，在近井筒周围形成了相对的高渗透区域，该高渗透区域的气体首先流向井筒，定义为主流区；随着主流区压力的下降，周围区域气体开始陆续向主流区补充，定义为补给区，补给区在主流区周围，以低渗透—致密孔渗为主，存在天然裂缝、高孔渗点。主流区优先动用，补给区逐渐动用，两区结构示意图如图4-3-6所示。具体供气特点分析如下。

①补给区逐步动用，井控动态储量逐步增加。

评价方法：两区物质平衡方程。依据物质平衡原理，在一定压力下，主流区域的原始含气孔隙体积，等于主流区域剩余气体占据的孔隙体积，加上主流区域束缚水和岩石弹性

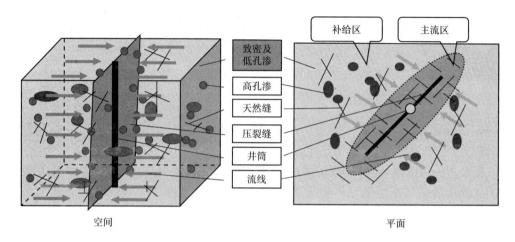

图 4-3-6　供气区域结构示意图

膨胀占据的孔隙体积，再加上补给区域补给到主流区域气体占据的孔隙体积。由于火山岩气藏属于正常的压力系统，因此束缚水和岩石弹性膨胀占据的孔隙体积可以忽略不计。建立如下关系式：

$$G_g B_{gi} = \left(G_g - G_p \right) B_g + G_d B_g \qquad (4\text{-}3\text{-}1)$$

整理得到

$$\frac{G_p B_g}{B_g - B_{gi}} = G_g + \frac{G_d B_g}{B_g - B_{gi}} \qquad (4\text{-}3\text{-}2)$$

式中　G_g——主流区域原始储量，$10^8 m^3$；

　　　G_p——累计采气量，$10^8 m^3$；

　　　G_d——补给区域累计补给量，$10^8 m^3$；

　　　B_{gi}——气体原始体积系数；

　　　B_g——气体某一压力下体积系数。

　　式（4-3-2）等号左侧为与累计采气量相关的已知量，等号右侧等于高渗透区原始储量加上与低渗透区的累计补给量相关的量。绘制 $\dfrac{G_p B_g}{B_g - B_{gi}}$ 与时间 t（或累计产气量）关系图，曲线与 Y 轴的交点代表主流区域的原始储量。得到主流区域的原始储量后，代入式（4-3-1）或式（4-3-2），可以得到补给区域的累计补给量。待补给区储量完全动用后，曲线随时间（或累计产气量）呈一条水平线，代表气井的最终井控动态储量。

　　采用上述方法建立补给气量与开采时间变化曲线（图 4-3-7），井控动态储量随累计采气量变化曲线（图 4-3-8）。曲线显示：一是随着开采时间的延续，气井采出气量的增加，补给区累计补给量占累计产气量的比例逐步增加，导致气井井控动态储量的增加；二是补给区累计补给量占累计产气量的比例在初期迅速上升，显示多数气井控制的主流区规模相对较小，开采早期进入补给区供给；在补给曲线由迅速增长到变缓的拐点 2~3 年后，动态储量高速增长期结束，增长减缓。

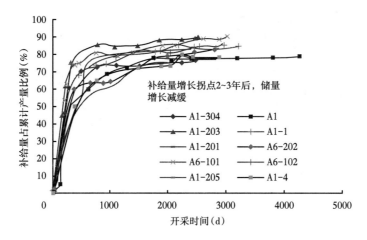

图4-3-7 补给气量比例变化曲线

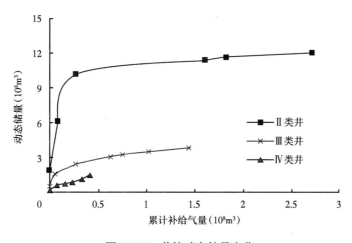

图4-3-8 井控动态储量变化

②试井曲线、压降法储量均显示补给特征。

气井压裂完井，在双对数试井曲线中，过井筒储集阶段后，曲线反映的是压裂裂缝本身的线性流动特征。压裂裂缝线性流动后，主流区中的气体向压裂裂缝流动，受到压裂裂缝延展性影响，主流区呈近似矩形形态，主流区中气体以线性流动的形式流向压裂裂缝。主流区中压力下降后，补给区开始向主流区中供气，由于补给区与主流区之间存在阻流边界，且补给区内气体受到启动压力阻力影响，压力扩散缓慢，气体流动受阻，双对数曲线持续上翘，使得不稳定试井测试中拟径向流动不易出现［图4-1-9（a）］。

通过压降法计算的井控动态储量与累计采气量关系图（图4-3-10），低渗透—致密气井关井后长时间压力难以恢复稳定，因此关井时间的长短影响压降法储量评价结果。但从关井时间与储量的关系依然可以看到，早期关井时间虽长，但压力波及范围小，因此井控动态储量低。补给区逐步参与供气后，随着范围增加，动态储量逐步增加。

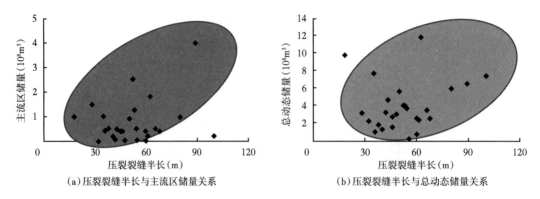

(a) 压裂裂缝半长与主流区储量关系　　　　　　(b) 压裂裂缝半长与总动态储量关系

图 4-3-9　压裂裂缝半长与储量关系

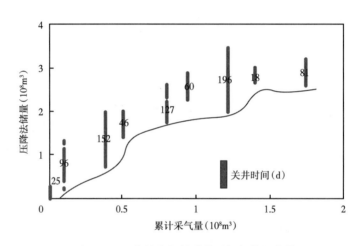

图 4-3-10　有补给气井关井时间与储量变化

③补给区占井控动态储量比例高，是气井长期供气的保障。

在低渗透—致密增长型动态储量中，统计具有两区供气结构气井的井数比例，其中主流区储量占井控动态储量比例不超过 30% 的气井数占到 68.7%（图 4-3-11）。统计储量比例，主流区占储量比例平均为 14.8%，显示剩余 85.2% 的储量来自补给区，因此补给区是多数气井长期供气的保障。

（2）动态储量大小受到压裂规模与储层性质双重控制。

作试井解释的压裂裂缝半长与主流区储量、压裂裂缝半长与总的井控动态储量关系图（图 4-3-9）图中显示受储层非均质性影响，井控动态储量与压裂裂缝半长的相关性差，加大压裂规模是增加井控动态储量的必要条件。

（3）补给区供气量逐步增加，达到最高补给能力后，逐步下降，初期下降快，然后逐渐减缓。

气井虽然钻遇了高孔渗体和天然裂缝，但由于高孔渗体和天然裂缝规模小，彼此间连通性差，因此气井射孔后产能很低。压裂改造以后，压裂裂缝长度达到百米以上，形成主

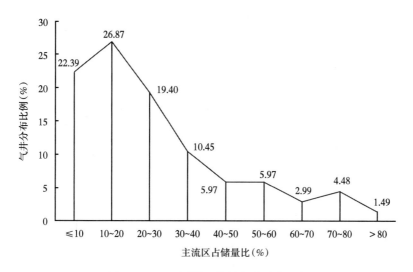

图 4-3-11　不同储量结构气井分布比例

流区域，气井投产后，初期供气以主流区为主，由于主流区物性相对较好，因此气井的初期产能（即无阻流量）较高，但由于主流区规模小，所以气井的产能很快下降（图 4-3-12）。随着主流区地层压力的下降，补给区逐渐发挥作用，补给气量逐步增加，达到最大补给能力后，又逐步下降，补给气量初期下降快，然后逐渐减缓。气井的产能表现为初期递减快，后期递减逐步减缓，呈现双曲—调和的递减规律。气井动态储量达到"稳定值"过程中，无阻流量持续下降。

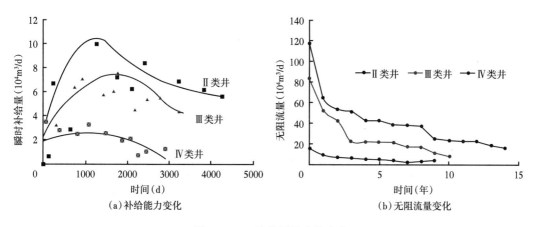

图 4-3-12　补给量及产能变化

　　建立气井无因次无阻流量与动态储量关系图（图 4-3-13），统计结果显示，二者相关性很差，但宏观显示气井一般在无阻流量下降到初期的 20%~40% 时，气井的井控动态储量趋于稳定。

　　统计气田中气井的阶段日均补给气量与日均产气量的关系显示，理论上气井产量在"采出"与"补给"在平衡线附近较为合理。实际气井略向采出轴偏转，表明气井基本处于"最大"供气能力生产（图 4-3-14）。

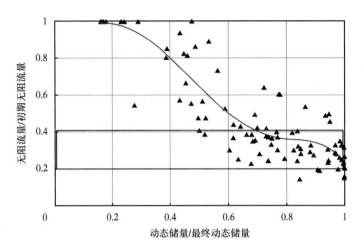

图 4-3-13　无因次无阻流量与动态储量

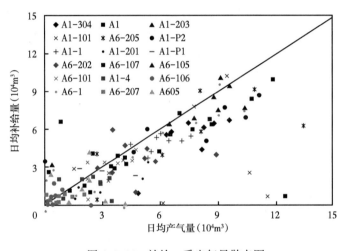

图 4-3-14　补给—采出气量散点图

（4）"低渗透—致密增长型"动态储量与地质储量差异性分析。

三个因素导致动态储量与地质储量存在差异：第一是压力无法波及（无井控制）的区域存在未动用储量；第二是动态储量有逐步增加的特点，因此早期的动态储量与地质储量差异大；第三是受启动压力梯度影响，井控范围内致密区存在不可流动储量。岩心试验表明，火山岩储层存在启动压力梯度影响，渗透率越低，启动压力梯度越高。以岩心试验结果为基础，建立不同渗透率级别储量最大启动距离与合理井距，渗透率 0.1mD 时最大启动距离为 150m，渗透率降低后启动距离变短，相应的井距变小。按照井控区域双区供气特征考虑，主流区内无启动压力梯度影响，补给区内气体进入主流区需要克服启动压力梯度。主流区宽度为 250m，渗透率 0.1mD 时井距为 550m，渗透率降低需要更小的井距（图 4-3-15）。正是由于储层中致密储量的广泛发育，使得计算的井控动态储量往往小于容积法地质储量。

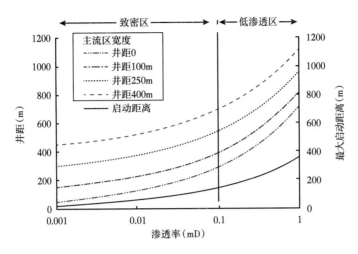

图 4-3-15　不同渗透率储量井距

连通气井井间动态储量变化特征：A 区块 2008 年开展了井网加密试验，2014 年部署了补充井 A1-P3 井（图 4-3-16）。加密井与补充井初始地层压力低，显示井控区域内部分储量得到动用，但长期开采后动态储量呈现不同的变化特点。一是致密储量发育区内连通的气井，因老井控制区内致密储量不易流动，因此加密后气井的动态储量可以持续增长；二是低渗透—高渗透储量发育区连通气井，井间易发生储量干扰。

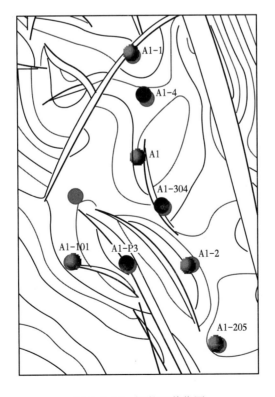

图 4-3-16　调整区井位图

A1-4 井位于 A1 井与 A1-1 井之间。A1 井与 A1-1 井 2004 年 12 月投产，A1-4 井 2008 年 9 月投产。A1-4 井投产前连续 4 次测试，井底静压力由初期的 36.92MPa 持续降至 32.79MPa（图 4-3-17）。综合地质研究 A1-4 井与 A1-1 井连通。A1-1 井与 A1-4 井属于Ⅲ类、Ⅳ类井，A1-4 井投产后，A1-1 井与 A1-4 井的储量持续增加，原因就是这两口井控制区域内的致密储量发育，形成了持续的补给。

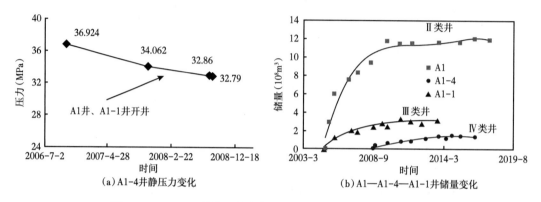

图 4-3-17　A1-4 井静压力变化及 A1—A1-4—A1-1 井储量变化

A1-304 井位于 A1 井与 A1-2 井之间。A1-304 井 2008 年 9 月投产，投产前井底静压力下降，表明与周围井有连通（图 4-3-18）。A1-304 井在 A1 井生产时井底压力稳定，而在 A1-2 井投产后井底静压力出现下降（从 39.16MPa 到 37.12MPa），因此判断 A1-304 井与 A1-2 井连通。

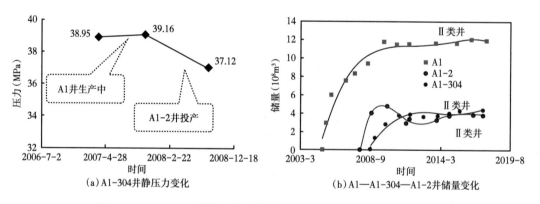

图 4-3-18　A1-304 井静压力变化及 A1—A1-304—A1-2 井储量变化

井距缩小后，气井出现单方向连通，反映出火山岩储层连续性差。A1-304 井与 A1-2 井属于Ⅱ类井间，A1-304 井投产后，A1-2 井储量下降，二者储量干扰，但随着开采的持续，A1-304 井与 A1-2 井储量甚至产量趋于一致，表明连通井间低渗透—高渗储量易出现干扰。

A1-P3 井 2014 年投产，投产后地层压力低于周围井的原始地层压力（图 4-3-19），表明井区内的部分储量已经动用。A1-P3 井投产后，相邻的老井 A1-205 井的储量出现明显的下降，表明 A1-P3 井"盗采"了 A1-205 井的储量。但 A1-P3 井增加的储量远大于 A1-205

井损失的储量。A1-P3 井和 A1-205 井分别为 Ⅱ 类、Ⅲ 类井，分析认为两口井间致密的储量比较发育，是总储量增加的主要原因。

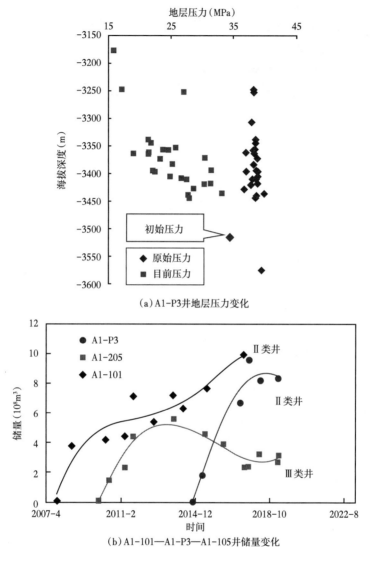

（a）A1-P3 井地层压力变化

（b）A1-101—A1-P3—A1-105 井储量变化

图 4-3-19　A1-P3 井地层压力及 A1-101—A1-P3—A1-105 井储量变化

（5）致密区增加动态储量、提高采收率方向。

岩心实验显示，当裂缝与基质串联时，系统的排供气作用主要取决于基质，基质渗透率越大，系统的排供气作用越强（图 4-3-20）。串联的岩心中裂缝岩心相当于气井控制的主流区，而基质岩心相当于与主流区连通的补给区。也就是如果改善补给区的渗透性，整个系统的供排气作用是增强的。因此，在致密储量发育的区域内，通过改善致密储量渗透性、缩小其流动距离，是增加动态储量、提高采收率的主要挖潜方向，具体的做法就是：一是寻找无井控制区；二是致密储量发育区老井重复压裂扩大已有主流区范围；三是致密区内增加新的主流区，缩小补给区。

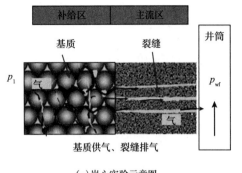

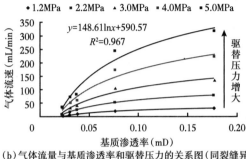

（a）岩心实验示意图 　　（b）气体流量与基质渗透率和驱替压力的关系图（同裂缝异基质）

图 4-3-20　岩心实验结果图

2. 高渗稳定型（井控区域内高孔渗连续发育为主，动态储量基本稳定）

（1）高孔渗发育区域，动态储量无逐步增加特点。

高孔渗体渗透率不低于 1.0mD，在井控范围内井底的压力变化可以迅速传导到边界，因此气井的井控动态储量无逐步增加的特点。而且在徐深气田火山岩气藏中，高孔渗发育区域内气井的驱动方式多以中—强水驱为主，地层能量较强，地层水占据储气孔隙，与弹性气驱（储量逐步增加型）气井对比，地层压力下降明显缓慢（图 4-3-21）。

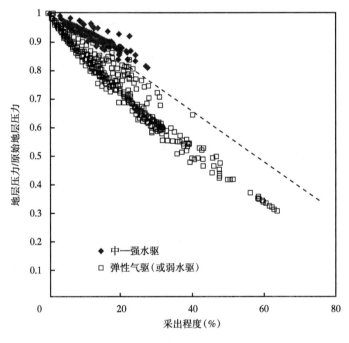

图 4-3-21　地层压力变化

（2）动态储量大小受高渗区规模影响。

高孔渗连续分布区域内，井控高渗区域的范围直接影响动态储量的大小；高孔渗局部连续区域内，气体采出后，储层孔隙受地层水侵入的影响，地层压力下降慢，所围绕低渗透一致密区无法有效补给，因此储量长期以高渗区储量为主。

（3）储量动用程度主要受地层水影响。

依据水驱物质平衡方法评价，这类气井如果开采中地层水均匀推进，在地层水波及体积达到100%时，动态储量的采收率一般超过80%。但实际开采中经常出现裂缝水窜或孔隙水锥影响，气井见水后，采收率下降快。而且受水侵影响，难以通过降低地层压力（相对压力线始终处于定容气井线上方），提高储量动用程度。如图4-3-22所示为裂缝水窜（D2-7井）、孔隙水锥（D2-6井）、产凝析水（D2-17井）三种类型气井开采特征对比。

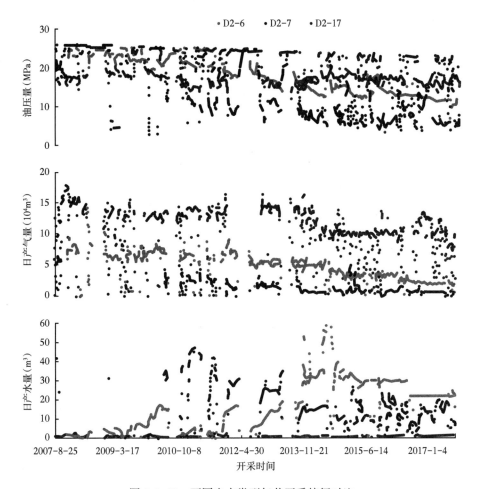

图4-3-22　不同出水类型气井开采特征对比

裂缝水窜：D2-7井地层能量充足，开采10年后视相对压力0.9，计算水驱指数0.49，强水驱，预测地层水波及体积系数达到100%时采收率为85.3%。该井压裂投产后发生裂缝强水窜（图4-3-23），储层内形成水封气，伴随井筒中积液，无阻流量快速下降，无阻流量趋近0时，动态储量采收率不足30%（图4-3-24）。开采曲线显示通过互联气举、人工助排的措施，气井生产压差保持在490MPa^{2}左右，目前采出程度15.4%，日产气量0.7×10^{4}m^{3}左右，间歇生产。气井发生水淹后地层水波及体积系数低，降低最终采收率。

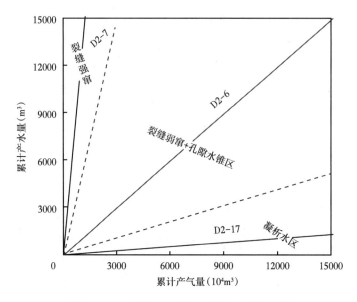

图 4-3-23　累计产气量与累计产水量关系图

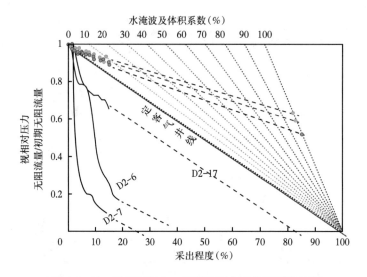

图 4-3-24　视相对压力、无阻流量与采出程度关系图

　　孔隙水锥：D2-6 井射孔完井，地层能量强，开采 10 年后视相对压力 0.93，计算水驱指数 0.53，强水驱，预测地层水波及体积系数达到 100% 时采收率为 81.9%。该井投产后发生孔隙强水锥，水气比持续上升，油套压差不断增大，井筒中积液，无阻流量快速下降。目前采收率在 40% 左右（图 4-3-23 和图 4-3-24）。

　　似均匀水驱：D2-17 井射孔完井，地层能量强，视相对压力 0.91，生产 10 年未见地层水，水驱指数 0.45。气井的生产压差、水气比相对稳定，产气量保持阶段稳定，无阻流量 20.0×10⁴m³/d 左右，预测地层水波及体积系数达到 100% 时采收率为 82.9%（图 4-3-23 和图 4-3-24）。目前采出程度 23.0%，采收率无明显变化。

如图 4-3-24 所示，D2-17 井曲线向上偏转幅度高于 D2-7 井，理论上在地层水波及体积系数相同的条件下，D2-17 井比 D2-7 井的视相对压力高，采出程度低。实际开发中 D2-7 井发生裂缝水窜，产能迅速下降，采收率损失大。D2-17 井视相对压力始终较高，很难通过降低地层压力提高采收率，气井一旦见水后采收率损失较大。因此，水驱气藏发生地层水锥进或水窜后采收率迅速降低。

因此，受地层水的影响，高孔渗层增储、挖潜方向为：一是寻找无井控制区；二是加强已投产井的控、排水，防止储层发生强水窜或水锥进，防止井筒积液。

第四节　火山岩气藏开发指标预测技术

开发指标预测是气田开发中经常面临的问题，主要包括了对产量、压力、采收率、废弃地层压力等的预测。围绕徐深气田火山岩气井的储渗特点，采用现代试井、生产动态及气藏工程方法，建立起一套适合徐深气田火山岩气井的开发指标预测方法。

一、开发指标预测

受井控区域储渗结构特征的影响，气井表现出不同的产能与动态特征。建立或提出一套能够体现井控区域储渗结构特征的方法，可以适合于火山岩气藏开发指标的预测。

1. 火山岩气藏开发指标预测方法——不稳定试井与现代生产动态分析相结合

徐深气田火山岩储层具有 4 种类型的储渗结构形式，这 4 种类型的储渗结构形式的特点可以用一定的特征参数反映出来。

从完井方式看，高孔渗连续分布型和方向性裂缝发育型以射孔完井为主，低孔渗体连续分布型和高孔渗局部连续型以压裂完井为主。

从物性特征看，高孔渗连续分布型物性好，而低孔渗体连续分布型和方向性裂缝发育型主要供给区域物性差，高孔渗局部连续型中高物性区范围有限，长期以低渗透供气为主。

从流动形态看，低孔渗体连续分布型和方向性裂缝发育型以长期的线性流动为主，高孔渗连续型以径向流动为主，高孔渗局部连续型早期显现一定的径向流动特征，但很快出现流动受阻的特点。

通过对不同的指标预测方法的对比发现，上述特征参数可以通过不稳定试井或现代生产动态分析技术体现出来，此外现代生产动态分析技术除了上述参数外，还可以评价气井控制储量的大小。为此提出了"不稳定试井与现代生产动态分析相结合"的方法，可适合现阶段火山岩气藏气井开发指标的预测。通过二者相互结合，建立一套由井筒、储层、边界及储量等参数构成的解析模型或者数值模型，称之为开发指标预测模型（图 4-4-1）。

现代生产动态分析与不稳定试井技术由于数据的来源、精度及考虑时间长短的不同，在具体分析时各自的偏重点有所差异。试井分析的优势在于对近井地层中不同流动形态的有效识别和参数评价，而长期生产动态分析则能提供更大供气范围内储层的整体特征（表 4-4-1）。因此，通过二者结合，充分发挥试井与长期动态在反映储层不同供气范围内特性的各自优势，建立可靠的气井动态模型，是实现气井开发指标预测的有效方法。

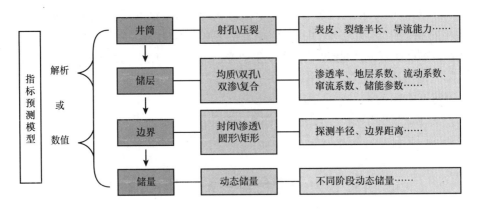

图 4-4-1　开发指标预测方法描述范围及参数构成

表 4-4-1　不稳定试井与现代生产动态分析技术特点对比表

方法	测试时间	评价范围	参数可靠性	主要参数
不稳定试井	短期	近井	高	井筒、流动形态、近井储层参数、近边界距离与特性
现代生产动态	长期	近井—远井	低	储层参数、边界距离、控制储量

"不稳定试井与现代生产动态分析相结合"的方法是针对单井指标预测的有效方法，实际中常常需要将单井的指标预测与区块的指标预测相结合。由于火山岩储层非均质性强，同一个区块内的气井在产能、控制储量等方面差异大，对于一个区块而言影响开发指标的主要是储量的动用程度和储量的品质，因此可以采用井控制动态储量加权的方式将单井的开发指标转化为区块的开发指标。

2."不稳定试井与现代生产动态相结合"的方法的特点与适用性

1）预测方法特点

（1）预测方法体现了井控区域的特征。

一口气井开发指标的变化受储层物性、连通区域的大小及非均质性、边界的分布状况及气井的完井情况等因素影响，因此，建立起具有代表性的"气井＋储层＋边界＋储量"的模型，准确地反映井控区域储层的特征，如储层物性参数大小、平面分布状况、流体流动形态、边界类型分布以及气井的完井效果等，是做好指标预测的关键。

①该方法体现了气体在储层中的流动形态与气井的生产状态。通过不稳定试井解释中的双对数曲线可以判定流动形态，通过现代生产动态分析曲线判定气井的生产状态。

②该方法体现了井控区域特征的影响。通过不稳定试井和现代生产动态分析解释可以得到井控区域物性特征，如流动系数、地层系数、渗透率等；评价储量大小、边界类型。

③该方法体现完井效果的影响。从目前试井解释结果看，射孔完井的井及部分压裂井表现出了一定的表皮特征。射孔完井的井主要与伤害及气藏打开不完善有关（气藏受边底水的影响，存在着打开不完善的问题，在井底附近形成集流）；压裂井除个别受到作业影响外，总体表皮系数小。

（2）实现气井生产全过程的历史拟合，预测结果更加接近实际。

利用长期的生产动态进行产量或者压力历史拟合约束，是预测结果准确、合理的保障。该方法正是通过生产历史检验，得到了具有较高可靠性的解释参数，使得建立的指标预测模型尽可能准确体现气井控制区域的特征。

（3）预测结果具有较广泛性。

预测结果包括瞬时产量、累计产量、地层压力、井下流静压力等随时间的变化，可评价不同产量下的稳产期的长短及稳产期末的采出程度，预测关井压力恢复情况，预测采收率与废弃地层压力等。

2）方法适用性

"不稳定试井与现代生产动态相结合"预测方法的关键是建立可靠的指标预测模型，而模型的建立主要是应用不稳定试井和现代生产动态分析两项技术，采用产量、压力等动态数据来实现的。因此，该预测方法主要适用于已经投产的气井，对于未投产气井可以借用相似的储层条件进行类比（表 4-4-2）。

表 4-4-2 "不稳定试井与现代生产动态相结合"方法适用性评价表

不稳定试井	压力	产量	适用性
有	井下连续监测	连续监测	最好
无	井下连续监测	连续监测	好
有	井口连续监测 井下断续监测	连续监测	好
无	井口连续监测	连续监测	较好
无	断续	断续	差
无	无	无	不适用

（1）指标预测模型是一种动态的模型，需要不断地修正。

由于火山岩气藏供气机理复杂，受启动压力、应力敏感性等的影响，气井井控流动区域的范围、物性等常常处于一种变化中。只有依靠不间断的动态跟踪才能更好地掌握这种变化。如图 4-4-2 所示，A1-1 井在 2004 年、2007 年、2010 年的指标预测模型预测的气井压力走势呈现明显的变化，早期建立的预测模型不能准确反应气井以后的动态特征。因此，必须认识到，这种指标预测模型是一种动态的模型，而非静态模型。

（2）未开展不稳定试井的气井，现代生产动态分析技术是建立模型的关键。

随着投产井数的增加，进行了压力恢复测试的井数占比例相对减小，因此依靠现代生产动态分析技术认识与评价井控区域储层特征变的重要。该技术在认识气井井控区域特征上有一定的可识别性。采用现代生产动态分析方法，辅助以区内已有气井的不稳定试井成果，也可实现对开发区块井控区域储层特征的有效评价。

3）预测流程

"不稳定试井与现代生产动态相结合"的开发指标预测方法以产量与压力等动态数据为基础，依靠不稳定试井与现代生产动态分析技术建立起气井指标预测模型，开展指标预测（图 4-4-3）。

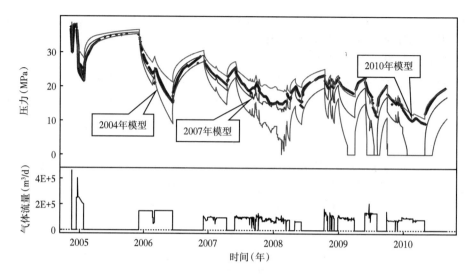

图 4-4-2 A1-1 井不同阶段压力历史拟合对比

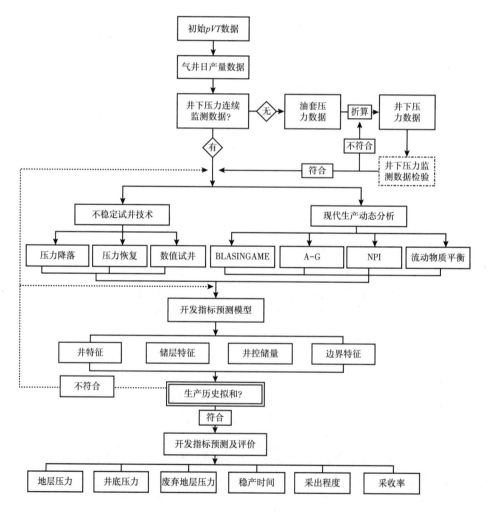

图 4-4-3 开发指标预测流程图

步骤一：数据评估。收集相关的气体批 pVT、产量、压力等数据，区分井口测试压力还是井下测试压力，井下压力注意测试深度，了解气井生产历史；评价产量数据与压力数据的关联性，修正或去除无关数据。

步骤二：压力折算。无井下压力连续监测数据，采用垂直管流公式将连续的井口压力（油压或套压）折算到气井井底（气层中部），并与井下实测的不连续压力数据进行对比，使折算压力与实测压力达到一致。徐深气田气井录取了大量的井筒静、流动梯度测试资料，这为建立可靠的单井全程压力历史提供了有效保障。

步骤三：不稳定试井解释。采用压力恢复数据解释得到近井参数（如压裂裂缝半长、导流能力、伤害情况等）、储层参数（物性、类型、流动形态等）、边界类型及范围等相对详细的数据。

步骤四：采用现代生产动态分析技术开展气井井控动态储量评价，对储层及边界等参数再认识。

步骤五：储量及压力、产量的生产历史拟合。利用步骤三与步骤四的解释结果，根据气井的产量历史，模拟气井井底压力历史（或依据压力历史模拟气井产量历史），与步骤一得到的气井井底压力（或产量）和步骤四得到的井控动态储量拟合，通过对井、储层、边界等参数的反复修正，使拟合效果达到最优。

步骤六：指标预测模型确定。步骤五最后得到的气井井控区域内的井、储层与边界、储量等特征参数构成该井最终动态模型，将此动态模型定义为指标预测模型。

4）预测结果符合率评价

通过对 45 口井的检验，采用该方法预测的产量与压力和实际对比，有 38 口井的误差在 15% 以内，井数符合率达到 86.4%，且 45 口井全部实现生产历史拟合检验。长期的预测需要生产动态的不断检验，指标预测模型需要不断完善。

二、采收率与废弃地层压力

1. 采收率评价方法

低渗透—致密层气井采收率特征按照弹性气驱或弱水驱气井评价，采用物质平衡方程与二项式产能方程联立求取采收率。

依据体积物质平衡理论，定容气藏采收率为

$$E_R = 1 - \frac{p_b Z_i}{p_i Z_b}$$

式中　E_R——定容气藏采收率；

$\quad\quad p_b$——废弃地层压力，MPa；

$\quad\quad Z_i$——原始偏差系数；

$\quad\quad p_i$——原始地层压力，MPa；

$\quad\quad Z_b$——废弃偏差系数。

据二项式产能方程，废弃地层压力为

$$p_b = \sqrt{A q_b + B q_b^2 + p_{wfb}^2}$$

式中 q_b——弃废经济极限产量，$10^4\text{m}^3/\text{d}$；

    p_{wfb}——废弃时的井底流压，MPa；

    A，B——系数。

火山岩储层低渗透—致密很难得到稳定的二项式产能方程，因此采用"稳定点二项式产能方程"方法，已知任意时刻地层压力、井底流压、日产气量，通过该方法建立二项式方程。庄惠农在《气藏动态描述和试井》一书中对该方法有详细的阐述。

废弃时的井底流压 p_{wfb} 采用外输压力根据井筒管流方程折算得到。气田的开发要满足一定的经济效益，当气井的生产经营成本等于销售净收入时，此时的产气量为废弃经济极限产量。给定不同的废弃经济极限产量 q_b，对应不同的废弃地层压力 p_b，代入采收率公式得到不同的采收率。

2. 低渗透—致密气采收率与废弃地层压力经验公式建立

通过对徐深气田已经投产气井的采收率评价结果的统计分析，结合试井模拟技术，建立了低渗透—致密气采收率与废弃地层压力经验公式。

采收率经验公式：
$$E_R = Ce^{-Dq_b}$$

废弃地层压力与原始地层压力比经验公式：

$$p_R = \frac{p_b}{p_i} = 0.263E_R^2 - 1.263E_R + 1$$

式中 E_R——采收率，%；

    p_R——废弃地层压力与原始地层压力比，%；

    C，D——参数。

其中，参数 C、D 取值如下：

外输压力 6.4MPa 时 $C = 77.253K^{0.0138}$

                                 $D = 0.0131K^{-1.032}$

外输压力 1.6MPa 时 $C = 93.000K^{0.0308}$

                                 $D = 0.0316K^{-0.801}$

式中 K——渗透率，mD。

上述经验公式适用范围为 $K < 1.0\text{mD}$。

3. 采收率与废弃地层压力特征分析

1）采收率与渗透率、废弃经济极限产量关系

提高渗透率、降低废弃经济极限产量，致密气采收率增加。如图 4-4-4 所示，在弹性气驱气藏中，采收率随渗透率的增大而增加。渗透率不低于 0.5mD 时，不同废弃经济极限产量间采收率差异小，对于渗透率不低于 0.5mD 的储层，提高渗透率后采收率增加幅度小，主要提高采气速度；渗透率小于 0.5mD 时，采收率随着渗透率提高增幅大，废弃经济极限产量越高越明显。因此，对于渗透率小于 0.5mD 的储层，尤其是渗透率不超过 0.1mD 的储层，在气井控制储量一定的条件下，改善渗透率既有利于提高产能，又有利于增加采收率。

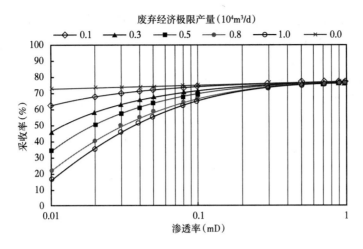

图 4-4-4 采收率分布图（外输压力 6.4MPa）

如图 4-4-4 所示，气井的废弃经济极限产量下降，采收率增加。渗透率小于 0.5mD（尤其是不超过 0.1mD）时，废弃经济极限产量对采收率影响明显。如：外输压力 6.4MPa，废弃经济极限产量由 $1.0×10^4m^3/d$ 下降到 $0.1×10^4m^3/d$，渗透率为 0.5mD 时采收率提高 1.8%，渗透率为 0.1mD 时采收率提高 8.8%，渗透率为 0.01mD 时采收率提高 46.4%。

2）废弃地层压力与渗透率、废弃经济极限产量关系

提高渗透率、降低废弃经济极限产量，致密气的废弃地层压力下降。如图 4-4-5 所示，在弹性气驱气藏中，废弃地层压力随渗透率的增大而降低。$K ≥ 0.5mD$ 时，不同废弃经济极限产量间废弃地层压力差异小，$K < 0.5mD$ 时，尤其是 $K ≤ 0.1mD$ 的储层，废弃地层压力随着渗透率提高降幅大，废弃经济极限产量越高越明显。因此，对于 $K < 0.1mD$ 的储层，在气井控制储量一定的条件下，改善渗透率既有利于提高产能，又有利于降低废弃地层压力。

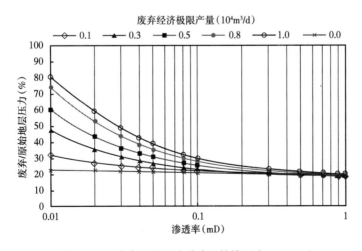

图 4-4-5 废弃地层压力分布（外输压力 6.4MPa）

3）增压开采前后采收率预测

致密层提高渗透率、降低废弃经济极限产量后，增压效果更好。通过增加气体输出

压力，降低外输压力，可以降低气井废弃井口压力，进而降低废弃时的井底流压，在废弃经济极限产量一定时降低废弃地层压力，提高气井采收率。如图 4-4-6 所示，废弃经济极限产量分别为 $0.1×10^4m^3/d$ 和 $1.0×10^4m^3/d$ 两种条件下，外输压力由 6.4MPa 降低到 1.6MPa 时，采收率随渗透率（$K ≤ 1.0$mD）变化情况：随着渗透率提高，采收率增幅加大。在 $K < 0.5$mD（尤其 $K ≤ 0.1$mD）时，废弃经济极限产量越低，采收率增加幅度越高；$K ≥ 0.5$mD 后，采收率增加幅度逐步接近。

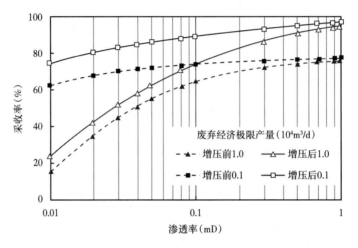

图 4-4-6　增压前后采收率对比

4）增压开采前后废弃地层压力预测

致密层提高渗透率，增压开采后废弃地层压力下降，且储层越致密下降幅度越大，废弃经济极限产量越高下降幅度越大。如图 4-4-7 所示废弃经济极限产量分别为 $0.1×10^4m^3/d$ 和 $1.0×10^4m^3/d$ 两种条件下，外输压力由 6.4MPa 降低到 1.6MPa 时，废弃地层压力随渗透率（$K ≤ 1.0$mD）变化情况：随着渗透率升高，废弃地层压力降幅加大。在 $K < 0.5$mD（尤其 $K ≤ 0.1$mD）时，废弃经济极限产量越高，废弃地层压力降幅越大；$K ≥ 0.5$mD 后，废弃地层压力下降幅度逐步接近。

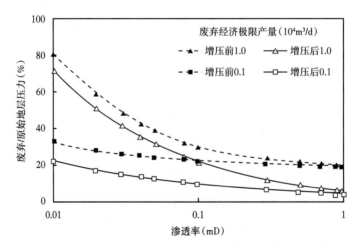

图 4-4-7　增压前后废弃地层压力对比

5）储层伤害与井筒积液对采收率影响

储层受到伤害后，气井生产压差增大，导致产量严重下降，废弃地层压力上升，采收率下降。A6井2004年投产（图4-4-8），产气量保持在$10×10^4m^3/d$以上，生产压差（$p_R^2-p_{wf}^2$）在$200MPa^2$左右。2009年井下作业伤害储层，气井生产压差增大到$750MPa^2$左右，产气量下降到$5×10^4m^3/d$左右，试井解释伤害前表皮系数0.58，伤害后表皮系数由4.6逐渐增大到25。采用"物质平衡—产能方程联立对"A6井采收率连续评价（图4-4-9），储层伤害后采收率呈现台阶型下降特点，废弃经济极限产量越高，伤害后气井采收率下降幅度越大。废弃经济极限产量为$0.1×10^4m^3/d$时，伤害后采收率下降2.2%；废弃经济极限产量为$0.5×10^4m^3/d$时，伤害后采收率下降11.3%。虽然采取了解除伤害的措施，但致密储层受到伤害后较难解除，随着开发延续，伴随近井附近压力下降，储层中的可动水参与流动会加剧伤害，采收率有进一步下降的趋势。

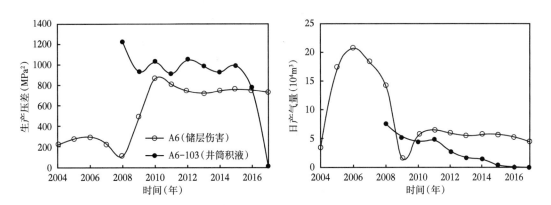

图4-4-8　生产压差与产气量

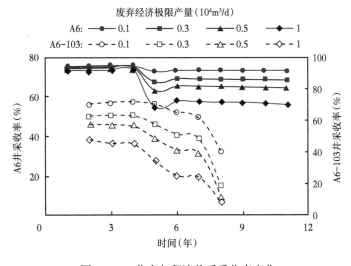

图4-4-9　伤害与积液前后采收率变化

气井井筒积液造成井底流压升高，生产压差减小，产气量下降，当产量降到废弃经济极限时，气井达到经济极限采收率。A6-103井位于气藏边部，2007年投产后见地层水，受此影响产量持续下降（图 4-4-8）。2012 年井筒出现积液，通过排液措施生产压差保持在 950MPa² 左右，2015 年末排液措施失效，随着积液的加剧，生产压差迅速下降，采收率呈断崖式下降（图 4-4-9）。该井目前采出程度 12.6%，废弃经济极限产量超过 0.4×10⁴m³/d 时，没有经济效益。

6）储层伤害与井筒积液对废弃地层压力影响

储层受到伤害后，气井生产压差增大，导致产量严重下降，废弃地层压力上升，A6井储层伤害后，废弃地层压力占原始地层压力比例上升了一个台阶，废弃经济极限产量越高，上升的台阶越高。井筒积液后产气量较快降到废弃经济极限产量，积液出现的时间越早，气井的废弃地层压力越高，随着积液的加剧，废弃地层压力迅速升高（图 4-4-10）。

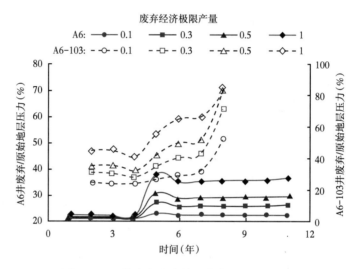

图 4-4-10　伤害与积液前后废弃地层压力变化

第五节　火山岩气井产能与动态特征

大庆徐深气田火山岩气井的普遍认识是，气井的初期产能主要受储层物性的控制，储层非均质性强导致气井间产能差异大；压裂井虽然初期产能较高，但下降也较快；气井井控动态储量差异大。经过长期的开采，对火山岩气井产能与井控动态储量、采收率特征等进行了阐述。

一、产能与动态特征

徐深气田依据初期稳定产量、地层系数、单位压降采气量等参数对气井进行了分类评价（表 4-5-1），气井分为四类。

Ⅰ类气井以射孔完井为主。定产量生产期间，流压下降缓慢，关井后静压力迅速恢复稳定，具有较高的持续生产能力，开采曲线如图 4-5-1 所示。Ⅰ类井在以 15×10⁴m³/d 的产量稳定生产时，一般日均流压下降低于 0.02MPa，一般关井后 30 日内，井下静压力恢复稳定。

表 4-5-1　分类井对比表

类别	地层系数 （mD·m）	初期稳定产量 （10⁴m³/d）	单位压降采气量 （10⁴m³/MPa）	动态储量 （10⁸m³）	采收率 （%）
I	>100	>15	>1000	17.4	80.23
II	50~100	10~15	500~1000	7.8	90.00
III	10~50	5~10	100~500	4.1	86.92
IV	<10	<5	<100	1.6	80.90

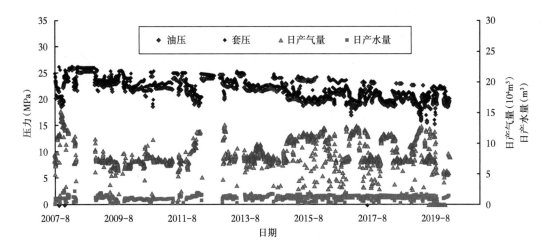

图 4-5-1　I 类井开采曲线

Ⅱ类气井以压裂完井为主。定产量生产期间，流压下降较快，关井后静压力恢复缓慢，具有一定的持续生产能力，开采曲线如图 4-5-2 所示。Ⅱ类井在以 $10×10^4m^3/d$ 的产量稳定生产时，日均流压下降约 0.02MPa，一般关井 30 日后，压力恢复水平在 0.03MPa/d，难以达到稳定。

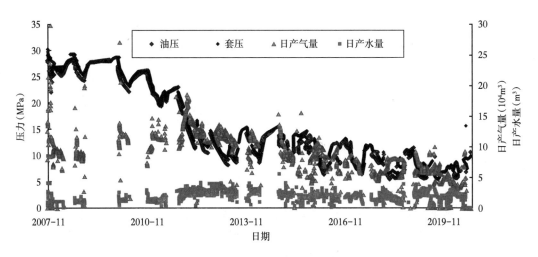

图 4-5-2　Ⅱ类井开采曲线

Ⅲ类气井全部为压裂完井。定产量生产期间，流压下降很快，关井后静压力恢复缓慢，难以稳定。持续生产能力较弱，开采曲线如图4-5-3所示。Ⅲ类井在以 $7.0×10^4m^3/d$ 的产量稳定生产时，日均流压下降约在 0.05MPa，一般关井30日后，压力恢复水平在 0.04MPa/d，没有稳定。

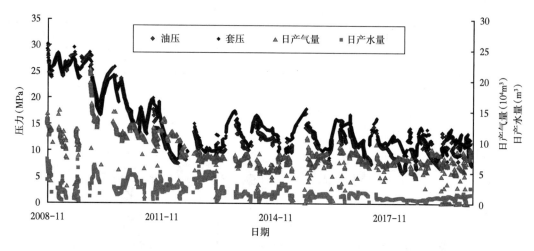

图 4-5-3　Ⅲ类井开采曲线

Ⅳ类气井全部为压裂完井。产量低，流压下降很快，关井后静压力恢复缓慢，难以稳定，持续生产能力最弱，开采曲线如图4-5-4所示。Ⅳ类井在以 $4.0×10^4m^3/d$ 的产量稳定生产时，日均流压下降高于 0.045MPa，一般关井30日后，压力恢复水平在 0.04MPa/d，没有稳定。

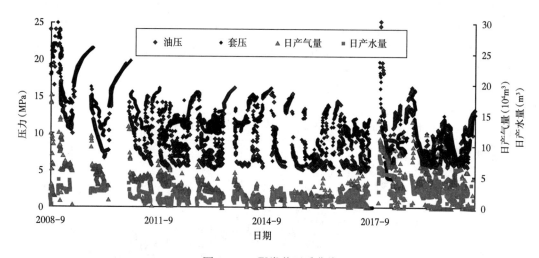

图 4-5-4　Ⅳ类井开采曲线

气井整体按照定产降压的方式开采，由于受用气需求影响，呈现不连续开井生产特点。为了增强可对比向，从无阻流量变化对分类井进行对比（图4-5-5），各类井随着开采时间延续，无阻流量逐步下降，满足双曲递减规律。

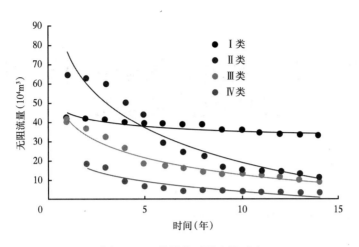

图 4-5-5　分类井无阻流量对比

二、动态储量及采收率

对比不同类型井平均单井动态储量及采收率，各类井动态储量及其采收率差异大，Ⅰ类井井控区域以高孔渗连续分布为主，Ⅱ类井井控区域属于高孔局部连续或低渗透—致密连续分布，Ⅲ类、Ⅳ类井井控区域为低渗透—致密连续分布或方向性裂缝带发育。Ⅰ类井为中强水驱型气井，按照地层水波及体积 100% 考虑，其余类型井以弹性气驱与弱水驱为主，考虑后期增压开采。Ⅰ类井，平均单井动态储量 $17.4×10^8m^3$，采收率 80.23%；Ⅱ类井，平均单井动态储量 $7.80×10^8m^3$，采收率 90.00%；Ⅲ类井，平均单井动态储量 $4.10×10^8m^3$，采收率 86.92%；Ⅳ类井，平均单井动态储量 $1.60×10^8m^3$，采收率 80.90%。

第五章 火山岩气藏合理开发优化设计及实践

通过火山岩气藏精细描述和动态特征研究，确定井网形式及合理井距，形成方案优化设计技术。在方案实施评价后进一步开展气藏地质再认识和储层连通关系评价，形成火山岩气藏开发潜力评价方案。落实扩边潜力和井网内部潜力，在此基础上明确开发调整技术界限，形成火山岩气藏开发调整方法。

第一节 方案优化设计技术

依据大庆深层火山岩气藏的储层地质、动态、渗流规律等研究和认识，综合国内外类似气田开发的经验，以"总体部署、分步实施"为原则开展方案优化设计。

一、开发方式

大庆火山岩气藏天然气为典型的干气，因此采用衰竭式开发方式，在开发后期为了提高气藏采收率，可进行增压开采。

衰竭式开发有利因素有：（1）天然气以甲烷为主，不会出现反凝析现象；（2）不会出现硫化氢腐蚀现象；（3）地层压力较高，平均达39MPa左右，弹性能量大；（4）水体不活跃，有利于延长气井无水采气期；（5）衰竭开采经济，且简便易行。

衰竭式开发不利因素有：（1）含一定量的二氧化碳，会增加气井防腐费用；（2）气藏微裂缝发育，开采过程中裂缝闭合、基质喉道半径减小，会影响气井产能；（3）气层需压裂投产，会大大增加工程费用；（4）气层传导率低，产量高时地层压力下降较快；（5）若压裂缝贯穿水层或气水同层时，会导致气井产水，所以要极力避免压开水层或气水同层。

二、开发层系

1. 开发层系划分与组合的原则

层系划分与组合一般遵循如下原则：（1）层系划分组合需要考虑纵向和横向上气层厚度变化大的特点，以及考虑压力系统、天然气的性质、气水分布等；（2）每套层系的储层性质、天然气性质、压力系统应大体一致，以保证各气层对开发方式和井网具有共同的适应性，减少开发过程中的层间矛盾；（3）划分出的每个层系应具有一定规模的天然气地质储量和单井产能，能满足一定采气速度的需要，并具有较长的稳产期，达到较好的经济指标；（4）同一层系控制的气层井段不能太长，气层不能太多，同时上、下层的地层压差要维持在合理的范围之内，避免严重的层间干扰，影响气层发挥作用；（5）在开采工艺所能解决的范围内，开发层系不宜划分过细，以减小建设工作量，提高效益；（6）每套层系应控制一定的主力气层厚度，因为主力气层是主要贡献层；（7）不同层系间应具有稳定分布的隔层。

2. 开发层系划分与组合的必要性和可行性

大庆火山岩气藏主要位于营城组一段（部分位于营城组三段），营城组一段从下往上可分为 3 个气层组（$YC_1Ⅲ$、$YC_1Ⅱ$、$YC_1Ⅰ$），具备以下几个特点：

（1）营城组一段火山岩储量和产能主要集中在 $YC_1Ⅰ$；

（2）$YC_1Ⅰ$内部纵向跨度小，且内部无明显的隔层，不会产生明显的回流现象；

（3）各区块储量较小，储量丰度较低，不具备划分开发层系的物质基础。

综上所述，为了充分利用各个区块的天然能量，发挥气井潜能，以及便于施工作业，通常采用一套开发层系开发火山岩气藏。

三、开发井网

1. 井网形式选择

火山岩气藏储层非均质性强、横向变化快，井间连通性差，火山体相互叠置分布（图 5-1-1），综合国内外气藏开发经验，采用相对均匀的不规则井网部署方式。

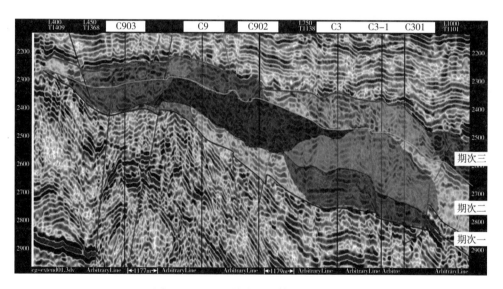

图 5-1-1　C 区块火山岩体叠置关系图

2. 合理井距研究

合理井距的大小主要取决于储层空间展布、裂缝发育方向、井网对火山岩体的控制程度、经济效益、单井产量及产能规模等因素。因此采用经济极限法、启动压力梯度法、压裂缝长度法、泄气半径法等来综合确定井网井距。

1）经济极限法

以 A 区块为例，地质研究结果表明，该区块含气面积 48.42km²，地质储量为 318.35×10⁸m³，利用经济极限法计算的井网密度及井距见表 5-1-1。

表 5-1-1　A 区块经济极限法计算井距

区块		A 区块			
天然气价格（元 /10³m³）		634	750	900	1100
经济极限 （评价年限 15 年）	井数（口）	78	102	132	173
	井网密度（口 /km²）	2.23	2.90	3.76	4.91
	井距（m）	670.0	587.6	515.7	451.2

从表中可以看出：不同的天然气价格对井网密度有较大的影响，随着天然气价格的降低，井网密度减小，井距增加，井数减少。当评价年限为 15 年时，天然气价格按 900 元 /10³m³ 计，A 区块的极限井网密度为 3.71 口 /km²，极限井距为 515.7m。

2）启动压力梯度法

根据储层平均物性与启动压力梯度的关系计算出营一段火山岩储层在平均渗透率的条件下对应的启动压力梯度，在最大启动压差条件下，折算出最大极限井距，A 区块应用启动压力梯度法折算出极限井距为 412m（图 5-1-2 和图 5-1-3）。

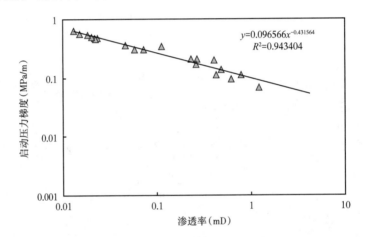

图 5-1-2　A 区块启动压力梯度与渗透率的关系

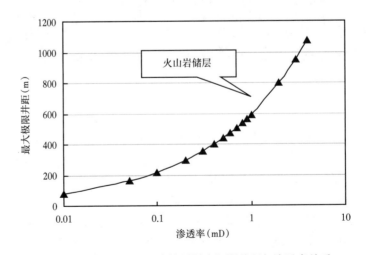

图 5-1-3　A 区块火山岩储层最大极限井距与渗透率关系

3）人工裂缝长度探测

2006—2007 年采用电位法检测和微地震法检测压裂缝走向多数为近似南北向，裂缝半长平均为 133.5m（图 5-1-4），对应的合理井距在 267m 以上。

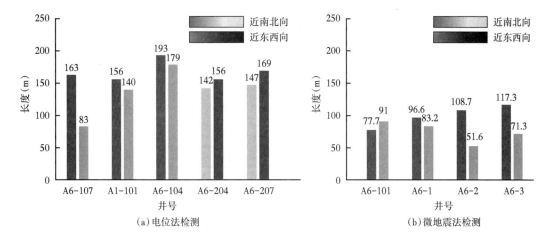

图 5-1-4　电位法及微地震法检测压裂缝长度直方图

4）泄气半径法

（1）不稳定试井解释。

依据现有井的压力恢复资料，利用试井解释方法对储层参数进行解释。火山岩储层非均质性强、横向连通性差，试井解释探测半径较小（由于试井时间短、压降范围小，解释结果不一定可靠，仅供参考）。统计了 A 区块营城组一段火山岩储层不同类型气井试井解释探测距离对应的井距情况分述如下：

①Ⅱ类井（9 口）试井解释探测距离对应的井距主要介于 220～300m，其中 5 口井的探测井距不小于 300m，占Ⅱ类井解释井数的 56%（表 5-1-2）。

表 5-1-2　A 区块Ⅱ类气井生产动态分析解释结果表

分类	井号	探测距离（m）	对应井距（m）
Ⅱ类	A1	$L_1=130$，$L_3=130$	260
	A1-101	$L_1=77.9$，$L_3=500$	578
	A1-2	$L_1=110$，$L_3=110$	220
	A1-203	$L_1=80$，$L_3=220$	300
	A1-3	$L_1=120$，$L_3=120$	240
	A1-304	$L_1=120$，$L_3=130$	250
	A6-104	$L_1=200$，$L_3=100$	300
	A6-205	$L_1=10$，$L_3=500$	510
	A6	$L_1=253$，$L_3=253$	506

②Ⅲ类井（13口）试井解释探测距离对应的井距主要介于80~250m，共有9口，约占Ⅲ类井解释井数的70%（表5-1-3）。

③Ⅳ类井（13口）试井试井解释探测距离对应的井距主要介于80~238m，共有10口，约占Ⅳ类井解释井数的77%（表5-1-4）。

表5-1-3　A区块Ⅲ类气井生产动态分析解释结果表

分类	井号	探测距离（m）	对应井距（m）
Ⅲ类	A603	$L_1=80$，$L_3=80$	160
	A6-105	$L_1=44.3$，$L_3=37.2$	82
	A6-202	$L_1=50$，$L_3=110$	160
	A1-1	$L_1=70$，$L_3=70$	140
	A1-201	$L_1=75$，$L_3=45$	120
	A1-205	$L_1=55$，$L_3=360$	415
	A1-斜202	$L_1=52.0$，$L_3=72.2$	124
	A6-101	$L_1=45$，$L_3=85$	130
	A6-102	$L_1=230$，$L_3=20$	250
	A6-107	$L_1=22$，$L_2=750$ $L_3=25$，$L_4=750$	47
	A6-204	$L_1=33$，$L_3=33$	66
	A6-208	$L_1=42$，$L_3=170$	212
	A6-108	$L_1=110$，$L_3=490$	600

表5-1-4　A区块Ⅳ类气井生产动态分析解释结果表

分类	井号	探测距离（m）	对应井距（m）
Ⅳ类	A1-4	$L_1=70$，$L_2=450$ $L_3=80$，$L_4=450$	150
	A5	$L_1=25$，$L_3=108$	133
	A6-103	$L_1=450$，$L_3=150$	600
	A6-106	$L_1=18$，$L_3=220$	238
	A6-斜201	$L_1=40$，$L_3=40$	80
	A6-3	$L_1=50$，$L_3=350$	400
	A605	$L_1=40$，$L_3=40$	80
	A6-1	$L_1=60$，$L_3=60$	120
	A6-2	$L_1=33$，$L_3=37$	70
	A6-209	$L_1=20$，$L_2=467$ $L_3=213$，$L_4=467$	233
	A6-210	$L_1=30$，$L_2=205$ $L_3=40$，$L_4=819$	70
	A6-211	$L_1=13$，$L_3=74$	87
	A6-207	$L_1=196$，$L_3=178$	374

（2）井控储量反推。

根据现有井井控动态储量计算结果，应用容积法计算出气井等效渗流面积，再假设井控平面范围为均匀的圆形，反推出泄气半径。

（3）现代生产动态分析法。

依据现有井的生产数据，利用现代生产动态分析法（Blasingame 模板、NPI 模板等）对储层参数进行解释（图 5-1-5 和图 5-1-6）。

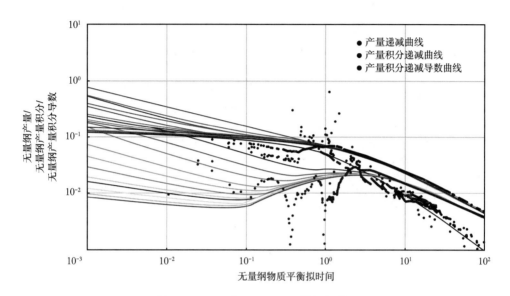

图 5-1-5　A1 井 Blasingame 模板拟合图

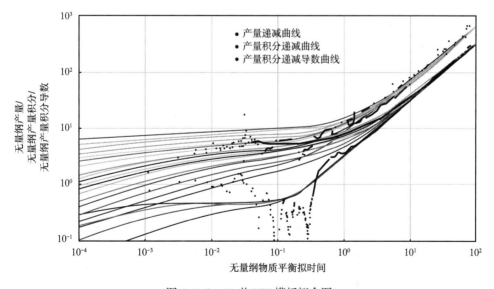

图 5-1-6　A1 井 NPI 模板拟合图

5）数值模拟法

采用徐深气田 A 区块真实数值模拟模型分别选用 350m、500m、600m 井距进行模拟运算，对预测结果进行经济评价，计算结果表明 500m 井距经济效益最好（图 5-1-7 至图 5-1-9）。

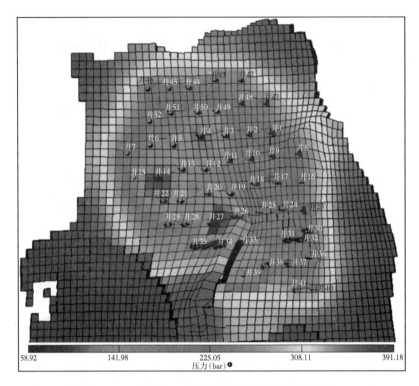

图 5-1-7　A 区块 350m 井距模板开采末期压力图

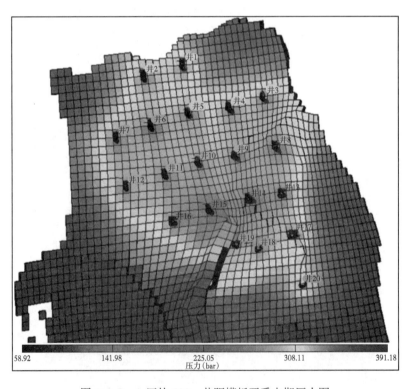

图 5-1-8　A 区块 500m 井距模板开采末期压力图

❶ 1bar = 0.1MPa

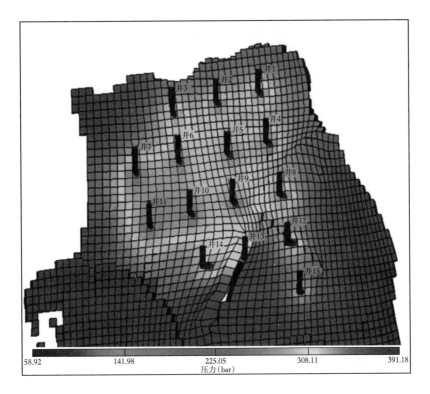

图 5-1-9　A 区块 600m 井距模板开采末期压力图

综上所述，采用经济极限法、启动压力梯度法、压裂缝长度法、泄气半径法、数值模拟法等综合确定合理井距，大庆深层火山岩气藏合理井距一般为 500m 左右。

3. 开发井网部署

1）影响开发井网部署的地质因素

火山岩气藏开发井网部署主要受火山岩体空间展布、储层物性、裂缝的分布特征以及边底水等因素控制。

（1）火山岩体空间展布。

火山岩气藏储层内部各个喷发期次发育多个火山体，体间相互叠置分布，多数火山体间互不连通，为独立的存储单元，这种火山体的特征决定了开发井网井距不宜太大。

（2）裂缝分布特征。

应用岩心观察、古地磁分析、测井识别和地震预测等方法研究了火山岩储层裂缝特征，表明：徐深气田火山岩储层裂缝以高角度构造缝为主；平面上，裂缝发育多为条带状；裂缝呈多方向发育，与周边大断裂方向一致性好。当今最大水平地应力方向以近东西向为主，人工压裂缝的方向平行于最大水平主应力方向。

考虑井网与裂缝的优化配置关系，沿裂缝方向，井距应适当放大；而垂直于裂缝方向，井距应适当缩小。

（3）边、底水特征。

火山岩气藏气水关系复杂，平面上气水系统的分布主要受火山岩体控制，不同井区的火山岩体相互之间不连通，属于不同的气水系统；纵向上，总体表现为上气下水的特征，气层主要分布在上部喷发旋回，因此井网部署时，应将井部署在构造高部位，远离边底水。位于构造低部位的井应控制采气速度，延缓边底水推进速度，后期起到排水采气的作用，确保构造高部位的井稳产高产。

2）开发井网的部署原则

根据火山岩体及储层的空间展布特征、裂缝发育方向、孔缝发育特征及非均质性、储层横向连通情况、气水关系，井网部署原则如下：

（1）井网部署充分考虑储层平面的非均质性，总体上为不规则井网；

（2）井网部署以火山岩储层为主要目的层；

（3）考虑井网与裂缝的配置关系，沿裂缝主要发育的方向井距相对较大，垂直于裂缝方向的井距相对较小；

（4）火山岩储层裂缝发育，水平井的延伸方向宜与裂缝方向垂直或斜交；

（5）考虑构造部位及气水关系，生产井应尽量布在构造高部位，远离气水界面。

3）开发井网的部署依据

（1）岩性岩相：火山岩储层中以火山通道相物性最好，其次为溢流相、爆发相。其中火山通道相以角砾熔岩物性最好，溢流相则以气孔流纹岩物性最好，而爆发相以熔结凝灰岩最好，其次是火山角砾岩。

（2）裂缝孔洞发育情况：储层孔、洞、缝发育，物性好，井应布在孔缝发育富集区。

（3）地震反射特征：丘状、楔状外形，杂乱弱反射为火山口反射特征，多为爆发相，储层发育；外形近水平，连续性好、振幅强，多为溢流相，储层相对发育。

（4）构造部位、气水关系：应在构造高部位、远离气水界面位置多布井，构造位置低、气水关系复杂区域少布井。

（5）地震属性特征：均方根振幅、平均反射能量较弱部位爆发相发育、储层好，均方根振幅、平均反射能量中等强度部位溢流相发育、储层较好。

（6）储层预测厚度：储层预测厚度大，分Ⅰ类、Ⅱ类和Ⅲ类储层，井应布在储层发育区。

（7）产能及试采动态：结合邻井的试气试采动态资料等。

四、开发方案设计及优化

在火山岩气藏精细描述、地质建模、气藏工程研究的基础上，通过对气藏的数值模拟研究，优化开发方案设计。大庆火山岩气藏属于复杂天然裂缝性气藏，其中基质孔隙度、渗透率小，属低孔隙度低渗透率储层，储层微裂缝发育，是主要的渗流通道。天然气中甲烷含量一般高于87%，基本不含重烃组分，不含硫化氢，属于典型的干气气藏。由于该区储层属于微裂缝发育的双重介质，同时基质渗透率低，自然产能极低，需要压裂才能投产，一般选用双孔隙度单渗透率模型。

1. 气藏模型的建立

建立气藏模型是决定历史拟合和动态预测成败的关键。气藏模型的建立，就是将实际气藏数值化，即用数据把全部影响气藏开发动态的气藏特征描述出来。该项工作主要包括：模拟区域的确定、平面网格及模拟层的划分、地质模型的建立、气藏模型初始化及流体和岩石物性参数的确定。

1）模拟区域的确定

模拟区域的确定主要考虑了以下几个方面：

（1）断层遮挡；

（2）岩性、岩相的变化及构造对气藏渗流特征的影响；

（3）全区块断层特征及走向、裂缝发育程度及方向、裂缝特征参数对气藏开发特征的影响；

（4）边底水情况；

（5）气藏生产动态。

2）数值模拟平面网格的划分

数值模拟平面网格的划分主要遵循以下原则：

（1）网格系统采用国际上目前比较流行、Eclipse 软件通用的角点网格系统；

（2）网格方向与断层及裂缝方向一致，即 X 方向为北东向，Y 方向为北西向；

（3）尽量适应井的位置，保证两口井之间至少有 3 个空网格。

3）网格赋值

网格系统确定以后，就需要给每个网格块赋予特定的地质参数，这个过程就是所谓的地质建模。建模的一般思路和方法为：根据模拟区域内各井的地质、测井资料，结合地震和岩相信息，以地质统计学等理论为基础，建立各地质参数的空间分布模型，利用多种建模技术预测出每个网格块的各地质参数值。三维定量的地质模型应包括构造模型、储层骨架模型、物性参数模型和气水分布模型。

（1）构造模型：三维构造模型是地质体的离散化，用于定量表征构造和分层特征，一般用各网格块的顶深和地层厚度数据体来体现，它表征顶面构造几何形态的高低起伏及各网格块间的空间相对关系。

（2）储层骨架模型：储层骨架模型是以数据体的形式来表征地质体中的储层结构，即储层的几何形态、连续程度和配置关系；储层骨架模型主要由储层厚度和有效厚度两类数据体组成：储层厚度表征各网格块中渗透层的大小；而有效厚度则表征各网格块中含气层的大小，为气藏数值模拟提供储层对气水的约束骨架。

（3）物性参数模型：三维非均质物性参数模型是以数据体的形式反映储层内孔隙度、渗透率等物性参数场的空间分布特征。孔隙度和渗透率表征了气藏的储集能力和渗流能力，因此，物性参数模型是地质模型中的重点。在裂缝性气藏中，基质和裂缝均存在孔隙度和渗透率场。在物性参数中，孔隙度的非均质性比渗透率要弱，其变化不大；而渗透率的变化幅度大，非均质性强。由于天然裂缝的存在，使渗透率在平面上的变化更具明显的方向性。物性参数模型中既包括基质孔隙度和渗透率模型，又包括裂缝孔隙度和渗透率模型。

（4）气水分布模型：气水分布模型是以数据体的形式定量表征地质体中气水的空间分布，具体来说，就是要给出每个网格块的含气饱和度、含水饱和度。气水分布模型中既包括基质的气水分布模型，又包括裂缝的气水分布模型。

4）岩石及流体的物性参数

（1）气水相对渗透率曲线。

采用 Eclipse 软件中的 SCAL 模块对全直径岩样的水驱气相对渗透率实验数据进行处

理，得到火山岩基质的水驱气相对渗透率曲线（图 5-1-10）。

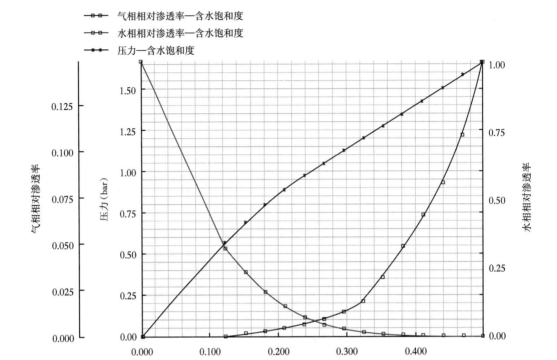

图 5-1-10　A 区块火山岩水驱气相对渗透率曲线图

（2）气体 pVT 参数。

在 Eclipse 软件中需要的气体 pVT 参数包括：天然气体积系数和天然气黏度。由于缺少实验数据，天然气体积系数和天然气黏度均采用经验公式计算。

天然气体积系数：首先采用 Dranchuk-Purvis-Robinson 公式计算出天然气在不同压力条件下的偏差系数，然后计算出天然气在不同压力条件下的体积系数。

$$
\begin{aligned}
Z_{\mathrm{g}} = 1 + & \left[0.31506237 + \frac{-1.0467099}{T_{\mathrm{pr}}} + \frac{-0.57832729}{T_{\mathrm{pr}}^{\,3}} \right] \rho_{\mathrm{pr}} + \\
& \left[0.53530771 + \frac{-0.61232032}{T_{\mathrm{pr}}} \right] \rho_{\mathrm{pr}}^{2} + \left[\frac{-0.61232032 - 0.10488813}{T_{\mathrm{pr}}} \right] \\
& \rho_{\mathrm{pr}}^{5} + \left[\frac{0.68157001}{T_{\mathrm{pr}}^{\,3}} \rho_{\mathrm{pr}}^{2} \left(1 + 0.68446549 \rho_{\mathrm{pr}}^{2} \right) \exp\left(-0.68446549 \rho_{\mathrm{pr}}^{2} \right) \right]
\end{aligned}
\tag{5-1-1}
$$

式中　Z_{g}——天然气偏差系数；

　　　T_{pr}——拟对比温度；

　　　ρ_{pr}——拟对比密度。

天然气黏度：采用 Lee 公式计算出不同压力条件下的天然气黏度（图 5-1-11）。

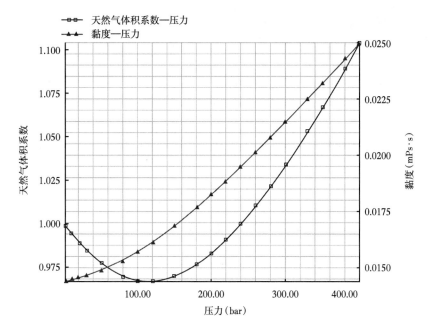

图 5-1-11　A 区块天然气体积系数和黏度与压力关系曲线

$$K = \frac{\left(9.4 + 0.02M_g\right)\left(1.8T\right)^{1.5}}{209 + 19M_g + 1.8T} \qquad (5\text{-}1\text{-}2)$$

$$\mu_g = 10^{-4} K \exp\left(X\rho_g^Y\right) \qquad (5\text{-}1\text{-}3)$$

其中

$$X = 3.5 + \frac{986}{1.8T} + 0.01M_g \qquad (5\text{-}1\text{-}4)$$

$$Y = 2.4 - 0.2X \qquad (5\text{-}1\text{-}5)$$

式中　　μ_g——给定温度和压力下天然气的黏度，mPa·s；

　　　　T——给定温度，K；

　　　　M_g——天然气平均分子量；

　　　　ρ_g——给定温度和压力下天然气的密度，g/cm^3。

（3）地层水物性参数。

依据不同压力下地层水体积系数和黏度等物性参数，插值得到地层压力下的物性参数。

5）气藏模型初始化

有了地质模型、流体和岩石物性等资料，就可以对气藏模型进行初始化处理。气藏模型初始化是指确定模拟区域各基质网格块和裂缝网格块的地层压力和含气饱和度、含水饱和度初值。地层压力的初始化采用参考深度和对应的参考压力由平衡法计算得到；含气饱和度、含水饱和度场由地质模型提供。

6）生产动态历史拟合

（1）储量拟合：首先对模拟区域内的储量进行拟合，将模拟结果与容积法计算结果进行对比，适当调整相应参数。

259

（2）生产动态的拟合：拟合模型区域的各井生产历史及动态储量，适当调整相应参数。

2. 开发调整方案及指标预测

1）开发调整方案

依据火山岩气藏各区块的地质特点、产能、井网部署和开发原则，制定出多种可供选择的开发调整方案（表5-1-5）。

表 5-1-5　A 区块开发调整方案及其描述

设计方案	方案一	方案二	方案三
动用区域	外扩潜力区：整体动用。 井网内潜力区：整体动用Ⅰ类、Ⅱ类潜力区，部分动用营城组一段Ⅲ类潜力区	外扩潜力区：整体动用。 井网内潜力区：整体动用Ⅰ类、Ⅱ类、Ⅲ类潜力区，营城组四段和营城组一段叠合区域采用直井开发	外扩潜力区：整体动用。 井网内潜力区：整体动用Ⅰ类、Ⅱ类、Ⅲ类潜力区，营城组四段和营城组一段叠合区域采用水平井开发
设计动用储量（10^8m^3）	171.42	195.73	202.24
新设计井数	20 口代用井 11 口（5 平 6 直）新设计井	20 口代用井 19 口（8 平 11 直）新设计井	20 口代用井 21 口（6 平 15 直）新设计井

2）开发方案指标预测

通过数值模拟预测出各方案 20 年的产气量、采气速度、稳产年限、累计产气量、20 年末采出程度等开发指标。最后，通过对比各方案产气量、采气速度、采出程度、经济效益等指标，优选出最佳方案。

以 A 区块某方案为例，该方案采用不规则井网，部署开发井 38 口，分批实施。其中已钻老井 20 口，新钻生产井 11 口，平均井距为 500m，年产气 $8.04 \times 10^8 \text{m}^3$，采气速度 1.9%。通过数值模拟预测的 20 年开发指标如图 5-1-12—图 5-1-15 所示。可以看出，该方案按 1.9%

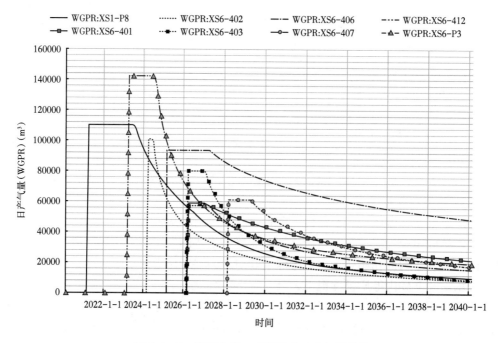

图 5-1-12　调整方案—新设计井日产气量曲线

的采气速度生产，稳产期为7年，稳产期末的累计采出程度13.29%。预测期末的累计产气量为124.83×10⁸m³，采出程度为29.48%。该方案的井距比较合理，控制程度、储量动用程度较高，采气速度合理（1.9%），年产规模可达到8.04×10⁸m³，稳产期长达7年。

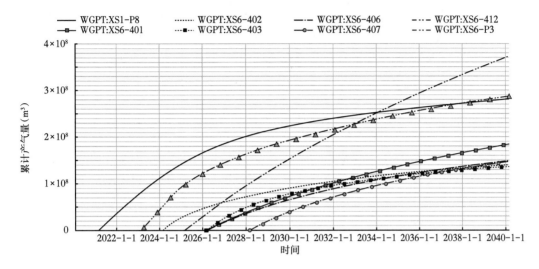

图 5-1-13 调整方案—新设计井累计产气量曲线

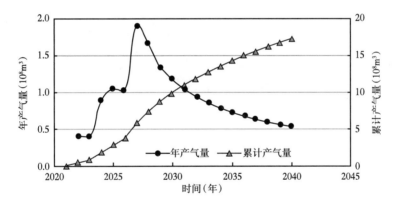

图 5-1-14 调整方案—新设计井年产量与累计产量曲线

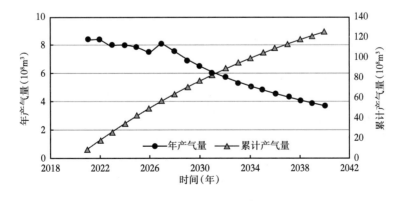

图 5-1-15 调整方案—区块年产气量与累计产气量曲线

第二节 开发潜力评价技术

大庆深层火山岩气藏通过动静结合开展气藏精细描述、三级火山岩体精细刻画、储层连通关系评价、井控动态储量评价等研究，形成了气藏开发潜力评价技术，落实了徐深气田火山岩气藏井网外滚动外扩潜力和井网内综合调整潜力。

一、滚动外扩潜力

通过应用有明显源的三级火山岩体精细刻画和无明显源的三定残留火山体精细识别技术，"十三五"期间刻画外扩火山体 5 个，其中残留火山体 2 个。2015 年，开展三维地震进一步精细处理解释，以构造解释和火山体刻画新成果为基础，开展了"源—体—期—相"控制下的火山岩有效储层分类预测，新发现外扩区火山岩气藏为优质储层分布区，以 II 类储层为主，构造位置高，下部不发育气水同层或水层（图 5-2-1）。

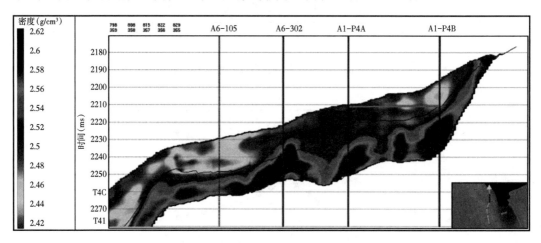

图 5-2-1 过 A 区块扩边区密度反演剖面

为了落实新发现火山体潜力，对其邻近老区开展综合地质研究，结果表明，邻近老区气井储层类型以孔隙—裂缝型为主，孔隙为流体主要运移通道，裂缝局部发育，形成高储渗体。三维地质建模通过动静结合建立储层基质模型和储层裂缝模型：基质模型以火山体和地震储层预测成果为约束条件，采用序贯高斯模拟算法，建立孔渗及气水关系模型；裂缝模型以单井成像测井解释结果为基础，将裂缝按照走向、倾向等参数进行分组，计算得到区块不同走向的裂缝密度发育曲线，通过将单井裂缝发育密度与叠前地震裂缝预测成果进行对比，得出相关系数，指导建立裂缝密度模型，通过软件 DFN 算法，将裂缝密度模型转化为裂缝片三维分布模型，结合适用于该区的裂缝物性计算方法，建立裂缝物性模型。最后将储层模型与裂缝物性模型融合并输出区块整体孔隙度、渗透率等储层模型，得到该区双孔介质模型。

依据火山岩构造、有效厚度分布预测、含气性预测等成果，评价外扩潜力。钻井已经证实，外扩潜力区以 I 类、II 类储层为主，落实外扩潜力区天然气地质储量为 $133 \times 10^8 m^3$（图 5-2-2）。

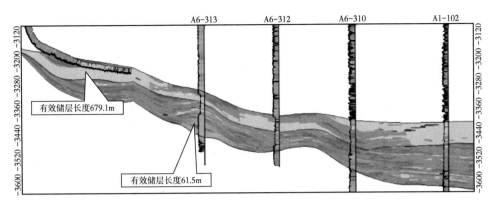

图 5-2-2　过 A 区块外扩井岩石密度模型剖面

二、井网内开发潜力

针对火山岩气藏储层非均质性强、储量动用不均衡的难题，开展储层连通性分析，结合气井全生命周期试井动态追踪及数值模拟，评价井网动用范围，落实开发调整潜力。

1. 储层连通性评价

明确火山岩气藏气井生产情况、地层压力预测、储层分布为评价连通关系的三要素，分析存在三种连通级别：井间连通、井间弱连通、井间不连通，连通级别判定界限见表 5-2-1。

表 5-2-1　连通级别判定界限表

分类	连通级别	静压力监测		储层特征			开采情况		潜力对应分类
		单井平均（MPa）	井组压力差（MPa）	有效储层（m）	孔隙度范围（%）	储层分类	单井采出程度差（%）	井区动静压比（%）	
A 类	连通	17~20	0.5~1	> 50	6~10	Ⅱ类为主	> 45	> 40	—
B 类	弱连通	20~22	2~3	> 50	6~8	Ⅱ、Ⅲ类	40~45	40~60	Ⅱ类
D1 类	不连通	> 25	> 5	> 50	6~10	Ⅱ类为主	40~45	<40	Ⅰ类
D2 类		> 25	> 5	< 40	< 6	Ⅲ类为主	40~45	<40	Ⅲ类

（1）井间连通：以岩心、测井、录井、地震资料为基础，井震结合刻画火山岩源、体、相，判别气井在火山期次、岩性、岩相等方面的一致性；然后依据压力监测、生产动态等资料来判断气井是否处于同一压降单元；最后再根据井控流体分布范围等地质认识确定连通井组。结合连通级别判定界限，在 A 区块，落实 5 个连通好的井组，井距多数介于 500~700m，两组井距为 900m。

（2）井间弱连通：井网内地质储量部分动用，但无法全部动用的区域为井间弱连通区。密井网试验跟踪分析表明在井间弱连通区，部署加密井仍可增加可动用储量，提高气藏储量动用程度。在 A 区块密井网跟踪试验区，新设计加密井 A1-4 井与老井 A1 井、A1-1 井距离较近，最小距离 500m。

A1-4 井投产前地层静压 34.06MPa，明显小于区块原始地层压力（原始地层压力38MPa 左右），说明该井周围区域地质储量已经被部分动用（图 5-2-3）。A1-4 井 2008年开始投产，投产后地层静压剖面显示 A1-4 井与邻井 A1 井、A1-1 井间为井间弱连通（图 5-2-4）。然而，投产后计算的井控动态储量变化曲线显示，3 口井的动态储量每年都在增长（图 5-2-5），证明 A1-4 井虽然与邻井弱连通，但仍然可增加动用储量。

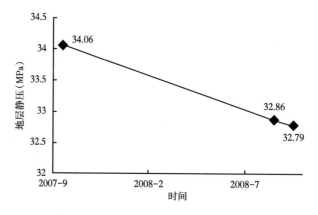

图 5-2-3　A1-4 井地层静压曲线

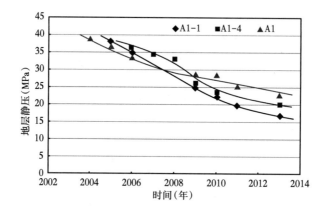

图 5-2-4　A1-4 井、A1 井、A1-1 井地层静压曲线

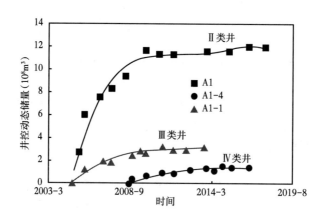

图 5-2-5　井控动态储量变化曲线

2. 井控程度评价

首先形成全生命周期试井动态模型追踪评价技术，明确了高孔渗体局部发育、井周围有阻流边界、低孔渗连续发育三类火山岩气藏储层流动特征和地质模式（图 5-2-6）。追踪气井整个生产历史时期试井解释模型，对比分析解释结果，落实气井流动条带宽度，A 区块气井流动条带宽度平均为 194m。

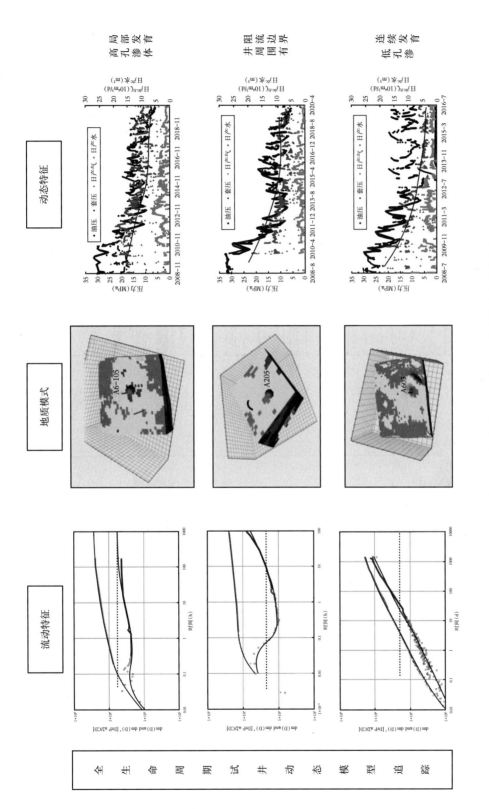

图 5-2-6　三类火山岩气藏储层流动特征、地质模式和动态特征

然后，应用数值模拟软件拟合气井生产历史和动态储量（图5-2-7），通过对比A区块2020年与2015年数值模拟结果，可以发现气井动用范围逐渐扩大，其中A区块南部动用程度最大，地层压力最低，井网内大部分储层均被动用；北部外扩区还保持相对较高压力，储量只有部分动用（图5-2-8）。最后，将数值模拟结果与试井解释井控范围相结合，落实气井动用范围。

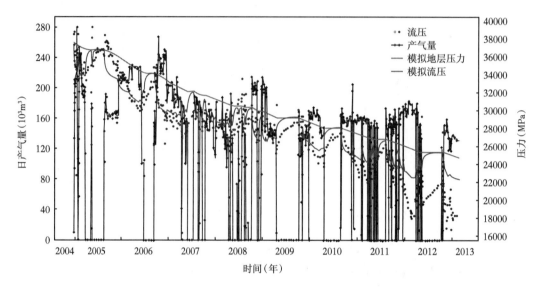

图 5-2-7　A1 井生产历史拟合

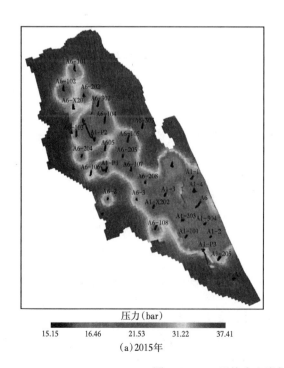

(a) 2015年

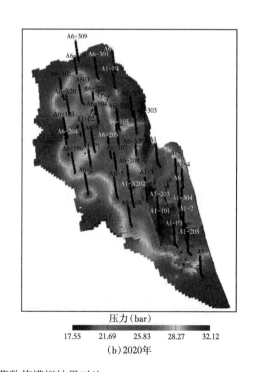

(b) 2020年

图 5-2-8　A 区块火山岩气藏数值模拟结果对比

3. 井网内开发潜力分类评价

气藏内气井动用范围以外的井间不连通区及弱连通区即为井网内开发潜力区。依据各潜力区地质储量、含气面积、构造位置、有效厚度、地震特征、岩相分布等，将徐深气田火山岩气藏井网内开发潜力分为三类。以 A 区块为例，井网内共发育 7 个潜力区，其中 I 类潜力区 2 个、Ⅱ类潜力区 2 个、Ⅲ类潜力区 3 个，开发潜力共计 $60.05 \times 10^8 m^3$（表 5-2-2）。

表 5-2-2　A 区块潜力区划分表

序号	面积（km^2）	有效厚度（m）	岩相分布	构造位置	邻井井控半径（m）	邻井地层压力（MPa）	开发潜力（$10^8 m^3$）	潜力分类
1	0.35	90~110	热碎屑流	高	200~250	21~23	4.15	I 类
2	0.92	70~110	热碎屑流	较高、平缓	250~300	20~26	9.35	I 类
3	0.59	75~90	热碎屑流	高、构造坡度大	200~290	19~21	5.27	Ⅱ类
4	0.27	60~80	热碎屑相、上部	较高，构造平缓	200~230	20~23	2.6	Ⅱ类
5	0.39	30~50	热碎屑流	较高	230~250	17~20	2.49	Ⅲ类
6	0.47	5~20	热碎屑流、热基浪	高	200~250	16~19	1.51	Ⅲ类
7	3.25	45~110	热基浪、热碎屑流、空落	低，出水风险大	150~230	18~24	34.68	Ⅲ类

第三节　开发综合调整技术

以火山岩气藏储层开发潜力分析成果为依据，确定开发调整政策界限，形成了适合火山岩气藏的开发综合调整四方式——外扩部署、内部加密、老井侧钻、补孔压裂或重复压裂、出水井综合治理。

一、外扩部署

针对徐深气田已开发区扩边潜力，按照评价、开发一体化的开发形式，以各区块构造、储层、气水分布规律、产能等综合研究成果为基础，优化合理井距、部署界限，编制开发外扩部署方案，多次滚动实施，边评价、边开发，实现外扩区整体有效开发（图 5-3-1）。部署思路包括以下几个方面：

（1）滚动扩边最新储量评价结果中火山岩气藏新增含气区域为扩边目标区域；

（2）本着直井与水平井相结合的原则部署滚动扩边井，考虑风险可控，先打直井后打水平井；

（3）新增含气区域针对的主要目的层为营城组一段；

（4）按压裂投产考虑，依据井区地层最大主应力方向确定水平段最佳延伸方向；

（5）综合地震反射特征和地质模型优化设计直井和水平井。

1. 合理井距优化

通过气藏工程、经济评价、类比等方法，确定徐深气田火山岩气藏外扩潜力区直井合理井距介于 500~700m，水平井介于 600~1000m。

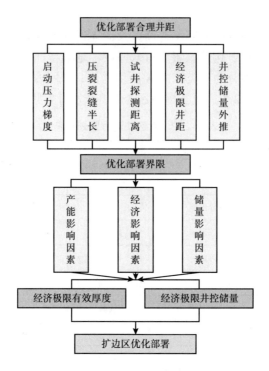

图 5-3-1　外扩部署流程图

2. 部署储层标准

1）直井部署

从多个影响气井产能和井控储量因素中筛选出了压裂规模、地层厚度、有效厚度、Ⅰ+Ⅱ类储层厚度共4种影响因素进行分析，进而制定出部署外扩区直井的储层标准。

从外扩区邻近的直井压裂规模与气井产能和井控储量关系来看，相关性明显较差，在较小的压裂规模下气井也能获得较高的产能和井控储量，而在较大的压裂规模下，气井也未必就一定能获得较高的产能和井控储量，故压裂规模不是气井产能和井控储量的主控因素（图 5-3-2）。

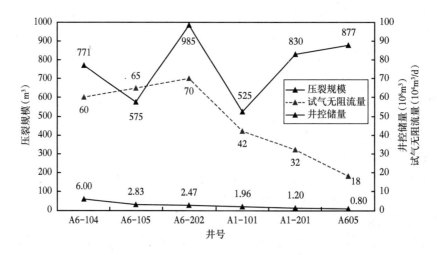

图 5-3-2　6口直井压裂规模与试气产能和井控储量关系

　　从直井地层厚度与气井产能和井控储量关系来看，相关性也较差，较高的地层厚度也未能取得很高的产能和井控储量，故地层厚度也不是气井产能和井控储量的主控因素，只能作为部署直井的参考条件（图 5-3-3）。

　　从直井有效厚度与气井产能和井控储量关系来看，相关性明显变强，两条曲线的变化趋势比较一致，故有效厚度可以作为直井部署的储层标准之一（图 5-3-3）。

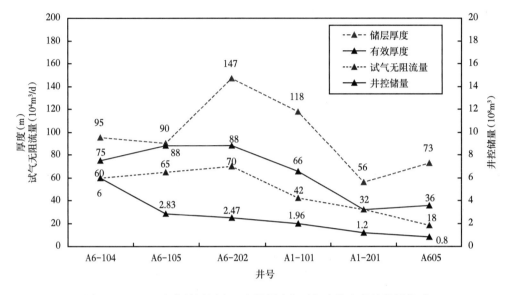

图 5-3-3　6 口直井储层厚度、有效厚度与试气产能和井控储量关系

　　按直井经济极限井控储量 $2×10^8 m^3$、井控半径 350m 计算，对应的有效厚度下限为 55m。从直井 I + II 类储层厚度、I + II 类储层厚度比例、III 类储层厚度、III 类储层厚度比例与气井产能和井控储量关系来看，相关性总体很好，尤其是 I + II 类厚度与气井产能的相关性非常好，I + II 类储层比例与气井井控储量的相关性非常好，即 I + II 类储层厚度越大，则气井产能越高，井控储量越大。III 类厚度和 III 储层比例与气井产能和井控储量则呈反相关关系，III 类储层厚度和比例越高，则气井产能和井控储量越低（图 5-3-4）。

　　根据试气和投产情况，可以确定出部署直井 I + II 类储层厚度下限标准约为 40m，再结合有效厚度下限 55m 标准，即可得出 I + II 类储层比例下限标准约为 70%。

　　2）水平井部署

　　为了制定外扩区水平井部署的储层标准，从多个影响水平井产能因素中筛选出了压裂规模、压裂段数、钻遇储集体个数、地层厚度、有效厚度、I + II 类储层厚度共 6 种影响因素进行分析，进而制定出部署水平井的储层标准。

　　从已完钻试气或投产水平井压裂规模、压裂段数、钻遇储集体个数与试气产能关系来看，总体相关性均较差，这表明并不是压裂规模越大、压裂段数越多，钻遇储集体个数越多越好。故这 3 种因素不是控制水平井产能的主控因素，不作为水平井部署的储层标准（图 5-3-5）。

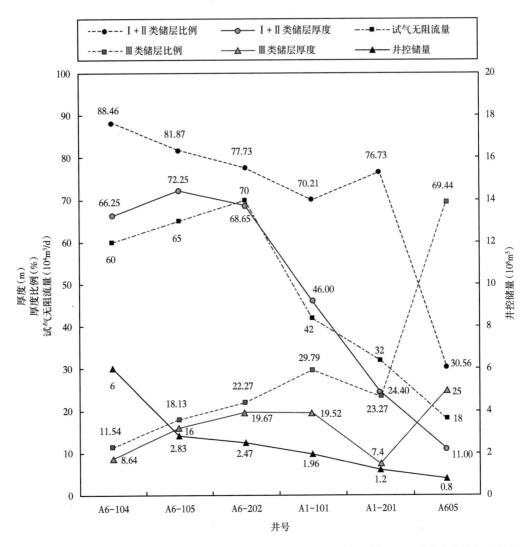

图 5-3-4　6口直井Ⅰ+Ⅱ类、Ⅲ类储层厚度，Ⅰ+Ⅱ类、Ⅲ类储层厚度比例与试气产能和井控储量关系

从已完钻试气或投产水平井火山岩厚度、有效厚度、Ⅰ+Ⅱ类厚度与试气产能关系来看，火山岩厚度与水平井产能相关性较差，更大的地层厚度并未带来更高的产能，故钻遇火山岩厚度不是水平井产能的主控因素，不作为水平井部署的储层标准，只作为部署水平井的参考条件（图 5-3-6）。

有效厚度和Ⅰ+Ⅱ类储层厚度与水平井试气产能相关性则明显较高，曲线变化趋势一致性较好，故有效厚度和Ⅰ+Ⅱ类储层厚度可以作为水平井部署的储层标准。从统计结果看：水平井试气获较高产能井的钻遇有效厚度均大于 500m，Ⅰ+Ⅱ类有效厚度均大于 300m，有效储层钻遇达到 55% 以上，Ⅰ+Ⅱ类储层钻遇率达到 33% 以上（图 5-3-6）。

最后，从经济角度来看，若按水平井经济井控储量 $4 \times 10^8 m^3$，经济极限井距 1000m，穿过区域平均有效厚度 60m 考虑，水平井段有效储层长度须达到 700m，若按水平段 1000m 长度计算，储层钻遇率需达到 70%。

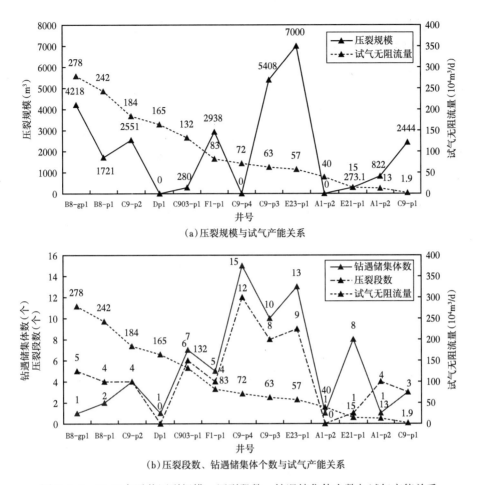

(a)压裂规模与试气产能关系

(b)压裂段数、钻遇储集体个数与试气产能关系

图 5-3-5　13 口水平井压裂规模、压裂段数、钻遇储集体个数与试气产能关系

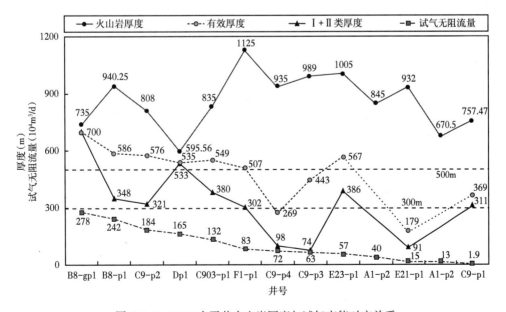

图 5-3-6　13 口水平井火山岩厚度与试气产能对应关系

3. 扩边方案设计

综合外扩区构造位置、储层展布、气水分布、气井部署界限，将外扩区分为三个区开展方案设计，采用"整体部署、分布实施"的原则，共优化部署 19 口扩边井，分三个批次实施：第一批气井构造位置高，储层与邻近气井对比性好，储层预测风险小；第二批次继续向东部外扩甩开部署，受井距、储层厚度限制以直井为主；第三批次井位部署目标为新发现残留火山体，先实施一口评价井落实储层含气性和物性，再进行整体部署。

截至 2020 年底，19 口扩边井全部完钻，其中获工业气流井 18 口，获低产气流井 1 口，2 口水平井无阻流量超过 $200×10^4m^3/d$，1 口水平井超过 $100×10^4m^3/d$，扩边井平均初期产量为 $10×10^4m^3$，新建产能 $6.27×10^8m^3$，取得较好的实施效果。

通过对扩边井实测地层压力和温度统计表明，新增扩边区地层压力等于或接近原始压力，整体基本未被动用（表 5-3-1）。

表 5-3-1　扩边井实测地层压力和温度统计表

储层类型	井名	深度（m）	实测压力（MPa）	压力系数	实测温度（℃）	温度梯度（℃/100m）
火山岩	A6-301	3420.0	37.74	1.10	133.5	3.90
	A6-302	3463.5	31.61	0.91	134.1	3.87
	A6-303	3410.0	37.38	1.09	130.1	3.93
	A6-X304	3558.5	35.54	1.0	138.1	3.88
	A1-p4	3413.6	37.83	1.11	142.4	4.26
	A6-310	3460.0	36.36	1.05	134.09	3.88
	A6-311	3424.3	38.33	1.12	132.57	3.87
	A6-312	3370.0	38.71	1.15	132.57	3.93
	A6-313	3095.0	37.09	1.17	123.8	4.00

二、井网加密

针对大庆火山岩气藏井网内三类开发潜力（详见本章第一节），确定加密调整界限，结合各类潜力区地质储量、储层特征、展布形态部署加密井。

1. 加密井井距优化

针对火山岩气藏有效储层受火山体控制，平面上非均质性强的特点，按照火山体有效厚度，确定经济极限井距。根据经济极限井距计算公式，可计算出不同有效厚度的直井、水平井经济极限井距（图 5-3-7 和图 5-3-8）。

依据开发方案合理井距优化成果（详见本章第二节），大庆火山岩气藏合理井距一般为 500~800m，在 A 区块分别选取 350m、500m、600m 不同井距开展数值模拟研究，根据采气量、采出程度及产出投入对比预测结果，500m 井距经济效益最好（表 5-3-2）。

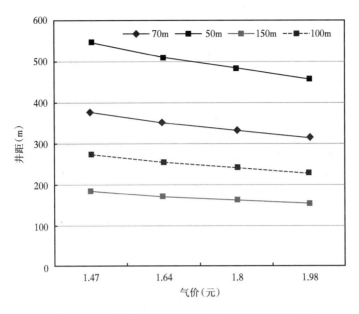

图 5-3-7　不同有效厚度条件下直井经济极限井距

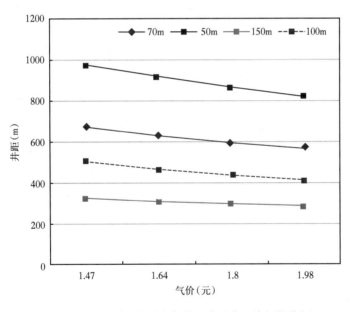

图 5-3-8　不同有效厚度条件下水平井经济极限井距

表 5-3-2　各类经济极限井距效益表

方案	井距 （m）	井数	累计采气量 （10⁸m³）	采出程度 （%）	累计投资 （亿元）	产出投入比
1	350	52	19.48	48.7	17.60	1.81
2	500	20	12.32	31.0	6.76	2.98
3	600	15	7.48	18.7	5.07	2.42

综上所述，通过经济计算、数值模拟等方法，大庆火山岩气藏加密调整井井距500m左右。从火山岩储层特征看，有效储层沿徐中断裂呈条带状展布，徐中断裂附近裂缝相对发育，沿徐中断裂方向气井连通关系较好，垂直徐中断裂方向连通较差，沿徐中断裂方向井距可适当放大（图5-3-9）。

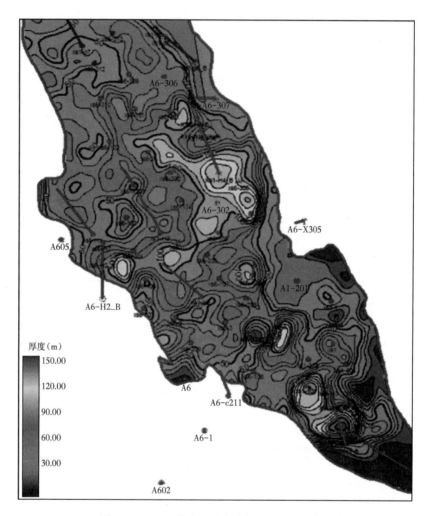

图5-3-9 A区块火山岩气藏有效厚度分布图

2. 不同类型加密井经济调整界限

依据当前经济评价参数选取标准，选取直井、水平井钻井工程投资、天然气商品率、所得税、天然气生产操作费用等经济评价参数。在目前天然气价格下，可计算出各区块单井初期平均经济极限产量、平均经济极限累计产气量、经济极限可采储量、经济极限井控地质储量，直井经济极限有效厚度、水平井经济极限有效长度等加密井调整界限。随着气价提高，开发效益愈加明显（表5-3-3）。

3. C区块开发实例

2005年，C区块火山岩储层提交天然气探明地质储量309.42×10⁸m³，含气面积55.22km²。2010年完成初步开发方案设计，设计动用含气面积28.25km²，动用地质储量

表 5-3-3 不同井型开发调整部署经济界限

井类型	单井初期平均经济极限产量（10^4m^3/d）	经济极限井网密度（井/km^2）	经济极限井距（m）	经济极限井控储量（10^8m^3）	经济极限有效厚度（m）
直井	1.70	3.72	0.519	1.618	55
水平井	3.64	1.15	0.933	3.82	500

$148.01×10^8m^3$，开发井总井数 14 口，设计产能 $2.201×10^8m^3$，稳产时间 6 年。截至 2015 年底，方案设计井基本实施完毕并投产，实际产能高于设计产能，但老井产量递减快、出水严重，难以维持稳产，且气藏整体动用程度低，因此，开展了覆盖 C 区块的地震资料连片处理解释工作，重新评价气藏开发潜力并进行内部调整部署。

1）C 区块气藏精细描述

（1）火山体精细识别与刻画。

采用"平面、剖面和三维空间"刻画相结合，以单井相为约束、火山体类型和地震响应模式为指导，分期次精细识别和刻画出 C 区块各期次火山体、纵向叠置关系和平面展布规模，为井位部署和深入研究气水分布特征奠定了基础。

通过在平面上利用地震振幅、相干等属性切片，剖面上利用底拉平、地震剖面反射特征等技术手段，三维空间上利用构造趋势面分析、三维展示刻画等手段，共识别出 25 个火山体。火山体纵向上相互叠置；从期次一到期次三，火山体发育规模减小，数量增多；火山体受徐中断裂控制，沿徐中断裂方向展布，以北西走向为主；火山体平面上接近于长椭圆形。钻井证实，仅第三期次火山体含气。与目的层 I 气层组相关的火山体有 12 个，平面展布面积 7.97~16.4km²。

（2）气水分布特征。

C 区块气水分布特征复杂，纵向上遵循重力分异规律，整体呈上气下水的分布特征，没有统一的气水界面。宏观上，气水界面受火山体控制，相邻气井可能存在较大差异。微观上，储层毛细管力是天然气充注的主要阻力，不仅影响天然气差异性充注，更制约了成藏后气藏内气水分异，致使火山体内部气水界面不同（图 5-3-10）。

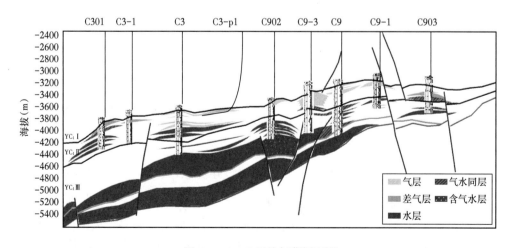

图 5-3-10 C 区块气藏剖面图

（3）火山体地质储量评价。

通过对火山体的精细刻画，确定各个火山体的边界，对气水界面之上的火山体进行地震反演结合单井有效厚度校正，预测各个火山体有效厚度展布情况。根据火山岩储层特征和气藏类型，储量评价采用容积法，按照《石油天然气储量计算规范》和采用容积法进行计算，C区块12个含气火山体地质储量（0.1~30.3）×10⁸m³。

容积法计算公式：

$$G = 0.01 A_g h \Phi S_g T_{sc} p_i / (p_{sc} T Z_i) \qquad (5-3-1)$$

式中　G——天然气探明地质储量，$10^8 m^3$；

　　　A_g——含气面积，km^2；

　　　H——有效厚度，m；

　　　Φ——平均有效孔隙度，%；

　　　S_g——平均原始含气饱和度，%；

　　　T——气层温度，K；

　　　T_{sc}——地面标准温度，K；

　　　p_{sc}——地面标准压力，MPa；

　　　Z_i——原始气体偏差系数；

　　　p_i——气藏的原始地层压力，MPa。

2）C区块气藏动态特征描述

（1）气井产能差异大，水平井增产效果明显。

C区块投产气井15口，直井试气产能低，12口直井无阻流量介于（6.7~84.5）×10⁴m³/d，平均24.3×10⁴m³/d；水平井试气产能较高，3口水平井无阻流量范围为（20.9~184.1）×10⁴m³/d，平均91.0×10⁴m³/d（图5-3-11），水平井增产效果明显。

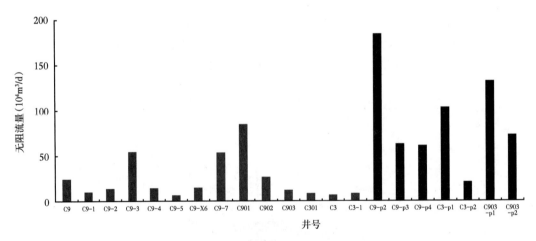

图5-3-11　C区块气藏试气无阻流量柱状图

（2）储层连通性差，地层压力下降不均衡。

气藏储层展布受火山喷发规模、其次等控制，储层平面上发育多个火山体，纵向上由多个喷发其次叠置而成，储层常呈块状、条带状、透镜状展布，具强非均质性，有效储渗体纵横向展布范围和大小受到限制，气藏储层连通性差。例如C9-p3井与C9-2井井距770m，在C9-2井投产5年后，测试新井C9-p3井原始地层压力为40.93MPa，与区域原始地层压力一致，说明C9-2井生产未波及到C9-p3井所在区域，显示储层井间连通性差。同时，老井气井地层静压变化曲线显示，由于储层非均质性强、连通性差，地层压力下降不均衡（图5-3-12）。

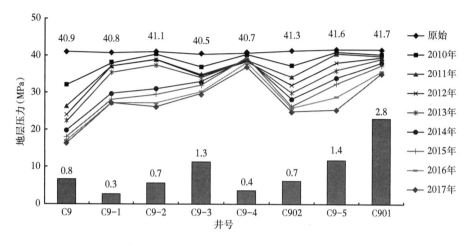

图5-3-12　C区块老井地层静压变化曲线

3）C区块气藏开发潜力评价

进行以火山体为单元的开发潜力评价，依据含气火山体的地质、动态、地震特征及开发动用经济界限等，动静结合落实火山体的动用程度及开发潜力。

（1）开发动用经济界限。

依据C区块直井设计井深4000m左右、水平井设计井深5000m左右，应用当前经济评价参数，采用盈亏平衡法确定研究区部署直井、水平井对应的经济极限产量、井控经济极限地质储量等开发动用经济界限（表5-3-4）。

表5-3-4　部署经济界限计算成果汇总

分类	水平井	直井
单井初期平均经济极限产气量（$10^4m^3/d$）	4.572	1.440
经济极限累计产气量（10^8m^3）	1.493	0.470
单井控制经济极限可采储量（10^8m^3）	1.867	0.588
单井控制经济极限地质储量（10^8m^3）	3.733	1.176
经济极限井网密度（井$/km^2$）	1.111	3.528
经济极限井距（m）	949	532

（2）火山体开发潜力评价。

依据火山体剩余储量动用程度、地震特征、含气性等动、静态描述成果，以火山体经济有效动用界限为约束，优选出8个具有开发潜力的火山体，评价开发潜力共计

$70.11 \times 10^8 \text{m}^3$（表 5-3-5）。

表 5-3-5 具有开发潜力火山体评价成果汇总表

火山体序号	含气面积（km²）	地质储量（10^8m^3）	井数（口）	未动用储量（10^8m^3）	地震反射特征
1	3.53	6.48	1	6.48	一般
2	10.55	11.02	1	11.02	有利
3	1.63	2.35	0	2.35	较有利
4	6.35	7.46	0	7.46	较有利
5	9.90	30.33	3	4.73	有利
6	8.19	25.29	5	15.31	有利
7	7.04	25.44	5	16.69	有利
8	4.18	6.07	1	6.07	有利

4）C 区块内部加密部署及实施效果

2016 年以来，针对上述 8 个具有开发潜力火山体的未动用区，依据各火山体的储层特征、动用状况和认识程度等，以水平井为主、直井为辅，共挖潜部署 10 口井，其中，水平井 7 口、直井 3 口，已完钻并投产 7 口，新建产能 $1.65 \times 10^8 \text{m}^3$。C 区块加密井的部署有效缓解了老井产能递减，保障了区块持续稳产（图 5-3-13）。

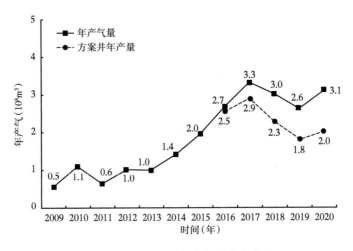

图 5-3-13 C 区块年产气量变化曲线

三、老井侧钻

建立了侧钻水平井"二选一定"优化设计技术：依据气井废弃条件优选侧钻井位，依据储层分布、气水关系优选侧钻层位，依据潜力分布及储层连通性确定侧钻方向（图 5-3-14）。

1. 优选侧钻井位

主要依据气井废弃条件优选侧钻井位，包括废弃产量和废弃地层压力。

废弃产量：按照当前单井操作费、天然气商品率、天然气增值税率，计算出不同气价条件下的气井废弃产量（图 5-3-15）。

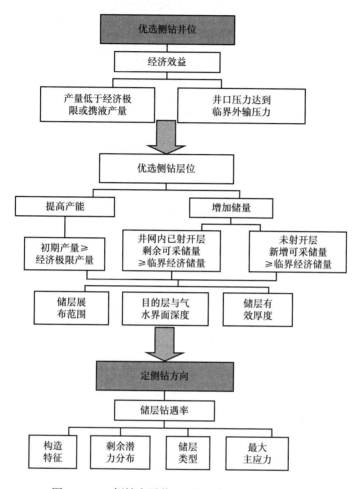

图 5-3-14　侧钻水平井"二选一定"优化设计技术

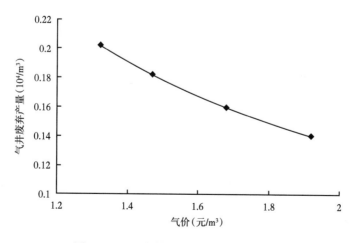

图 5-3-15　不同气价条件下气井废弃产量

废弃地层压力：计算出常压和增压开采情况下井网内、外扩区的废弃地层压力。A 区块计算结果见表 5-3-6。

表 5-3-6　A 区块废弃地层压力计算结果表

区块	外输压力 6.4MPa		外输压力 1.6MPa	
	废弃地层压力 （MPa）	占原始压力比 （%）	废弃地层压力 （MPa）	占原始压力比 （%）
A 区块老井	9.4	25.07	4.8	12.79
A 区块外扩	8.5	22.99	3.3	8.85

2. 优选侧钻层位

主要依据储层分布、气水关系优选侧钻层位，需具备以下 3 个条件。

（1）在内部收益率 8% 的前提下，依据当前气价给出侧钻井经济极限产量、经济极限地质储量。气价在 1.18~1.98 元 /m³ 浮动，经济极限产量（2.1~3.8）×10⁴m³/d，经济极限地质储量（0.8~1.5）×10⁸m³（图 5-3-16 和图 5-3-17）。

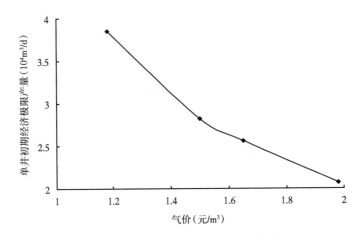

图 5-3-16　侧钻井初期平均经济极限产量

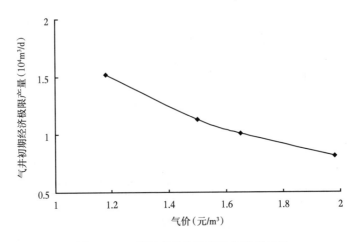

图 5-3-17　侧钻井控制经济极限地质储量

（2）计算出当前经济条件下，火山岩经济极限有效厚度 15m。

（3）侧钻水平段与下部气水界面超过 50m 以上，防止压裂后沟通下部水层，致使气井过早产水。

3. 优选侧钻方向

依据各类潜力分布大小、形状、类别及储层条件、连通性、断裂等优选侧钻方向，尽量垂直地层主应力方向，保障后期压裂改造的顺利实施。如图 5-3-18 所示为过 A6-C211 井侧钻轨迹的地震反射剖面图，该井侧钻前产量降至 $1 \times 10^4 m^3/d$，无法持续生产，侧钻后压力、产量明显升高，产量稳定在 $5 \times 10^4 m^3/d$，有效提高了该井产能。

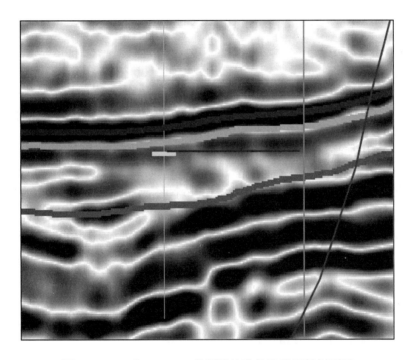

图 5-3-18　过 A6-C211 井侧钻轨迹的地震反射剖面图

四、补孔压裂或重复压裂

首先计算经济界限：在内部收益率 8% 的前提下，依据当前气价给出补孔压裂/重复压力井经济极限产量、经济极限地质储量、储层经济极限有效厚度。

然后，以上述经济界限为约束，优选井控储量较大、产量较低的气井开展补孔压裂或重复压裂。例如，C9-5 井钻遇火山岩气藏有效厚度 41.4m，改造前日产气量最高 $2 \times 10^4 m^3$，因压力低长期关井，补孔压裂后（射开有效厚度 8m），压力、产量明显提高，稳定日产气达 $10 \times 10^4 m^3$。A1-p1 井初次改造时压裂规模较小，储层打开不完善，其中 448m 水平段未打开（图 5-3-19），产气量 $5 \times 10^4 m^3/d$，重复压裂后井控储量增加 $2.6 \times 10^4 m^3$，产气量增加 $6 \times 10^4 m^3/d$，效果明显。

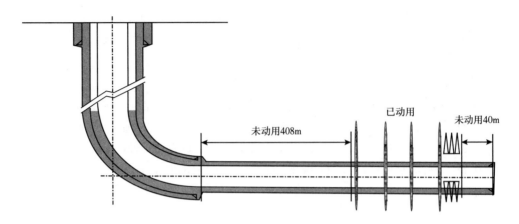

图 5-3-19　A1-p1 井重复压裂前井身结构图

五、出水井综合治理

徐深气田火山岩气藏储层为多期次多个火山体喷发形成，内部岩性复杂，储层低孔低渗透，裂缝相对发育，因而气井产能差异大；普遍发育边底水且气水关系非常复杂，极易发生水侵。气田大规模投入开发以来，出水井数已占总投产井数的 44.87%，制定合理的开发对策对于气田的持续有效开发具有重要意义。

1. 气井出水识别

气井出水识别是气藏治水研究的基础工作，对于出水量较大的气井识别难度较小，但对于出水量较小的气井，识别起来则有一定的难度。通过总结前人的研究成果，探索建立了一套适合大庆火山岩气藏的气井出水识别方法，使气井出水识别做到既快又可靠。

该方法主要通过水气比和水性分析识别气井是否出地层水。为确定出水井水气比界限，通过理论计算、实验分析和生产统计综合确定。为确定出水井水性界限，选择对出水反应比较敏感的矿化度和氯离子含量两项参数，通过与区域地层水对比，确定出水井的矿化度和氯离子含量界限。并将水气比界限和水性界限互相验证，确保所确定界限的合理性。具体技术流程如图 5-3-20 所示。

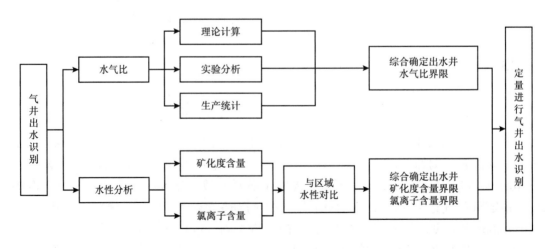

图 5-3-20　火山岩气藏气井出水识别方法技术流程图

2. 气井出水类型划分

在识别气井是否出水的基础上，要对气井出水类型进行划分，以便为后续的分类治理措施提供依据。

根据徐深气田火山岩气藏地质条件，定性划分出两种大的出水类型：裂缝型水窜、孔隙型水锥。如果出水来源为边底水，水流通道为裂缝，则定性划分为裂缝型水窜；如果出水来源为边底水，水流通道为孔隙和喉道，则定性划分为孔隙型水锥；如果出水来源为孔隙水，则不论水流通道为孔隙或裂缝，均定性划分为孔隙水出水。

在气井出水类型定性划分的基础上，结合生产动态分析，考虑 5 种动态因素：日产水量、日水气比、累计产气量、累计产水量、累计水气比。即可定量细分五种小的气井出水类型：裂缝型强水窜、裂缝型弱水窜、孔隙型强水锥、孔隙型弱水锥、孔隙水出水。具体划分流程如图 5-3-21 所示。

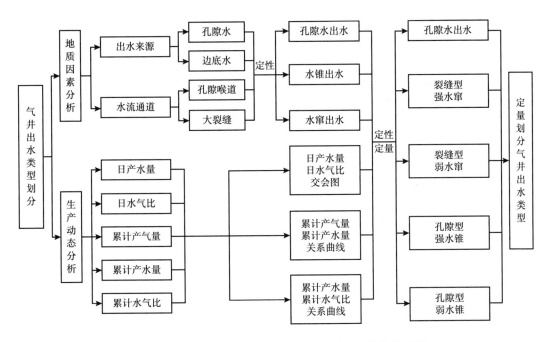

图 5-3-21　火山岩气藏气井出水类型划分方法技术流程图

3. 治理对策

以 D 区块为例，针对不同出水类型和阶段，在参考其他气田开发对策的基础上，以"整体考虑、分类治理"为原则，制定了适合该区块的单井和全气藏合理开发对策。

1）"整体考虑、分类治理"的原则及措施

采取动静结合，从高渗透储层连续性和压力连通性将气藏分为 6 个井区确定防水、治水的开发对策，确保井区整体开发效果（图 5-3-22）。各井区以"低排高控"为整体开发对策，保持高部位气层的压力，减缓边、底水的锥进。单井生产尽量做到"产气量、压力、产水量"三稳定，避免底水舌型锥进。根据上述原则，6 个井区按照出水类型不同，采取不同的治理措施。

（1）对已出水井，针对出水井不同的出水类型和阶段，优选治水措施，尽量减少出水对产量的影响，避免全井水淹。采用数值模拟与其他气藏工程方法相结合确定合理产量与排水规模。裂缝水窜型出水井，采用早期带水（排水）采气的治理措施；孔隙水锥型出水井，采用早期控水采气的治水措施；孔隙水出水井，采用控制压差生产的治理措施。

（2）对未出水井，根据未出水井单井地质特征，制定其合理工作制度，延长无水采气期。采用二项式、一点法、采气指示曲线、临界携液、临界水锥等方法综合确定合理工作制度。气层和下部水层之间有隔层或致密层的井，按照合理工作制度生产。气层和下部水层之间没有隔层或致密层的井，严格控制采气速度。

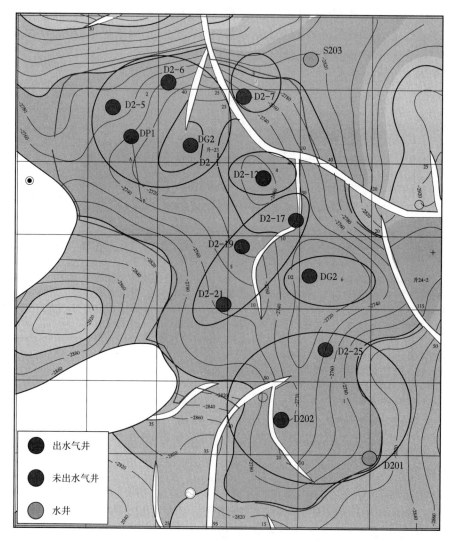

图 5-3-22　D 区块治水井组划分示意图

2）各类井组详细治理措施

（1）裂缝型水窜治理对策。

D 区块典型裂缝型水窜型井组基本情况如下：D201 井构造较低（-2797.8m），以产水为主，未投产；D202 井构造较低（-2725.4m），短期试采出水，为裂缝弱水窜型；D2-25 井构造较高（-2736.5m），未出水，日产气量 $7 \times 10^4 m^3$。根据这 3 口井的不同情况，1 号井组的整体开发对策为：D201 井、D202 井构造低部位排水，D2-25 井构造较高部位控制压差开采，延缓边水推进。

根据 1 号井组整体对策，各井具体措施为：D202 井属于裂缝型弱水窜，目前气井携液能力充足，但气井产量在某些时段偏高，因此该井目前采取带水采气的治理措施，保持其产量基本稳定。模拟结果表明：该井目前合理产量在（5~7）×10^{4}m^3/d。待该井产量接近临界携液产量时，上排水采气措施（图 5-3-23）。D2-25 井目前未出水，但气井产量配产偏高，需要对该井制定合理工作制度，延长无水采气期，通过综合多种气藏工程方法，求得该井目前合理产量为 4×10^{4}m^3/d。

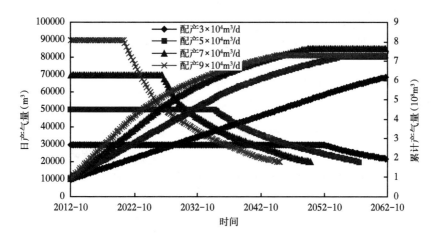

图 5-3-23 数值模拟 D202 井不同配产指标预测

（2）孔隙型水锥治理对策。

D 区块典型孔隙型水锥井组基本情况如下：D2-6 井构造较低（-2736.9m），投产 7 个月出水，为孔隙型强水锥；D2-5 井构造较低（-2765.7m），投产 2 年后出水，为孔隙型弱水锥；DP1 井构造较低（-2738.8m），投产 5 年后出水，为孔隙型弱水锥；DG2-1 井构造较高（-2699.1m），未出水，目前日产气量 15×10^{4}m^3（图 5-3-24 至图 5-3-27）。

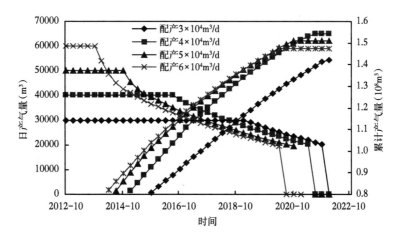

图 5-3-24 D2-5 井不同配产开发指标预测

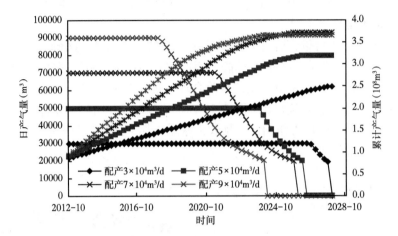

图 5-3-25　D2-6 井不同配产开发指标预测

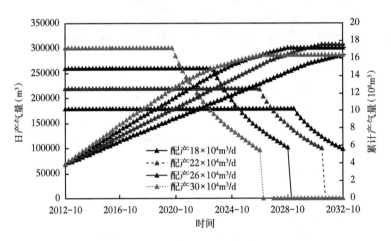

图 5-3-26　DP1 井不同配产开发指标预测

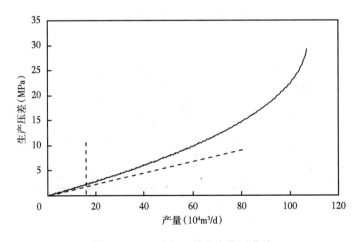

图 5-3-27　DG2-1 井生产指示曲线

（3）孔隙水出水治理对策（4号井组）。

针对D区块孔隙水出水井井，该井Ⅰ类型储层基本不发育，与周围其他井高渗储层连通性较差（图5-3-28和图5-3-29）；一是从地震剖面看，D2-12井与周围的D2-1井和D2-17井反射特征明显不同（图5-3-30）；二是从地层压力下降趋势来看，D2-12井明显属于一个单独的压降单元（图5-3-31）。

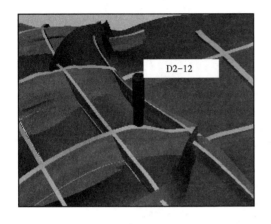

图 5-3-28　4号井组孔隙度及气水界面栅状图

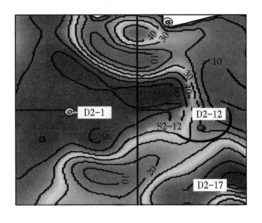

图 5-3-29　4号井组Ⅰ类储层厚度分布图

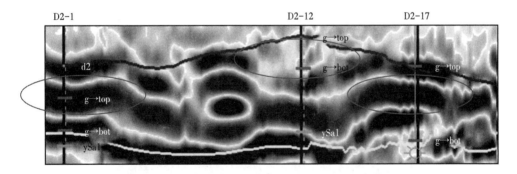

图 5-3-30　D2-1井、D2-12井、D2-17井连井剖面图

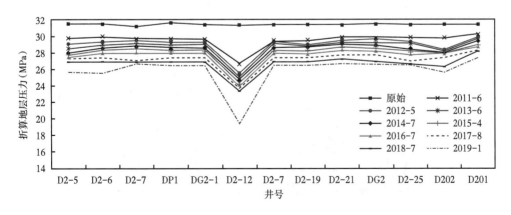

图 5-3-31　D区块地层压力剖面图（折算至2900m）

D2-12 井底水被气层下部厚达 77m 的隔层隔开，且从隔层段岩心和成像测井图像看裂缝不发育，生产动态也没有表现出裂缝水窜的特征，其出水来源属于孔隙水出水。出水机理为：地层压力下降至 26.65MPa 后，对应净有效覆盖压力升至 44.4MPa 时，孔隙结构改变，部分束缚水开始流动。

基于上述分析，确定该井治理措施为：控制该井生产压差，制定合理工作制度，目前合理产量为（5~7）×10^4m³/d（图 5-3-32）。

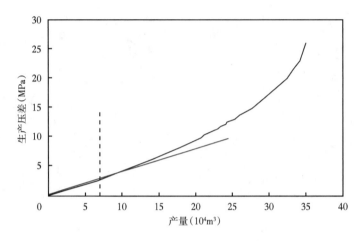

图 5-3-32　D2-12 井生产指示曲线

（4）未出水井治理对策。

D 区块未出水井包括 D2-17 井、D2-19 井、D2-21 井共 3 口井，将这 3 口井划为一个井组主要考虑：D2-17 井、D2-19 井、D2-21 井均位于断层的同一侧，且 I 类高渗透储层在这 3 口井附近有一定范围的展布，并通过 D2-19 井压裂后加以沟通。6 号井组只有 DG2 井，将该井单独考虑主要是 DG2 井位于断层的另一侧，且 I 类高渗透储层在该井附近的展布范围有限（图 5-3-33 至图 5-3-35）。

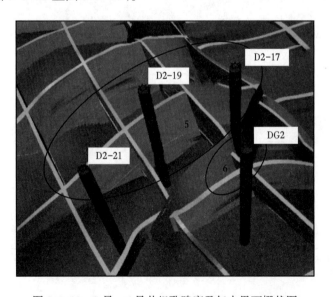

图 5-3-33　5 号、6 号井组孔隙度及气水界面栅状图

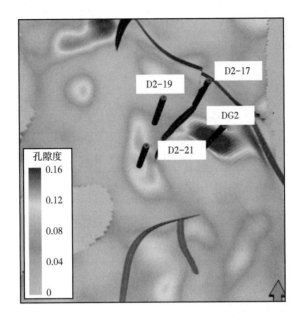

图 5-3-34　5 号、6 号井组 I 类储层孔隙度分布图

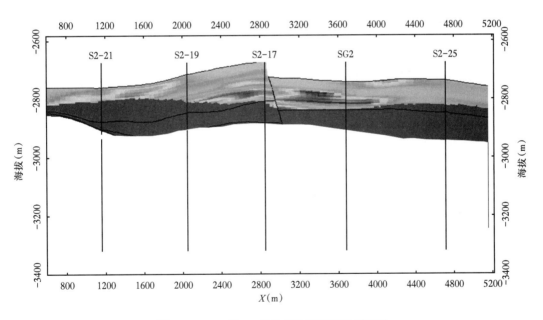

图 5-3-35　5 号、6 号井组孔隙度纵向剖面图

5 号井组的基本情况如下：D2-17 井构造位置高（-2696.5m），未出水，目前配产 $13 \times 10^4 \mathrm{m}^3/\mathrm{d}$；D2-19 井构造位置高（-2718.3m），未出水，目前配产 $11 \times 10^4 \mathrm{m}^3/\mathrm{d}$；D2-21 井构造位置低（-2760.9m），未出水，目前配产 $7 \times 10^4 \mathrm{m}^3/\mathrm{d}$。

6 号井组的 DG2 井构造位置中等（-2742.7m），未出水，目前配产 $7 \times 10^4 \mathrm{m}^3/\mathrm{d}$。

其中 D2-17 井、D2-19 井、D2-21 井气层和下部水层直接接触，但 D2-17 井和

D2-19 井发育厚度不等的高密度致密层，DG2 井气层和下部水层间有一套隔层。

基于以上基本情况，制定 5 号、6 号井组的整体开发对策为：D2-21 井低部位严格控制采气速度，D2-17 井、D2-19 井制定合理工作制度生产，延长无水采气期；DG2 井制定合理工作制度生产。

5 号、6 号井组合理配产综合取值见表 5-3-7。

表 5-3-7 D 区块 5 号、6 号井组合理配产综合取值汇总表

井号	经验配产法 （1/5~1/4 无阻流量，$10^4 m^3/d$）		生产指示 曲线 $10^4 m^3/d$	临界水锥 产量 $10^4 m^3/d$	临界携液 产量 $10^4 m^3/d$	实际 稳产能力 $10^4 m^3/d$	综合 取值 $10^4 m^3/d$
	稳定点 二项式	校正 一点法					
D2-17	4.77~5.97	4.74~5.92	5.5	9.6	1.83	10	6
D2-19	10.87~13.58	11.04~13.80	13	8.39	1.83	11	11
D2-21	8.51~10.64	8.45~10.57	11	9.11	1.83	9	9
DG2	3.41~4.26	3.38~4.22	4.5	6.42	1.83	5	4

利用"控水采气、带水采气、排水采气"相结合的整体治水方法，实现了中强水驱气藏 D 区块持续 10 年以上稳产。

参 考 文 献

曹均，贺振华，黄济德，等．2003.裂缝储层地震波特征响应的物理模型实验研究［J］.勘探地球物理进展，26（2）：88-93.

陈树民，姜传金，刘立，等．2014.松辽盆地徐家围子断陷火山岩裂缝形成机理［J］.吉林大学学报，44（6）：1816-1826.

戴俊生，冯阵东．2011.几种储层裂缝评价方法的适用条件分析［J］.地球物理学进展，26（4）：1234-1242.

范子菲．1993.底水驱动油藏水平井产能公式研究［J］.石油勘探与开发（1）：71-75.

冯程滨，谢朝阳，张永平．2006.大庆深部裂缝型火山岩储气层压裂技术试验［J］.天然气工业，26（6）：108-110.

冯凯，陈祖庆，查原阳，等．2006.基于叠前地震资料预测碳酸盐岩复合岩性油气藏——以川东飞仙关组气藏储层为例［J］.大庆石油地质与开发，26（5）：96-99.

符伟．2016.裂缝型储层地震波 AVO 响应及特征分析［D］.长春：吉林大学．

付权，刘慈群，张盛宗．1999.低渗透油藏中水平井的产能公式分析［J］.大庆石油地质与开发（3）：35-37.

郭肖，翟雨阳．2001.存在供给边界油藏水平井产能分析［J］.西南石油学院学报（6）：34-37.

李璮，王卫红，王爱华．1997.水平井产量公式分析［J］.石油勘探与开发（5）：76-79.

李晓平，龚伟，唐庚，等．2006.气藏水平井生产系统动态分析模型［J］.天然气工业（5）：96-98.

李晓平，关德，沈燕来．2002.水平气井的流入动态方程及其应用研究［J］.中国海上油气地质（4）：33-36.

李晓平，刘启国，赵必荣．1998.水平气井产能影响因素分析［J］.天然气工业（2）：63-66.

刘启，舒萍，李松光．2005.松辽盆地北部深层火山岩气藏综合描述技术［J］.大庆石油地质与开发，24（3）：21-23.

刘之的，苗福全，2012.火山岩裂缝型储层应力敏感性实验研究［J］.天然气地球科学，23（2）：208-212.

刘之的，汤小燕，于红果，等．2009.基于岩石力学参数评价火山岩裂缝发育程度［J］.天然气工业，29（11）：20-21.

欧阳良彪．1993.水平井流体流动性态研究［J］.油气井测试（1）：8-18.

庞彦明，毕晓明，邵锐，等．2009.火山岩气藏早期开发特征及其控制因素［J］.石油学报，30（6）：98-101.

阮宝涛，张菊红，王志文，等．2011.影响火山岩裂缝发育因素分析［J］.天然气地球科学，22（2）：287-292.

舒萍，丁日新，曲延明，等．2007.徐深气田火山岩储层岩性岩相模式［J］.天然气工业，27（8）：23-27.

王洪求，杨午阳，谢午阳，等．2014.不同地震属性的方位各向异性分析及裂缝预测［J］.石油地球物理勘探，49（5）：925-931.

王赟，刘媛媛，张美根，等．2017.裂缝各向异性地震等效介质理论［M］.北京：科学出版社．

宪红，段永刚，周志军．2006.气藏水平井非稳态产能预测新方法研究［J］.油气井测试（4）：5-7.

徐正顺，庞彦明，王渝明，2010.火山岩气藏开发技术．石油工业出版社．

徐正顺，王渝明，庞彦明，等．2008.大庆徐深气田火山岩气藏开发［J］.天然气工业，28（12）：74-77.

徐志华．2009.离散裂缝网络地质建模技术研究［D］.东营：中国石油大学（华东）．

张如一，韩世春，石建新，等．2015.新裂缝预测在胜利地区的应用［J］.地球物理学进展，（2）：681-687.

周学民，唐亚会．2007.徐深气田火山岩气藏产能特点及影响因素分析［J］.天然气工业，27（1）：90-92.